除草剂

作用机理与药害识别图鉴

王恒亮 等 主编

中原农民出版社
· 郑州 ·

图书在版编目（CIP）数据

除草剂作用机理与药害识别图鉴 / 王恒亮等主编 . —郑州：中原农民出版社，2019.6

ISBN 978-7-5542-1999-7

Ⅰ . ①除… Ⅱ . ①王… Ⅲ . ①除草剂 - 理论②除草剂 - 农药毒害 - 识别 - 图解 Ⅳ . ① S482.4 ② S481-64

中国版本图书馆 CIP 数据核字（2018）第 208906 号

除草剂作用机理与药害识别图鉴

王恒亮　等　主编

CHUCAOJI ZUOYONG JILI YU YAOHAI SHIBIE TUJIAN

出版：中原农民出版社

地址：郑州市郑东新区祥盛街27号

邮政编码：450016

办公电话：0371-65751257

策划编辑电话：0371-65788690

发行单位：全国新华书店

承印单位：郑州华彩印务有限公司

开本：889mm×1 194mm　　1/16

印张：32.5

字数：889千字

版次：2019年6月第1版

印次：2019年6月第1次印刷

书号：ISBN 978-7-5542-1999-7　　**定价**：480.00元

编辑委员会

主　编　王恒亮　鲁传涛　田兴山　吴仁海　高新菊

副主编　冯　莉　高增贵　曾东强　郭青云　浑之英
李文明　职倩倩　孙祥龙　包来仓

编写人员（按姓氏笔画排序）

马毅辉　王　辉　王全德　王恒亮　田兴山
包来仓　冯　莉　刘　限　刘秀秀　闫　龙
孙兰兰　孙祥龙　苏旺苍　李　玮　李　巍
李文明　李兴海　杨共强　杨党伟　杨峰山
吴仁海　宋语娇　张　琬　张玉明　张俊涛
张浩光　陈　威　郑秋英　郝红丹　浑之英
祖均怀　姚　远　袁立兵　耿亚玲　贾刚民
徐洪乐　高晓瑜　高新菊　高增贵　郭青云
职倩倩　鲁传涛

前　言

2012~2017 年，河南省农业科学院植物保护研究所联合沈阳农业大学、广东省农业科学院植物保护研究所、广西大学共同承担农业部公益性行业（农业）科研专项“除草剂安全使用技术研究与示范”（项目编号 :201203098)，中国农业科学院植物保护研究所、青海大学、河南农业大学、河北省农业科学院植物保护研究所、河南科技学院、黑龙江大学等单位也参与了部分研究和示范工作。该项研究内容包括六个方面：环境条件对除草剂降解规律的影响，除草剂对后茬作物及土壤微生物、土壤酶系的影响，除草剂污染土壤的修复技术，除草剂药害诊断技术及预防补救措施，除草剂安全助剂的筛选与应用，除草剂的风险评估与安全使用技术的集成与示范。其中除草剂药害的识别与诊断是该专项的重点研究内容之一。

在除草剂药害诊断方面，重点开展了除草剂药害与气候因子的关系、不同类型除草剂在不同作物上的典型药害症状及生理生化影响、除草剂药害的早期快速诊断技术（包括形态学、生理生化、酶学、分子生物学诊断技术）等方面的试验和研究，在除草剂药害早期诊断的基础上筛选有效的预防补救措施。除草剂药害形态诊断是一种简单快速的除草剂诊断方法，不同作用机理的除草剂的药害症状差别很大，同一作用机理不同化学结构的除草剂药害症状也存在差异，同一化学结构的除草剂药害症状也不尽一致，而且同一除草剂不同施用浓度、不同气候条件、不同施药时期、不同观察时期药害症状也有变化。在项目实施中，我们选择了 15 类近百种常用或典型的除草剂产品，采用盆栽与大田相结合的方法，在 25 种作物上开展了土壤残留、土壤封闭、茎叶处理的药害试验，全生育期观察并记录作物出苗时间、幼苗形态、叶色变化、叶面积变化、幼苗生长速度、生长量指标变化（如株高、鲜重、干重等）、中毒后不同阶段的性状表现等。为了全面介绍除草剂的药害症状，部分禁用品种在本书中也进行保留。

该工作历时 5 年，其间我们拍摄了近 10 万张药害症状典型图片，全程记录药害表现，全景呈现除草剂药害症状。在此基础上，我们制作了除草剂药害诊断专家系统，于 2017 年 4 月 1 日开始在河南省农业科学院植物保护研究所网站试运行。本书包含了研究的部分内容，按照除草剂作用机理分章，按照化学结构分类建节，以便于在众多除草剂品种中梳理和总结规律。书中筛选了 3 200 余张典型药害症状彩色图片，图文结合，直观实用，可供基层广大植物保护技术人员、农药经销人员和农业院校相关专业师生阅读使用。由于编写时间短，任务量大，不当之处，在所难免，敬请读者不吝批评指正。

王恒亮

2019 年 5 月 15 日

目　录

第一章　乙酰辅酶 A 羧化酶抑制剂

乙酰辅酶 A 羧化酶（Acetyl-CoA carboxylase，ACCase）是化学除草剂的一个重要靶标，发现于 1958 年，是生物素包含酶。它在生物体内催化乙酰辅酶 A 羧化形成丙二酰辅酶 A，为脂肪酸和许多次生代谢产物的合成提供底物，是脂肪酸生物合成的关键酶或限速酶。ACCase 抑制剂以 ACCase 为作用靶标，抑制禾本科植物体内的脂肪酸合成，选择性高，在植物体内传导，能够苗后防除一年生或多年生禾本科杂草。它具有高效、低毒、施用期长、对后茬作物安全等优点，因而在除草剂中占有重要地位。

ACCase 抑制剂的作用机理：在植物体内发现的 ACCase 是脂肪酸合成第一步反应的催化剂，在结构上包括 3 个功能域，分别是生物素羧化酶域（Biotin Carboxylase，BC）、生物素羧基载体蛋白域（Biotin Carboxyl Carrie Protein，BCCP）、羧基转移酶域（Carboxyl Transferase，CT）。ACCase 在植物体内催化乙酰辅酶 A 产生丙二酰辅酶 A，分 2 步进行：第一步是在 BC 域催化，并在腺苷三磷酸 (ATP) 参与下发生生物素羧化作用，使蛋白质结合的生物素辅基羧化；第二步是在 CT 结构催化下将羧基生物素转移到乙酰辅酶 A，形成丙二酰辅酶 A。

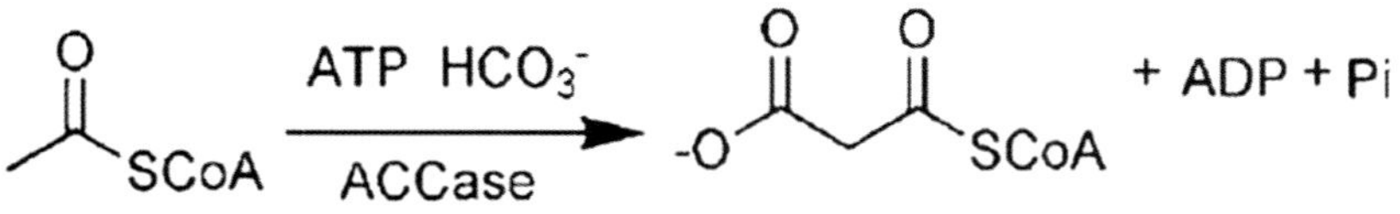

ACCase 催化乙酰辅酶 A 的反应过程

任何外源化合物对 ACCase 的抑制，都会导致其催化反应的中断，造成脂肪酸合成受阻。ACCase 抑制剂的化学结构都是由具有极性取代基的疏水碳骨架组成，能与 ACCase 亚基 CT 功能域结合，通过竞争抑制作用阻止乙酰辅酶 A 生成丙二酰辅酶 A，进而抑制植物脂肪酸的生物合成，改变植物细胞膜的完整性，造成植物代谢物泄漏，最终导致植物死亡。

ACCase 抑制剂类除草剂主要作用部位是植物的分生组织，一般于施药后 48 h 即开始出现药害症状，生长停止，心叶和其他部位叶片变紫、变黄，茎节点坏死、枯死。

第一节 芳氧苯氧基丙酸酯类

1971 年赫斯特公司开创了芳氧苯氧基丙酸酯类化合物并筛选出禾草灵与禾草灵异丁酯；1975 年起，许多农药公司相继合成了一系列衍生物，开发出一系列高活性品种；近年来，在通过结构改造继续开发新品种的同时，致力于原有品种的定向合成，成功地推出了只含有效体的制剂，如精吡氟禾草灵、精喹禾灵、高效氟吡甲禾灵等。

芳氧苯氧基丙酸酯类除草剂可被植物的根、茎、叶吸收。茎叶处理时，对幼芽的抑制作用强；施于根部时，对芽的抑制作用小，对根作用强；土壤处理时，通过胚芽鞘、幼芽第一节间或根进入植物体内；茎叶处理显著优于土壤处理。药物进入植物体内可水解成酸，经筛管和导管传导到生长点及节间分生组织，干扰植物的细胞分裂，阻止生长。由于它们的吸收传导性强，可达地下茎，因此对多年生禾本科杂草也有较好的防除作用。一般施药后 48 h 即可出现中毒症状，首先表现为停止生长，随之在芽和节的分生组织出现枯斑，心叶和其他部位叶片逐渐变成紫色和黄色，心叶极易拔出，枯萎死亡。

芳氧苯氧基丙酸酯类除草剂在温暖而湿润的条件下，在土壤中迅速降解而失效，因而都作为苗后茎叶处理剂来使用。此类除草剂主要防治禾本科杂草，其中苯氧基－苯氧基丙酸类品种防治一年生禾本科杂草，而杂环氧基－苯氧基丙酸类品种对一年生和多年生禾本科杂草均有效。禾草灵主要防治野燕麦，氟吡甲禾灵、喹禾灵、吡氟禾草灵、精噁唑禾草灵等除防治一年生杂草外，对多年生禾本科杂草芦苇、假高粱、狗牙根、双穗雀稗、白茅等也有良好的防治效果。

芳氧苯氧基丙酸酯类除草剂几乎对所有双子叶作物都安全，但与激素类除草剂混用，会产生明显拮抗作用而降低防除禾本科杂草的效果。禾草灵可与取代脲类、氨基甲酸酯类、腈类以及甜菜宁、嗪草酮赛克津等除草剂混用；氟吡甲禾草灵与三氟羧草醚、灭草松混用，对禾本科杂草的防治效果稍有下降；在大豆田氟吡甲禾灵与氟磺胺草醚、乳氟禾草灵、三氟羧草醚等可混用；吡氟禾草灵与三氟羧草醚、灭草松、氟磺胺草醚混用防除禾本科杂草药效稍有下降；喹禾灵可与灭草松混用，但不能与三氟羧草醚、乳氟禾草灵、氟磺胺草醚混用；精噁唑禾草灵与三氟羧草醚、乳氟禾草灵混用会降低对禾本科杂草的防治效果。

芳氧苯氧基丙酸酯类除草剂主要抑制禾本科植物体内的 ACCase 活性，进而抑制脂肪酸的合成。脂肪酸在植物体内具有重要的生理作用，其组成的甘油三酯是主要的贮能、供能物质，由其转化成的磷脂是细胞膜的组成成分。脂肪酸还可转化成调节代谢的激素类物质，ACCase 是脂肪酸生物合成中的关键酶。研究证明，ACCase 在植物体内以真核和原核两种形式存在，真核形式对除草剂敏感，而原核形式则不敏感。在双子叶植物叶绿体或质体中存在原核形式的 ACCase，胞液中存在真核形式的 ACCase。而单子叶禾本科植物的叶绿体（质体）中只存在真核形式的 ACcase，且脂肪酸的生物合成是在植物的叶绿体（质体）中进行。因此，单子叶植物被芳氧苯氧基丙酸酯类除草剂所抑制，而阔叶的双子叶植物对其并不敏感。

植物体内饱和脂肪酸的生物合成过程由两类酶系统进行催化，即乙酰辅酶 A 羧化酶与脂肪酸合成酶。ACCase 由 200~240 KD 的 2 个亚单位组成，催化以下 2 个反应：

（1）酶－生物素 $+HCO_3^-+ATP \longleftrightarrow$ 酶－生物素 $-CO_2^-+ADP+Pi$；

（2）酶－生物素 $-CO_2^-+$ 乙酰辅酶 A $\longleftrightarrow$ 丙二酰辅酶 A+ 酶－生物素。

植物体内的 ACCase 含有共价结合的 α－生物素，它在催化 ATP 的生物素羧化作用点与二价金属离子之间作为羧基载体，进而羧基转移于乙酰辅酶 A，丙二酰辅酶 A 是 ACCase 催化乙酰辅酶 A 所得的产物，也是脂肪酸和类黄酮生物合成过程中的一个关键中间产物。芳氧苯氧基丙酸酯类除草剂抑制丙二酰辅酶 A 的生成，在进一步合成脂肪酸的过程中，进而形成油酸、亚油酸、亚麻酸、蜡质层和角质层的过程受阻，导致单子叶植物的膜结构迅速破坏，透性增强，最终导致植物的死亡。

芳氧苯氧基丙酸酯类除草剂的化学结构通式：

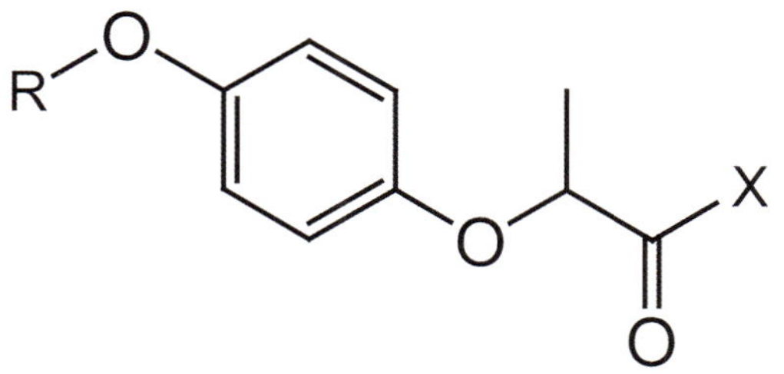

该类除草剂主要品种见表 1-1。

表 1-1　芳氧苯氧基丙酸类除草剂常见品种

通用名称	其他信息		结构式	适用作物	使用量（有效成分，g / 亩 *）	防除对象	施药方法
精喹禾灵 quizalofop-P	分子式	$C_{17}H_{13}ClN_2O_4$	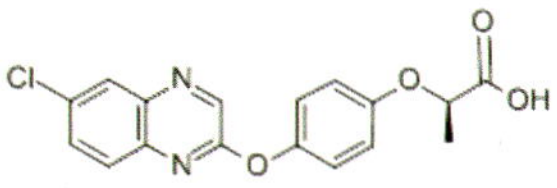	春大豆	3 ~ 5	一年生禾本科杂草	茎叶喷雾
				夏大豆	2.5 ~ 4		
				棉花	2.5 ~ 4		
				油菜	2 ~ 3		
	分子量	344.75		花生	3 ~ 4		
				芝麻	2.5 ~ 3		
				大白菜	2 ~ 3		
	CAS 登录号	94051-08-8		西瓜	2 ~ 3		
				烟草	3 ~ 4		
				辣椒	2 ~ 3		
				绿豆	2.5 ~ 4.5		
				黄姜	2 ~ 3		
				甘薯	2 ~ 3		
				红小豆	2 ~ 3		

* 1 亩 =1/15 hm^2。

续表

通用名称	其他信息		结构式	适用作物	使用量（有效成分，g / 亩）	防除对象	施药方法
精吡氟禾草灵 fluazifop-P-butyl	分子式	$C_{19}H_{20}F_3NO_4$	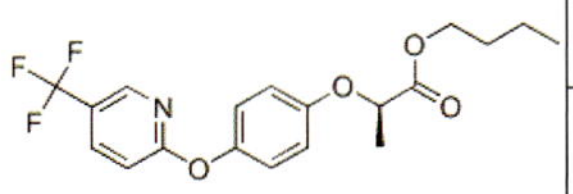	甜菜	7.5 ~ 10	一年生和多年生禾本科杂草	茎叶喷雾
	分子量	383.36		棉花	5 ~ 10		
	CAS 登录号	79241-46-6		春大豆	9 ~ 12		
				夏大豆	6 ~ 7.5		
				花生	7.5 ~ 10		
				冬油菜	6.5 ~ 10		
				甘蓝	6 ~ 7.5		
				西瓜	6 ~ 7.5		
精噁唑禾草灵 fenoxaprop-P-ethyl	分子式	$C_{18}H_{16}ClNO_5$	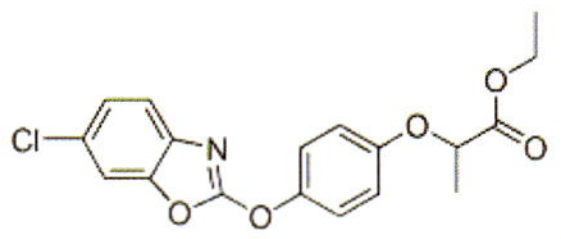	小麦	3 ~ 4	看麦娘等一年生禾本科杂草	茎叶喷雾
	分子量	361.78		大豆	3.22 ~ 4.83		
	CAS 登录号	71283-80-2		花生	3.22 ~ 5.23		
				棉花	3.22 ~ 4.03		
				春油菜	3.45 ~ 4.83		
				花椰菜	3.45 ~ 4.14		
				大麦	3.45 ~ 4.14		
氰氟草酯 cyhalofop-butyl	分子式	$C_{20}H_{20}FNO_4$	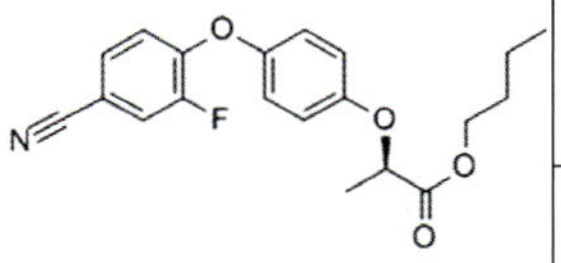	直播田水稻	4 ~ 6	稗草、千金子等禾本科杂草	茎叶喷雾
	分子量	357.38		秧田水稻	4 ~ 6		
	CAS 登录号	122008-85-9		移栽田水稻	5 ~ 7		
炔草酯 clodinafop-propargyl	分子式	$C_{17}H_{13}ClFNO_4$	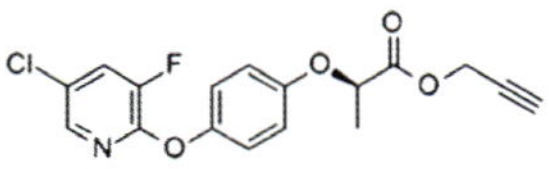	冬小麦	3 ~ 4.5	一年生禾本科杂草	茎叶喷雾
	分子量	349.74		春小麦	2 ~ 3		
	CAS 登录号	105512-06-9					

续表

<table>
<tr><th>通用名称</th><th colspan="2">其他信息</th><th>结构式</th><th>适用作物</th><th>使用量（有效成分，g / 亩）</th><th>防除对象</th><th>施药方法</th></tr>
<tr><td rowspan="10">高效氟吡甲禾灵
haloxyfop-P-menthyl</td><td>分子式</td><td>$C_{16}H_{13}ClF_{3}NO_{4}$</td><td rowspan="10">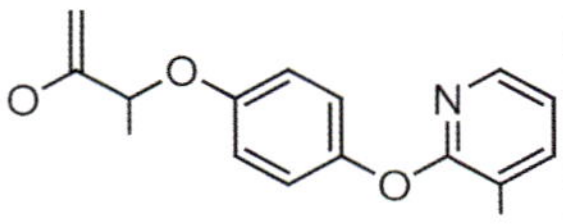</td><td>春大豆</td><td>3.24 ～ 3.78</td><td rowspan="10">一年生和多年生禾本科杂草</td><td rowspan="10">茎叶喷雾</td></tr>
<tr><td rowspan="1">分子量</td><td>361.70</td><td>夏大豆</td><td>3 ～ 3.24</td></tr>
<tr><td rowspan="8">CAS 登录号</td><td rowspan="8">72619-32-0</td><td>春油菜</td><td>3 ～ 4.32</td></tr>
<tr><td>冬油菜</td><td>2.16 ～ 3</td></tr>
<tr><td>棉花</td><td>2.7 ～ 3.24</td></tr>
<tr><td>花生</td><td>2.16 ～ 3.24</td></tr>
<tr><td>马铃薯</td><td>3.78 ～ 5.4</td></tr>
<tr><td>西瓜</td><td>3.78 ～ 5.4</td></tr>
<tr><td>向日葵</td><td>6.48 ～ 10.8</td></tr>
<tr><td>甘蓝</td><td>3.24 ～ 4.32</td></tr>
<tr><td rowspan="3">喹禾糠酯
quizalofop-P-tefuryl</td><td>分子式</td><td>$C_{22}H_{21}ClN_{2}O_{5}$</td><td rowspan="3">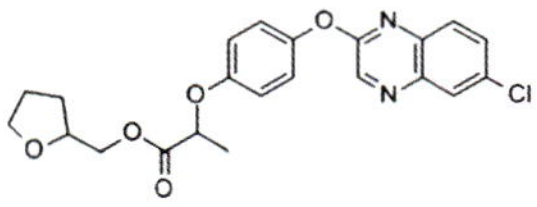</td><td>油菜</td><td>2 ～ 3.2</td><td rowspan="3">一年生和多年生禾本科杂草</td><td rowspan="3">茎叶喷雾</td></tr>
<tr><td>分子量</td><td>428.87</td><td>大豆</td><td>2.4 ～ 3.2</td></tr>
<tr><td>CAS 登录号</td><td>119738-06-6</td><td>花生</td><td>2.4 ～ 3.2</td></tr>
<tr><td rowspan="3">噁唑酰草胺
metamifop</td><td>分子式</td><td>$C_{23}H_{18}ClFN_{2}O_{4}$</td><td rowspan="3">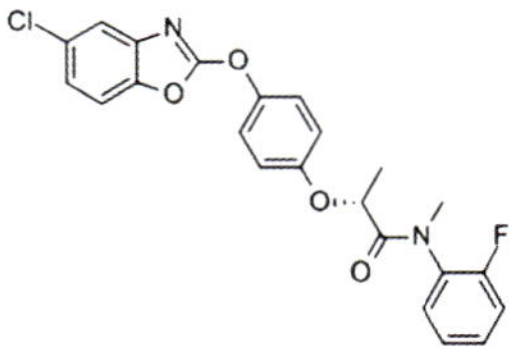</td><td rowspan="3">直播田水稻</td><td rowspan="3">6 ～ 8</td><td rowspan="3">一年生和多年生禾本科杂草</td><td rowspan="3">茎叶喷雾</td></tr>
<tr><td>分子量</td><td>440.85</td></tr>
<tr><td>CAS 登录号</td><td>256412-89-2</td></tr>
<tr><td rowspan="4">喔草酯
propaquizafop</td><td>分子式</td><td>$C_{22}H_{22}ClN_{3}O_{5}$</td><td rowspan="4">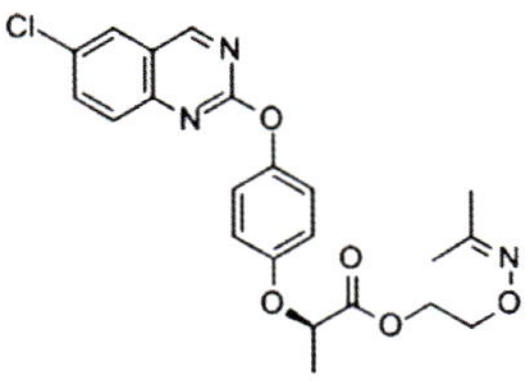</td><td>棉花</td><td>4 ～ 8</td><td rowspan="4">一年生禾本科杂草</td><td rowspan="4">茎叶喷雾</td></tr>
<tr><td>分子量</td><td>443.88</td><td>大豆</td><td>4 ～ 8</td></tr>
<tr><td rowspan="2">CAS 登录号</td><td rowspan="2">111479-05-1</td><td>油菜</td><td>4 ～ 8</td></tr>
<tr><td>马铃薯</td><td>4 ～ 8</td></tr>
</table>

续表

通用名称	其他信息		结构式	适用作物	使用量（有效成分，g/亩）	防除对象	施药方法
禾草灵 diclofop-methyl	分子式	$C_{16}H_{14}Cl_2O_4$	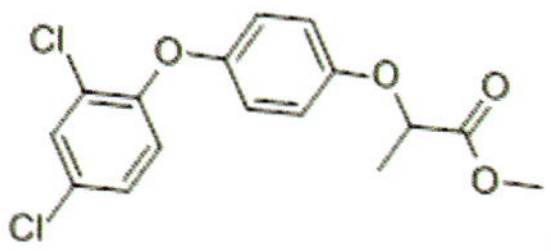	冬小麦	54 ～ 64.8	一年生禾本科杂草	茎叶喷雾
	分子量	341.19		春小麦	64.8 ～ 72		
	CAS 登录号	51338-27-3		棉花	7.5 ～ 9.75		
				花椰菜	3.4 ～ 4.9		
				甜菜	7.5 ～ 10.5		
				油菜	7.5 ～ 10.5		
				西瓜	7.5 ～ 10.5		
				大麦	7.5 ～ 10.5		
				甘蓝	7.5 ～ 10.5		
				花生	7.5 ～ 10.5		
氟吡甲禾灵 haloxyfop-ethyl	分子式	$C_{16}H_{13}ClF_3NO_4$	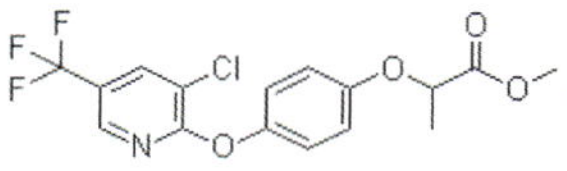	春大豆	3.1 ～ 4.32	一年生禾本科杂草	茎叶喷雾
	分子量	375.73		夏大豆	2.7 ～ 3.78		
	CAS 登录号	69806-40-2		油菜	2.7 ～ 3.24		
				花生	2.16 ～ 3.24		
				棉花	2.7 ～ 3.24		
喹禾灵 quizalofop-ethyl	分子式	$C_{19}H_{17}ClN_2O_4$	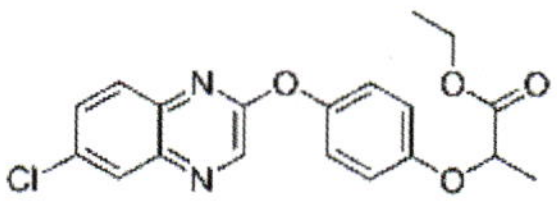	夏大豆	6.7 ～ 10	一年生禾本科杂草	茎叶喷雾
	分子量	372.80		棉花	6 ～ 10		
	CAS 登录号	76578-14-8		油菜	6 ～ 10		

该类除草剂药害症状主要表现在以下几个方面：①受药后植物迅速停止生长，幼嫩组织停止生长，而植物全部死亡所需时间较长。②植物受害后的第一症状是叶色萎黄，特别是嫩叶最早开始萎黄，而后逐渐坏死。③最明显的症状是叶片基部坏死，茎节坏死，导致叶片萎黄死亡。④受害禾本科植物叶片卷缩，叶色发紫，而后枯死。

精喹禾灵

玉　米

5% 精喹禾灵乳油田间茎叶处理，亩用量 50 ml，药后 2 d 心叶基部开始失绿，叶片出现水浸状斑点，变黄变紫，第三、四片叶内卷

5% 精喹禾灵乳油田间茎叶处理，亩用量 50 ml，药后 4 d 从心叶基部坏死，叶缘干枯内卷，植株整体从叶基部断开，断处呈水浸状，后变褐

5% 精喹禾灵乳油田间茎叶处理，亩用量 50 ml，药后 9 d 所有植株枯死

谷 子

5% 精喹禾灵乳油田间茎叶处理，亩用量 50 ml，药后 2 d 从心叶基部失绿，出现水浸状斑点，叶片呈黄褐色，叶缘失水皱缩

5% 精喹禾灵乳油田间茎叶处理，亩用量 50 ml，药后 4 d 从心叶基部开始干枯，整体从叶基部断开，断处呈水浸状，后褐化；9 d 所有植株全株枯死（图为药后 4 d 症状）

棉　花

5% 精喹禾灵乳油田间茎叶处理，亩用量 160 ml，药后 3 d 植株矮小，无明显药害症状；22 d 植株生长正常 (图为药后 22 d 症状)

小　麦

5% 精喹禾灵乳油田间茎叶处理，亩用量 50 ml，药后 15 d，叶片整体从基部开始失绿黄化，向外弯向地面

5% 精喹禾灵乳油田间茎叶处理，亩用量 50 ml，药后 30 d，叶片大部分从基部开始黄化失水萎蔫

5% 精喹禾灵乳油田间茎叶处理，亩用量 50 ml，药后 45 d 完全枯死

萝　卜

10% 精喹禾灵乳油田间茎叶处理，亩用量 80 ml，药后 5 d 心部叶片稍黄，渐渐无明显症状

白　菜

10% 精喹禾灵乳油田间茎叶处理，亩用量 80 ml，药后 5 d 心部稍黄，渐渐无明显症状

大　豆

10% 精喹禾灵乳油田间茎叶处理，亩用量 70~105 ml，药后 7~15 d，着药叶片有明显黄褐色斑点，部分叶片药斑脱落，导致叶片破损（图①为亩用量 105 ml，药后 7 d 症状；图②为亩用量 105 ml，药后 15 d 症状；图③为亩用量 70 ml，药后 7 d 症状）

10% 精喹禾灵乳油田间茎叶处理，亩用量 105　ml，药后 40 d，个别叶片边缘仍黄化，植株生长正常

菜 心

10.8% 精喹禾灵乳油盆栽茎叶处理，亩用量 200 ml，药后 7 d 叶出现黄斑，其他方面正常（图②为图①处理局部放大 ）

黄 瓜

10.8% 精喹禾灵乳油盆栽茎叶处理，亩用量 200 ml，药后 7 d 芽坏死（图①为图②处理局部放大 ）

豆　角

10.8% 精喹禾灵乳油盆栽茎叶处理，亩用量 200 ml，药后 6 d 叶出现黄白斑，茎和叶柄失绿发白

甜玉米

10.8% 精喹禾灵乳油盆栽茎叶处理，亩用量 20 ml，药后 4 d 生长受抑制，叶发黄

10.8% 精喹禾灵乳油盆栽茎叶处理，亩用量 20 ml，药后 7 d 分生组织坏死，倒伏（图②为图①处理局部放大）

5% 精喹禾灵乳油田间茎叶处理，在花生（亩用量 160 ml）、绿豆（亩用量 80 ml）、油菜（亩用量 160 ml）、芝麻（亩用量 160 ml）上喷施均无明显药害症状。10.8% 精喹禾灵乳油盆栽茎叶处理，在辣椒（亩用量 200 ml）、茄子（亩用量 200 ml）上喷施均无明显药害症状。10% 精喹禾灵乳油盆栽茎叶处理，在甘薯上喷施（亩用量 105 ml）无明显药害症状。

精噁唑禾草灵

玉　米

10% 精噁唑禾草灵乳油田间茎叶处理，亩用量 40 ml，药后 3 d，心叶及周围叶片皱缩，叶缘呈紫红色

10% 精噁唑禾草灵乳油田间茎叶处理，亩用量 40 ml，药后 5 d，叶片完全皱缩在一起，呈葱状叶，叶脉发红发紫，叶尖失水，植株矮小

10% 精噁唑禾草灵乳油田间茎叶处理，亩用量 40 ml，药后 11 d，叶片几乎完全枯死

谷 子

10% 精噁唑禾草灵乳油田间茎叶处理，亩用量 40 ml，药后 3 d，心叶从基部向上失水干枯，内部节间失水

大 豆

10% 精噁唑禾草灵乳油田间茎叶处理，亩用量 300 ml，药后 7 d，着药叶片有黄褐色斑点

10% 精噁唑禾草灵乳油田间茎叶处理，亩用量 300 ml，药后 15 d，个别叶片边缘黄化干枯

10% 精噁唑禾草灵乳油田间茎叶处理，亩用量 120 ml，药后 40 d，个别植株矮小

豆　角

6.9% 精噁唑禾草灵水乳剂盆栽茎叶处理，亩用量 400 ml，药后 12 d 叶畸形，叶尾部不能正常伸展

10% 精噁唑禾草灵乳油田间茎叶处理，在花生（亩用量 100 ml）、绿豆（亩用量 120 ml）、棉花（亩用量 80.5 ml）、小麦（亩用量 120 ml）、芝麻（亩用量 40 ml）、油菜（亩用量 40 ml）、萝卜（亩用量 92 ml）、白菜（亩用量 92 ml）上喷施均无明显药害症状。6.9% 精噁唑禾草灵水乳剂盆栽茎叶处理，辣椒（亩用量 400 ml）喷施无明显药害症状。10% 精噁唑禾草灵乳油盆栽茎叶处理，在甘薯（亩用量 180 ml）上，药后无明显药害症状。

精吡氟禾草灵

玉　米

15% 精吡氟禾草灵乳油田间茎叶处理，亩用量 50 ml，药后 3 d，叶片内卷

15% 精吡氟禾草灵乳油田间茎叶处理，亩用量 50 ml，药后 10 d，叶片几乎完全枯死

谷　子

15% 精吡氟禾草灵乳油田间茎叶处理，亩用量 50 ml，药后 3 d，心叶从基部向上失水干枯，内部节间失水

小 麦

15% 精吡氟禾草灵乳油田间茎叶处理，亩用量 50 ml，药后 15 d，下部叶片黄化畸形，叶基部向外倒于地面

15% 精吡氟禾草灵乳油田间茎叶处理，亩用量 50 ml，药后 30 d，每个分蘖的心叶失绿白化萎蔫

15% 精吡氟禾草灵乳油田间茎叶处理，亩用量 50 ml，药后 45 d 后期完全枯死

15% 精吡氟禾草灵乳油田间茎叶处理，在花生（亩用量 133.3 ml）、绿豆（亩用量 130 ml）、棉花（亩用量 160 ml）、油菜（亩用量 140 ml）、芝麻（亩用量 50 ml）、萝卜（亩用量 133.3 ml）、白菜（亩用量 133.3 ml）上喷施均无明显药害症状。

高效氟吡甲禾灵

玉　米

10.8% 高效氟吡甲禾灵乳油田间茎叶处理，亩用量 25 ml，药后 2 d 心叶从基部发红发褐，生长明显受限，心叶基部呈水浸状后变褐坏死，第三、第四片叶内卷

10.8% 高效氟吡甲禾灵乳油田间茎叶处理，亩用量 25 ml，药后 4 d 叶尖、叶缘黄枯内卷，植株逐步枯死

10.8% 高效氟吡甲禾灵乳油田间茎叶处理，亩用量 25 ml，药后 13 d 全部枯死，且干枯叶片上布满黑点

谷　子

10.8% 高效氟吡甲禾灵乳油田间茎叶处理，亩用量 25 ml，药后 2 d 从心叶基部失绿变黄变褐，叶片失水皱缩，老叶正常，心叶基部坏死

10.8% 高效氟吡甲禾灵乳油田间茎叶处理，亩用量 25 ml，药后 4 d 干枯从新叶延伸至老叶，心叶基部已完全褐化

10.8% 高效氟吡甲禾灵乳油田间茎叶处理，亩用量 25 ml，药后 9 d 所有植株从叶基部断开，干枯死亡

花 生

10.8% 高效氟吡甲禾灵乳油田间茎叶处理，亩用量 90 ml，药后 6 d 叶片发黄，皱缩扭曲

10.8% 高效氟吡甲禾灵乳油田间茎叶处理，亩用量 90 ml，药后 13 d 整体药害症状基本恢复，仍存在皱缩扭曲叶片；药后 16 d 部分叶片皱缩；药后 22 d 药害症状恢复，生长正常（图为药后 13 d 症状）

小 麦

10.8% 高效氟吡甲禾灵乳油田间茎叶处理，亩用量 18 ml，药后 30 d，心叶及周围叶片从基部开始失绿黄化，整体叶片大部分叶尖失水干枯

白 菜

10.8% 高效氟吡甲禾灵乳油田间茎叶处理，亩用量 80 ml，药后 5 d 心部叶片稍黄，其他无明显症状

大 豆

10.8% 高效氟吡甲禾灵乳油田间茎叶处理，亩用量 150 ml，药后 1 d，少量叶片有黄白色致密斑点

10.8% 高效氟吡甲禾灵乳油田间茎叶处理，亩用量 100 ml，药后 7 d，无明显药害

10.8%高效氟吡甲禾灵乳油田间茎叶处理，亩用量100 ml，药后40 d，个别叶片边缘黄化，植株生长正常

茄 子

10.8%高效氟吡甲禾灵乳油盆栽茎叶处理，亩用量400 ml，药后11 d幼叶畸变，不能伸展

番　茄

10.8% 高效氟吡甲禾灵乳油盆栽茎叶处理，亩用量 400 ml，药后 3 d 芽及幼叶发黄（图②、图③为图①的处理局部放大）

10.8% 高效氟吡甲禾灵乳油盆栽茎叶处理，亩用量 400 ml，药后 7 d 老叶从末端开始枯死，生长受抑制

黄　瓜

10.8% 高效氟吡甲禾灵乳油盆栽茎叶处理，亩用量 400 ml，药后 3 d 叶缘干枯，叶片出现枯死褐斑

10.8% 高效氟吡甲禾灵乳油盆栽茎叶处理，亩用量 400 ml，药后 7 d 芽枯死，生长受到抑制

豆　角

10.8% 高效氟吡甲禾灵乳油盆栽茎叶处理，亩用量 400 ml，药后 12 d 幼叶畸形、深绿，不能正常伸展

甜玉米

10.8% 高效氟吡甲禾灵乳油盆栽茎叶处理，亩用量 100 ml，药后 4 d 生长受抑制，叶发黄

10.8% 高效氟吡甲禾灵乳油盆栽茎叶处理，亩用量 100 ml，药后 7 d 分生组织坏死，倒伏

10.8% 高效氟吡甲禾灵乳油田间茎叶处理，在绿豆（亩用量 80 ml）、棉花（亩用量 90 ml）、芝麻（亩用量 80 ml）、油菜（亩用量 55.5 ml）、萝卜（亩用量 80 ml）、甘薯（亩用量 150 ml）、菜心（亩用量 400 ml）、辣椒（亩用量 400 ml）上喷施均无明显药害症状。

炔草酯

玉 米

15% 炔草酯可湿性粉剂田间茎叶处理，亩用量 13 g，药后 4 d 从第五、第六片叶往上叶缘内卷成筒状，叶片失绿变黄或呈红褐色，老叶叶尖黄枯

15% 炔草酯可湿性粉剂田间茎叶处理，亩用量 13 g，药后 8 d 植株已完全枯死，从叶基部断裂

谷 子

15% 炔草酯可湿性粉剂田间茎叶处理，亩用量 13 g，药后 4 d 心叶基部失绿，变黄或红褐，叶片失水干枯皱缩，垂向地面

15% 炔草酯可湿性粉剂田间茎叶处理，亩用量 13 g，药后 8 d 由心叶逐步蔓延至整株叶片，干枯皱缩

15% 炔草酯可湿性粉剂田间茎叶处理，亩用量 13 g，药后 12 d 所有植株完全枯死

花 生

15% 炔草酯可湿性粉剂田间茎叶处理，亩用量 18 g，药后 3 d 叶片略发黄，整体无明显症状；药后 6 d 心叶皱缩，心叶及周围叶片失绿发黄且有白化之势（图为药后 6 d 症状）

15% 炔草酯可湿性粉剂田间茎叶处理，亩用量 18 g，药后 13 d 植株整体尤以上部叶片黄化严重，心叶皱缩；药后 16 d 部分叶片完全失绿变黄，部分叶片皱缩（图为药后 16 d 症状）

15% 炔草酯可湿性粉剂田间茎叶处理，亩用量 18 g，药后 22 d 叶片颜色基本恢复正常，仍存在部分皱缩叶片

菜 心

15% 炔草酯可湿性粉剂盆栽茎叶处理，亩用量 45 g，药后 4 d 叶片出现枯死斑，芽畸形，生长受抑制

辣 椒

15% 炔草酯可湿性粉剂盆栽茎叶处理，亩用量 45 g，药后 6 d 幼叶畸形，生长受抑制

茄 子

15% 炔草酯可湿性粉剂盆栽茎叶处理，亩用量 45 g，药后 4 d 嫩叶畸形卷曲

黄 瓜

15% 炔草酯可湿性粉剂盆栽茎叶处理，亩用量 45 g，药后 6 d 叶柄扭曲，幼叶和卷须枯死，生长受抑制

豆 角

15% 炔草酯可湿性粉剂盆栽茎叶处理，亩用量 45 g，药后 7 d 叶畸形，生长缓慢

15% 炔草酯可湿性粉剂田间茎叶处理，在小麦（亩用量 60 g）、绿豆（亩用量 18 g）、棉花（亩用量 18 g）、芝麻（亩用量 18 g）、油菜（亩用量 20 g）、萝卜（亩用量 20 g）、白菜（亩用量 20 g）上喷施均无明显药害症状。

氰氟草酯

玉　米

15% 氰氟草酯乳油田间茎叶处理，亩用量 40 ml，药后 2 d 无明显药害症状，植株较矮小；药后 6 d 心叶及周围叶片由叶尖到叶基部沿叶缘内卷严重，叶尖有干枯之势（图为药后 6 d 症状）

15% 氰氟草酯乳油田间茎叶处理，亩用量 40 ml，药后 9 d 植株整体严重畸形，尤以心叶周围叶片明显，几个叶片内卷在一起呈柱状，且叶片失绿褐化有腐烂之势

15% 氰氟草酯乳油田间茎叶处理，亩用量 40 ml，药后 12 d 除最基部 3、4 片叶较正常之外，其余叶片包裹在一起，且从叶间开始干枯向下弯曲

15% 氰氟草酯乳油田间茎叶处理，亩用量 40 ml，药后 17 d 所结玉米棒畸形扭曲，其被几片卷曲成筒状的叶片包裹，雄花从中间弯曲向下也已严重变形

15% 氰氟草酯乳油田间茎叶处理，亩用量 40 ml，药后 25 d 植株整体的大部分叶片已完全枯死

谷 子

15% 氰氟草酯乳油田间茎叶处理，亩用量 40 ml，药后 2 d 心叶略发黄，叶缘沿基部有内卷之势，老叶上分布不同程度失绿黄斑

15% 氰氟草酯乳油田间茎叶处理，亩用量 40 ml，药后 6 d 叶片上黄色药斑加重，部分连成片，从叶尖开始逐步干枯

15% 氰氟草酯乳油田间茎叶处理，亩用量 40 ml，药后 10 d 谷子开始扬花，但花几乎全部被包被在叶基部，畸形扭曲

15% 氰氟草酯乳油田间茎叶处理，亩用量 40 ml，药后 14 d 谷子植株矮小，部分叶片逐步褐化干枯或有明显药害斑

15% 氰氟草酯乳油田间茎叶处理，亩用量 40 ml，药后 17 d 谷穗畸形，穗柄扭曲变形，叶片遍布锈斑

芝　麻

15% 氰氟草酯乳油田间茎叶处理，亩用量 40 ml，药后 2 d 无明显药害症状，植株较矮小；药后 6 d 无明显症状；药后 11 d 开花，心叶叶缘内卷，从叶片中部开始弯曲（图为药后 11 d 症状）

15% 氰氟草酯乳油田间茎叶处理，亩用量 40 ml，药后 16 d 心叶及周围叶片畸形皱缩，颜色黑绿，叶缘外卷，叶尖向地面弯曲

15% 氰氟草酯乳油田间茎叶处理，亩用量 40 ml，药后 33 d 植株整体大部分叶片皱缩，叶尖弯向地面

茄　子

10% 氰氟草酯乳油田间茎叶处理，亩用量 400 ml，药后 7 d 幼叶畸形，不能正常展开

黄　瓜

10% 氰氟草酯乳油盆栽茎叶处理，亩用量 100 ml，药后 3 d 叶片及叶脉出现黄褐斑

10% 氰氟草酯乳油盆栽茎叶处理，亩用量 100 ml，药后 7 d 芽失绿，生长受到抑制

豆　角

10% 氰氟草酯乳油盆栽茎叶处理，亩用量 100 ml，药后 3 d 幼叶卷曲，叶色淡黄，11 d 后恢复正常

甜玉米

10% 氰氟草酯乳油盆栽茎叶处理，亩用量 50 ml，药后 7 d 生长受抑制

10% 氰氟草酯乳油盆栽茎叶处理，亩用量 50 ml，药后 13 d 植株逐渐枯死

10% 氰氟草酯乳油盆栽茎叶处理，亩用量 100 ml，药后 7 d 顶部叶片从叶尾开始逐渐发黄，最后整株枯死

15% 氰氟草酯乳油田间茎叶处理，在花生（亩用量 40 ml）、绿豆（亩用量 40 ml）、棉花（亩用量 40 ml）、小麦（亩用量 40 ml）、油菜（亩用量 40 ml）、萝卜（亩用量 40 ml）、白菜（亩用量 40 ml）上喷施均无明显药害症状。10% 氰氟草酯乳油田间茎叶处理，在菜心（亩用量 400 ml）、番茄（亩用量 400 ml）上喷施均无明显药害症状。氰氟草酯乳油田间茎叶处理，在辣椒上喷施（亩用量 400 ml），辣椒幼叶畸形，不能正常展开。

噁唑酰草胺

玉 米

10% 噁唑酰草胺乳油田间茎叶处理，亩用量 80 ml，药后 3 d，心叶及周围叶片基部失绿黄化

10% 噁唑酰草胺乳油田间茎叶处理，亩用量 80 ml，药后 11 d，植株完全枯死

谷 子

10% 噁唑酰草胺乳油田间茎叶处理，亩用量 80 ml，药后 3 d，心叶及周围叶片基部失绿黄化或失水萎蔫

辣　椒

10% 噁唑酰草胺乳油盆栽茎叶处理，亩用量 160 ml，药后 7 d 幼叶畸形，生长受抑制

黄　瓜

10% 噁唑酰草胺乳油盆栽茎叶处理，亩用量 160 ml，药后 4 d 叶片出现白斑

10% 噁唑酰草胺乳油田间茎叶处理，在花生（亩用量 80 ml）、绿豆（亩用量 80 ml）、棉花（亩用量 80 ml）、芝麻（亩用量 80 ml）、菜心（亩用量 160 ml）、茄子（亩用量 160 ml）上喷施均无明显药害症状，在豆角上喷施（亩用量 160 ml），会对生长产生轻微的抑制作用。

第二节　新苯基吡唑啉类

新苯基吡唑啉类除草剂以唑啉草酯为代表。唑啉草酯为乙酰辅酶 A 羧化酶抑制剂类除草剂，药物可被杂草叶片吸收，然后传导至分生组织，抑制分裂细胞的脂类合成，导致杂草死亡。一般施药后 48 h 敏感杂草停止生长，1 ~ 2 周内杂草叶片开始发黄，3 ~ 4 周内杂草彻底死亡。施药后杂草受害的反应速度与气候条件、杂草种类、生长条件等有关。该药对大麦安全性高。在不良气候条件下（低温或高湿）施药，大麦叶片可能会出现暂时的失绿症状，但不影响其正常生长发育和最终产量。药物在土壤中降解快，很少被根部吸收，只有很低的土壤活性，对后茬作物无影响。耐雨水冲刷，施药后 1 h 遇雨基本不影响除草效果。

该类除草剂主要品种介绍见表 1–2。

表 1–2　新苯基吡唑啉类除草剂常见品种

<table>
<tr><th>通用名称</th><th colspan="2">其他信息</th><th>结构式</th><th>适用作物</th><th>使用量（有效成分，g / 亩）</th><th>防除对象</th><th>施药方法</th></tr>
<tr><td rowspan="3">唑啉草酯
pinoxaden</td><td>分子式</td><td>$C_{23}H_{32}N_2O_4$</td><td rowspan="3">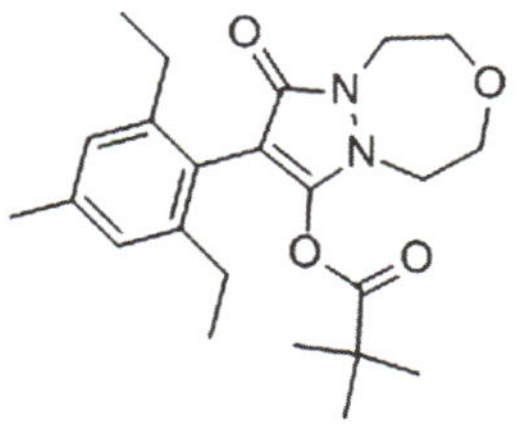</td><td>大麦</td><td>3 ~ 5</td><td rowspan="3">一年生禾本科杂草</td><td rowspan="3">茎叶喷雾</td></tr>
<tr><td>分子量</td><td>400.516</td><td rowspan="2">小麦</td><td rowspan="2">3 ~ 5</td></tr>
<tr><td>CAS 登录号</td><td>243973–20–8</td></tr>
</table>

唑啉草酯

玉　米

5% 唑啉草酯乳油田间茎叶处理，亩用量 60 ml，药后 2 d 第三、第四片叶内卷，老叶叶尖、叶缘黄枯

5% 唑啉草酯乳油田间茎叶处理，亩用量 60 ml，药后 4 d 心叶基部向上出现失绿白化趋势，叶片中间有断裂向下弯曲状

5% 唑啉草酯乳油田间茎叶处理，亩用量 60 ml，药后 8 d 第五、第六片叶中部白化，扭曲且垂向地面

5% 唑啉草酯乳油田间茎叶处理，亩用量 60 ml，药后 12 d 叶片从叶尖向基部内卷，叶尖发白且干枯扭曲

谷 子

5% 唑啉草酯乳油田间茎叶处理，亩用量 60 ml，药后 2 d 心叶从基部变红褐色，叶缘内卷，失水皱缩，老叶正常

5% 唑啉草酯乳油田间茎叶处理，亩用量 60 ml，药后 4 d 心叶基部坏死，心叶已枯死

5% 唑啉草酯乳油田间茎叶处理，亩用量 60 ml，药后 8 d 所有植株完全枯死，从叶基部断裂

花　生

5% 唑啉草酯乳油田间茎叶处理，亩用量 120 ml，药后 3 d 无明显症状；药后 13 d 少部分叶片有失绿变黄现象，整体生长正常；药后 16 d 部分叶片黄化，大部分正常生长；药后 22 d 植株药害恢复，生长正常（图为药后 13 d 症状）

大　豆

①

②

5% 唑啉草酯乳油盆栽茎叶处理，亩用量 300 ml、500 ml、1 000 ml，药后 1~7 d，低中剂量新叶叶缘干枯皱缩呈勺状，叶面上有枯斑（图①为亩用量 500 ml，药后 1 d 症状；图②为亩用量 500 ml，药后 3 d 症状；图③为亩用量 500 ml，药后 7 d 症状；图④为亩用量 300 ml，药后 3 d 症状）

5% 唑啉草酯乳油盆栽茎叶处理，亩用量 300 ml、500 ml、1 000 ml，高剂量着药叶面有大量青斑，部分叶片脱落甚至整株青枯（图①为亩用量 1 000 ml，药后 3 d 症状；图②为亩用量 300 ml，药后 1 d 症状）

5% 唑啉草酯乳油盆栽茎叶处理，亩用量 300 ml、500 ml、1 000 ml，药后 15~30 d，低中剂量叶缘或整个叶片脱落，植株严重矮化，生长细弱，高剂量植株大部分死亡（图①为亩用量 500 ml，药后 15 d 症状；图②为亩用量 500 ml，药后 15 d 症状；图③为亩用量 500 ml，药后 30 d 症状；图④为亩用量 1 000 ml，药后 30 d 症状）

甘 薯

5% 唑啉草酯乳油盆栽茎叶处理，亩用量 300 ml、500 ml、1 000 ml，药后 3~7 d，新出叶片边缘干枯皱缩呈勺状，高剂量新叶有黑褐色枯斑（图①为亩用量 1 000 ml，药后 7 d 症状；图②、图③为亩用量 500 ml，药后 7 d 症状）

5% 唑啉草酯乳油盆栽茎叶处理，亩用量 300 ml、500 ml、1 000 ml，药后 15 d，顶端叶片畸形，植株叶片药斑干枯脱落叶片破损（图①为亩用量 500 ml，药后 15 d 症状；图②为亩用量 1 000 ml，药后 15 d 症状）

5% 唑啉草酯乳油盆栽茎叶处理，亩用量 300 ml，药后 30 d，植株生长受到抑制，严重矮化、细弱

5% 唑啉草酯乳油田间茎叶处理，在小麦（亩用量 200 ml）、绿豆（亩用量 120 ml）、棉花（亩用量 120 ml）、芝麻（亩用量 120 ml）、油菜（亩用量 60 ml）、萝卜（亩用量 60 ml）、白菜（亩用量 60 ml）上喷施均无明显药害症状。

第三节 环己烯酮类

日本曹达公司于 1967 年最先发现杀螨剂苯螨特，为了寻找高效杀螨活性的农药，在合成系列新型化合物的过程中，发现了具有选择性除草活性的吡喃衍生物。该类化合物成为环己烯酮类除草剂的先导化合物，但是在实际除草试验过程中发现，其对芽后的活性不如对芽前的活性好。为了提高其对芽后的活性，又对该类化合物进行了一系列的结构优化，最终于 1973 年发现第一个环己烯酮类除草剂——禾草灭。为了寻求更高除草活性的化合物，对禾草灭结构又进行了进一步的优化，经过 4 年的时间，发现了除草活性是禾草灭 3~8 倍的烯禾啶，并于 1982 年商品化。虽然此类除草剂的品种并不多，但由于其作用机制类型新颖，结构独特，近年来发展甚快，尤其从 2002 年后，有了长足的发展。

环己烯酮类（cyclohexanediones，简称 CHD）抑制剂一般有 2 种结构通式：

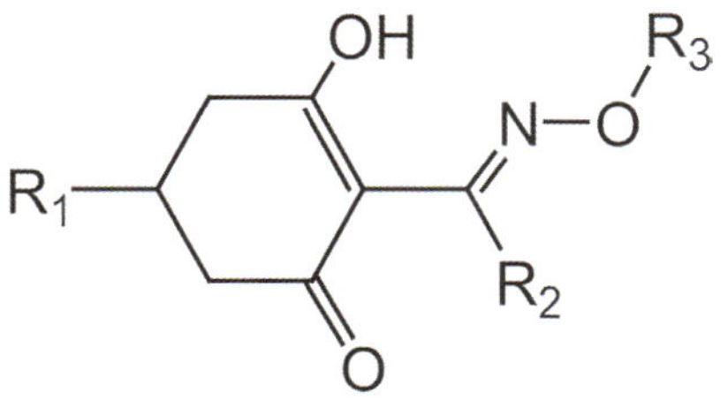

环己烯酮

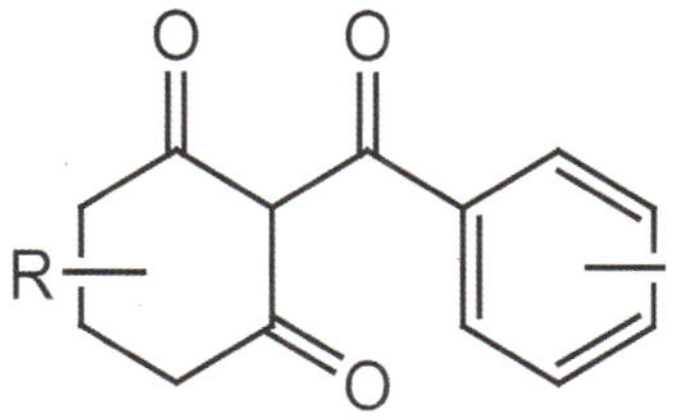

环己二酮

该类除草剂主要品种介绍见表 1-3：

表 1-3 环己烯酮类除草剂常见品种

通用名称	其他信息		结构式	适用作物	使用量（有效成分，g / 亩）	防除对象	施药方法
烯草酮 clethodim	分子式	$C_{17}H_{26}ClNO_3S$	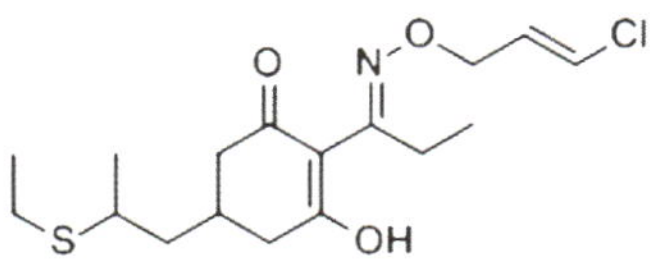	春大豆	7.2 ~ 9.6	一年生禾本科杂草	茎叶喷雾
				夏大豆	5.4 ~ 7.2		
	分子量	359.91		冬油菜	4.8 ~ 6		
				春油菜	4.8 ~ 6		
	CAS 登录号	99129-21-2		马铃薯	4.8 ~ 9.6		
				花生	4.2 ~ 4.8		
烯禾啶 sethoxydim	分子式	$C_{17}H_{29}NO_3S$	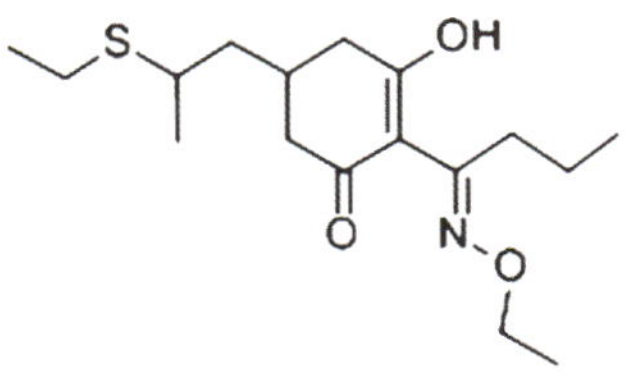	油菜	13.3 ~ 24	一年生禾本科杂草	茎叶喷雾
				大豆	20 ~ 40		
	分子量	327.48		亚麻	13 ~ 24		
				甜菜	20		
	CAS 登录号	74051-80-2		花生	13.3 ~ 20		
				棉花	20 ~ 24		

续表

通用名称	其他信息		结构式	适用作物	使用量（有效成分，g / 亩）	防除对象	施药方法
三甲苯草酮 tralkoxydim	分子式	$C_{20}H_{27}NO_3$	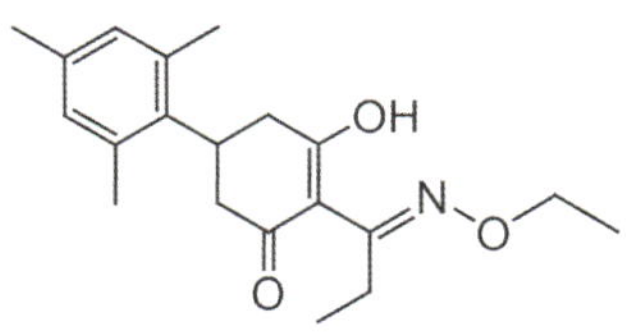	小麦	26 ~ 32	一年生禾本科杂草	茎叶喷雾
	分子量	329.43					
	CAS 登录号	87820-88-0					
吡喃草酮 tepraloxydim	分子式	$C_{17}H_{24}ClNO_4$	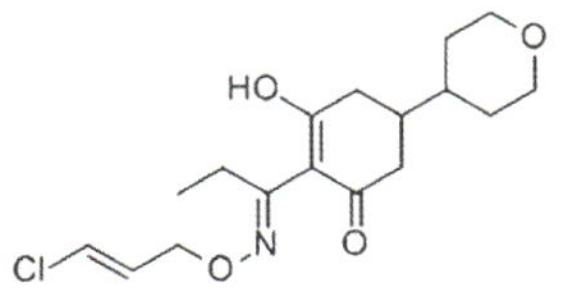	春大豆	30	一年生禾本科杂草	茎叶喷雾
	分子量	341.83		冬油菜	20 ~ 25		
	CAS 登录号	149979-41-9		棉花、亚麻	34 ~ 50		

环己烯酮类与芳氧苯氧基丙酸酯类相似，都被用于阔叶作物中苗后防除一年或多年生禾本科杂草，并对杂草有相似的防除特征：叶片黄化，停止生长，几天后枝尖、叶和根分生组织相继坏死。

烯草酮

玉　米

12% 烯草酮乳油田间茎叶处理，亩用量 35 ml，药后 3 d 心叶发黄，周围叶片从叶尖到基部沿叶缘内卷

12% 烯草酮乳油田间茎叶处理，亩用量 35 ml，药后 6 d 心叶及周围叶片内卷程度加深，从叶尖开始干枯

12% 烯草酮乳油田间茎叶处理，亩用量 35 ml，药后 11 d 除下部老叶外，其余叶片均已逐步枯死，完全失绿黄化，从叶尖开始向基部蔓延

12% 烯草酮乳油田间茎叶处理，亩用量 35 ml，药后 14 d 已干枯叶片上分布大量黑斑，下部老叶叶尖、叶缘出现枯斑，生长停滞

12% 烯草酮乳油田间茎叶处理，亩用量 35 ml，药后 19 d 植株整体枯死，干枯叶片上布满黑斑

谷　子

12% 烯草酮乳油田间茎叶处理，亩用量 35 ml，药后 3 d 心叶从基部发黄发褐，叶缘干枯内卷，茎内层节间已失水逐步坏死

12% 烯草酮乳油田间茎叶处理，亩用量 35 ml，药后 6 d 心叶已完全干枯，周围叶片从基部开始干枯

12% 烯草酮乳油田间茎叶处理，亩用量 35 ml，药后 10 d 心叶周围叶片沿基部出现大量黑褐色斑点

12% 烯草酮乳油田间茎叶处理，亩用量 35 ml，药后 14 d 严重的部分叶片彻底枯死，相对轻的叶片失绿黄化，叶缘已出现枯斑

12% 烯草酮乳油田间茎叶处理，亩用量 35 ml，药后 19 d 植株叶片枯死，其上分布黑褐色斑点

棉　花

12% 烯草酮乳油田间茎叶处理，亩用量 90 ml，药后 8 d 无明显症状；药后 14 d 整个茎部、叶柄完全变红，叶片外卷，叶面背部沿叶脉发红，叶片上分布大量枯斑（图为药后 14 d 症状）

芝　麻

12% 烯草酮乳油田间茎叶处理，亩用量 90 ml，药后 2 d 无明显症状；药后 6 d 无明显症状；药后 11 d 无明显症状；药后 19 d 心叶畸形，叶片皱缩，叶缘卷曲（图为药后 19 d 症状）

小　麦

12% 烯草酮乳油田间茎叶处理，亩用量 35 ml，药后 25 d，心叶及周围叶片由叶尖开始完全白化畸形，失水萎蔫

萝　卜

12% 烯草酮乳油田间茎叶处理，亩用量 45 ml，药后 4 d，叶片稍发黄，随着植株生长无明显症状

白　菜

12% 烯草酮乳油田间茎叶处理，亩用量 45 ml，药后 4 d，叶片稍有斑驳，随着植株生长无明显症状，少数植株偏小

菜　心

12% 烯草酮乳油盆栽茎叶处理，亩用量 400 ml，药后 7 d 叶畸形

辣　椒

12% 烯草酮乳油盆栽茎叶处理，亩用量 400 ml，药后 4 d 叶片出现枯斑

12% 烯草酮乳油盆栽茎叶处理，亩用量 400 ml，药后 8 d 幼叶受损伤失绿、畸变

茄　子

12% 烯草酮乳油盆栽茎叶处理，亩用量 400 ml，药后 4 d 叶片出现枯死斑

12% 烯草酮乳油盆栽茎叶处理，亩用量 400 ml，药后 8 d 新长出的叶片畸形

番　茄

12% 烯草酮乳油盆栽茎叶处理，亩用量 400 ml，药后 3 d 幼叶发黄

12% 烯草酮乳油盆栽茎叶处理，亩用量 400 ml，药后 6 d 叶色恢复，幼叶畸形

黄　瓜

12% 烯草酮乳油盆栽茎叶处理，亩用量 400 ml，药后 3 d 叶内出现白斑和枯死斑，新发幼叶畸形，抑制生长

豆　角

12% 烯草酮乳油盆栽茎叶处理，亩用量 400 ml，药后 6 d 叶出现枯黄斑，幼叶畸形卷曲

12% 烯草酮乳油盆栽茎叶处理，亩用量 400 ml，药后 12 d 叶片局部深绿

甜玉米

12% 烯草酮乳油盆栽茎叶处理，亩用量 200 ml，药后 6 d 分生组织坏死，顶端枯死；药后 14 d 枯死（图为药后 6 d 症状）

12% 烯草酮乳油田间茎叶处理，在油菜（亩用量 80 ml）、花生（亩用量 90 ml）、绿豆（亩用量 90 ml）上喷施均无明显药害症状。

烯禾啶

玉 米

12.5% 烯禾啶乳油田间茎叶处理，亩用量 70 ml，药后 11 d，心叶及周围叶片从基部失绿白化，叶片从中间断裂

谷 子

12.5% 烯禾啶乳油田间茎叶处理，亩用量 70 ml，药后 3 d，心叶从基部向上失水干枯，内部节间失水

小 麦

12.5% 烯禾啶乳油田间茎叶处理，亩用量 70 ml，药后 15 d，心叶从基部向上白化萎蔫，叶片畸形，周围叶片也存在从基部失绿白化的现象

12.5% 烯禾啶乳油田间茎叶处理，亩用量 70 ml，药后 30 d，心叶完全白化萎蔫，周围叶片也白化失水干枯

大　豆

12.5% 烯禾啶乳油盆栽茎叶处理，亩用量 300 ml、500 ml、1 000 ml，药后 1~3 d，低剂量着药叶面上有大量青斑，叶片黄化，少量新叶边缘皱缩干枯（图①、图②为亩用量 300 ml，药后 3 d 症状；图③为亩用量 500 ml，药后 1 d 症状）

12.5% 烯禾啶乳油盆栽茎叶处理，亩用量 300 ml、500 ml、1 000 ml，中高剂量植株叶片青枯、脱落（图①为亩用量 500 ml，药后 3 d 症状；图②为亩用量 1 000 ml，药后 3 d 症状）

12.5% 烯禾啶乳油盆栽茎叶处理，亩用量 300 ml、500 ml、1 000 ml，药后 7 d，药斑干枯，着药叶片叶缘皱缩，部分叶片脱落，高剂量全部死亡（图①为亩用量 300 ml，药后 7 d 症状；图②、图③为亩用量 500 ml，药后 7 d 症状；图④为亩用量 1 000 ml，药后 7 d 症状）

12.5%烯禾啶乳油盆栽茎叶处理，亩用量300 ml、500 ml、1 000 ml，药后15~30 d，低剂量植株严重矮化、黄弱，部分枯死（图为亩用量500 ml，药后30 d症状）

甘　薯

12.5%烯禾啶乳油盆栽茎叶处理，亩用量1 000 ml，药后7~15 d，低剂量无明显药害症状，高剂量植株叶片轻度黄化（图①为药后7 d症状，图②为药后15 d症状）

12.5%烯禾啶乳油盆栽茎叶处理，亩用量300 ml，药后30 d，植株矮化、黄弱

12.5%烯禾啶乳油田间茎叶处理，在花生（亩用量200 ml）、绿豆（亩用量200 ml）、棉花（亩用量200 ml）、芝麻（亩用量200 ml）、油菜（亩用量200 ml）、萝卜（亩用量200 ml）、白菜（亩用量200 ml）上喷施均无明显药害症状。

第二章　乙酰乳酸合成酶抑制剂

植物氨基酸合成中的关键酶一直是新型除草剂研发中重要的靶标酶。在除草剂的研究和应用领域，通过抑制氨基酸生物合成中关键酶的活性而发生作用的除草剂占很大比重，而靶标乙酰乳酸合成酶（Acetolactate Synthase，ALS）抑制剂类除草剂是目前开发最活跃的领域之一。ALS 抑制剂具备生物活性高、杀草谱广的优点，由于其作用靶标 ALS 不涉及人和动物，因此该种除草剂对人和动物具有很高的安全性。

ALS 存在于植物生长过程中，它能以高度专一性和极高的催化效率催化丙酮酸为乙酰乳酸，从而导致支链氨基酸的生物合成。ALS 抑制剂是除草剂通过抑制 ALS 而破坏植物体内缬氨酸、亮氨酸和异亮氨酸的合成。而亮氨酸、异亮氨酸、缬氨酸是植物体内 3 种必需的支链氨基酸。ALS 是催化缬氨酸和异亮氨酸生物合成过程中第一步反应的一个关键酶，亮氨酸的合成过程则较复杂，其中从丙酮酸到 a- 酮异戊酸的合成过程与缬氨酸完全一致，然后才形成亮氨酸。所以，这 3 种氨基酸的生物合成开始阶段均需 ALS 催化。ALS 也是植物支链氨基酸生物合成过程中 3 个调节酶之一，其活性受产物缬氨酸和异亮氨酸的反馈调节。由豌豆叶片原生质体分级分离证明，植物 ALS 局限于叶绿体内，对细菌、酵母及植物的 ALS 蛋白序列进行对比分析表明，它们同源性极高。ALS 抑制剂会使植物体内 ALS 活力降低，导致这 3 种支链氨基酸合成受阻，影响蛋白质的合成，进一步抑制细胞分裂，导致植物组织失绿、黄化，植株生长受抑制，最后逐渐死亡。

乙酰乳酸合成酶抑制剂作用机理 :ALS 抑制剂是通过抑制植物体内的 ALS 活性以阻止支链氨基酸的生物合成，导致蛋白质的合成受到破坏，从而使植物细胞的有丝分裂停止于 G1 阶段的 S 期 (DNA 合成期）和 G2 阶段的 M 期，干扰了 DNA 的合成，细胞因此不能完成有丝分裂，进而使其本体生长停止而死亡，最终达到杀死生物个体的目的。

该类除草剂均为内吸传导型，能被植物叶片和根系吸收，在分生组织内积累而使植物逐步死亡。植物典型的中毒症状为：叶片失绿、白化或变紫，节间缩短，顶芽死亡，最终全株死亡。

第一节　磺酰脲类

磺酰脲类除草剂是 20 世纪 80 年代开发成功的一类高选择性、广谱、低毒、超高效除草剂，1982 年第一个磺酰脲类除草剂——氯磺隆在美国获得登记。此领域的研究是化学农药最活跃的研究领域之一，此类除草剂在除草剂品种开发历史上开辟了新纪元，是除草剂进入超高效时代的标志。近几年开发的品种在保持原有高活性、对环境友好的前提下，不仅对作物安全，而且对后茬作物无影响。

磺酰脲类除草剂能够被植物的根、茎、叶吸收并能在植物体内迅速传导，抑制植物的生长而造成死亡。该类属于 ALS 抑制剂，导致蛋白质合成停止，最终阻止细胞进入有丝分裂，造成生长停止。磺酰脲类除草剂在土壤中主要通过化学水解和生物降解而消失，在土壤中的吸附作用小，易被淋溶。

磺酰脲类除草剂是推广应用最迅速的一类除草剂，杀草谱广，可防治大多数阔叶杂草，对禾本科杂草也有一定的抑制作用。用于禾谷类作物的主要有氯磺隆、甲磺隆、苯磺隆、噻磺隆、醚苯磺隆、磺胺磺隆、氟啶嘧磺隆、磺酰磺隆、碘甲磺隆钠盐、氟酮磺隆、丙氧磺隆、乙氧嘧磺隆、环丙嘧磺隆、氯吡嘧磺隆和NC－330；用于水稻田主要有苄嘧磺隆、吡嘧磺隆、醚磺隆、氯吡嘧磺隆、乙氧嘧磺隆、环丙嘧磺隆、四唑嘧磺隆和咪唑磺隆；用于玉米田的有氟嘧磺隆、烟嘧磺隆、玉嘧磺隆、三氟丙磺隆、氯吡嘧磺隆和噻磺隆；用于大豆田的有氯嘧磺隆、噻磺隆和环氧嘧磺隆；用于油菜和甜菜田的有胺苯磺隆和氟胺磺隆；用于甘蔗田的有氯吡嘧磺隆和乙氧嘧磺隆；用于草坪的有磺胺磺隆、环丙嘧磺隆和啶嘧磺隆。灭生性磺酰脲类除草剂有嘧磺隆一个，其他磺酰脲类除草剂有：甲酰胺磺隆、甲磺胺磺隆、三氟甲磺隆和三氟啶磺隆 4 个。其中磺胺磺隆、碘甲磺隆钠盐、丙氧磺隆、乙氧嘧磺隆、环丙嘧磺隆、四唑嘧磺隆、咪唑磺隆、烟嘧磺隆、玉嘧磺隆和环氧嘧磺隆等是值得重视的品种。

磺酰脲类除草剂适合于与多种除草剂混合使用，非离子表面活性剂能够提高磺酰脲类除草剂的活性。萘酐拌种玉米，能够使玉米对氯磺隆的抗性提高 4 ~ 8 倍，苄嘧磺隆与杀草丹、哌草丹混用，能够提高水稻的抗药性。

磺酰脲类除草剂的作用机理新颖，它是一种 ALS 抑制剂，即通过抑制植物体内的 ALS，阻碍侧链氨基酸如缬氨酸、亮氨酸、异亮氨酸的生物合成，使细胞分裂被抑制，杂草正常生长受到破坏而死亡。其特点主要包括以下几个方面：①生物活性。磺酰脲类化合物具有前所未有的高活性，每公顷用量以克计，从此打破了传统品种的用药量界限，使除草剂的发展步入了超高效时代。②毒性。磺酰脲类除草剂作用于植物体内的 ALS，且再无第二个作用位点，它对人和哺乳动物的毒性很低。③选择性。磺酰脲类除草剂对许多作物有良好的选择性，一般认为，其选择性是由不同作物和杂草对该类化合物代谢失活能力的差异造成的，而与吸收和传导量的差异及 ALS 敏感性的差异无关。④环境行为。磺酰脲类除草剂既可作为叶面处理剂也可作为土壤处理剂，因其蒸汽压低，进入大气中的量很少，主要被植物吸收进入土壤。其残留量很小，除少量淋溶进入地下水之外，大部分可通过化学水解和微生物分解而降解。⑤残留药害。磺酰脲类除草剂选择性强，对不同作物的敏感性差异很大。大多数磺酰脲类除草剂在环境中易分解不易积累，但也有一些品种因残效期较长，很容易对下茬敏感作物产生药害，如甲磺隆、氯磺隆、胺苯磺隆和啶嘧磺隆等。另外新开发的磺酰磺隆和氟啶磺隆也有较长残效的趋向，在 pH 较高时，降解也较慢。⑥抗药性。ALS 抑制剂作用靶标单一，连续使用易诱发杂草产生抗药性。已经证明，杂草的抗性主要是 ALS 的变构（即基因位点发生变化）和植物解毒代谢功能的提高所致。

磺酰脲类除草剂属 ALS/ 乙酸羟酸合成酶（AHAS）抑制剂，为内吸传导型除草剂，通过抑制植物（杂草）ALS/AHAS, 阻止支链氨基酸如缬氨酸、亮氨酸、异亮氨酸的生物合成，破坏蛋白质的合成，干扰 DNA 合成及细胞分裂与生长，最终导致植物（杂草）死亡。其基本结构由 3 部分组成：活性基因、疏水基团芳基和桥（兼电子传递基团）。磺酰脲类除草剂易被植物的根、叶吸收，在木质部和韧皮部传导，其作用靶标即 ALS。

生物化学或遗传学的研究都证明，ALS 是磺酰脲类除草剂对植物的主要作用部位。磺酰脲类除草剂氯磺隆与甲基氯磺隆通过抑制缬氨酸与异亮氨酸生物合成而对植物发生作用，它们的这种抑制作用与其对 ALS 的抑制有直接的联系，这种酶催化此两种氨基酸生物合成过程的第一阶段，此酶对磺酰脲类除草剂很敏感，从而导致蛋白质合成受阻。氯磺隆抑制 ALS 活性，导致异亮氨酸与缬氨酸缺乏，蛋白质合成受阻，结果使细胞周期停滞于 G1 和 G2 阶段根生长受抑制，因此，它是细胞周期的特殊除草剂。

该类除草剂主要品种见表 2-1：

表 2-1 磺酰脲类除草剂常见品种

通用名称	其他信息		结构式	适用作物	使用量（有效成分，g / 亩）	防除对象	施药方法
苄嘧磺隆 bensulfuron-methyl	分子式	$C_{16}H_{18}N_4O_7S$	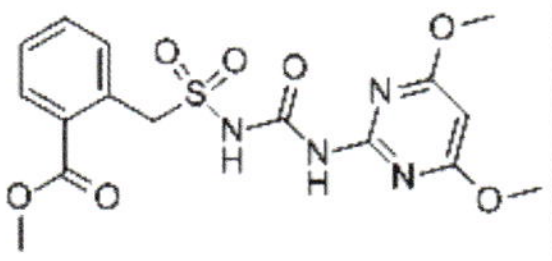	水稻移栽田	2 ～ 4	阔叶杂草及莎草科杂草	毒土法
	分子量	410.40		冬小麦	3 ～ 5		
	CAS 登录号	83055-99-6		秧田	1.92 ～ 3.2		
				水稻直播田	2.4 ～ 3.2		
砜嘧磺隆 rimsulfuron	分子式	$C_{14}H_{17}N_5O_7S_2$	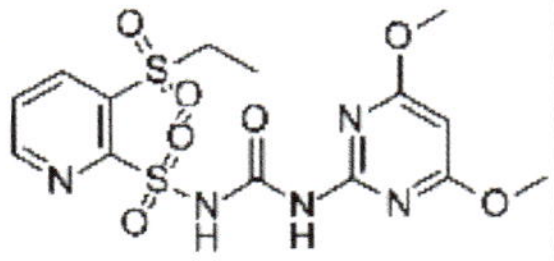	夏玉米	1.25 ～ 1.67	一年生禾本科杂草及阔叶杂草	茎叶喷雾
	分子量	431.44		春玉米（东北）	1.25 ～ 1.67+ 0.2% 的非离子表面活性剂		
	CAS 登录号	122931-48-0		烟草	1.25 ～ 1.5		
				马铃薯	1 ～ 1.5		
氯吡嘧磺隆 halosulfuron-methyl	分子式	$C_{13}H_{15}ClN_6O_7S$	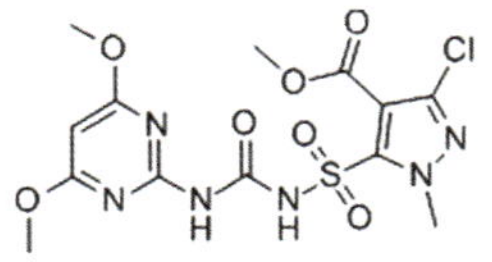	玉米	2.4 ～ 3.6	一年生阔叶杂草及莎草科杂草	茎叶喷雾
	分子量	434.81		水稻	2.3 ～ 4.1		
	CAS 登录号	100784-20-1		小麦	3 ～ 4.5		
				甘蔗	2.25 ～ 3.75		
氯磺隆 chlorsulfuron	分子式	$C_{12}H_{12}ClN_5O_4S$	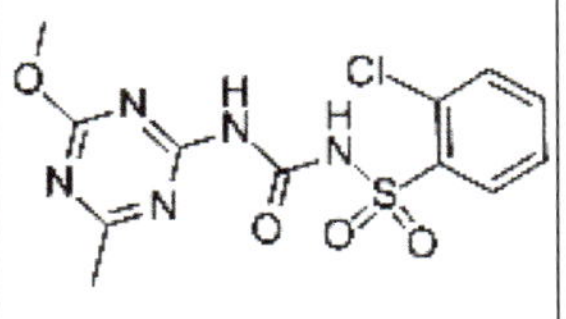	小麦	0.5 ～ 0.6	某些一年生单、双子叶杂草	茎叶喷雾或土壤处理
	分子量	357.77					
	CAS 登录号	64902-72-3					

续表

通用名称	其他信息		结构式	适用作物	使用量（有效成分，g/亩）	防除对象	施药方法
甲磺隆 metsulfuron-methyl	分子式	$C_{14}H_{15}N_5O_6S$	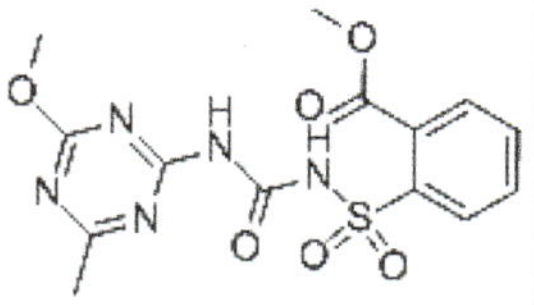	小麦	0.5 ~ 0.8	一年生阔叶杂草	土壤处理或茎叶喷雾
	分子量	381.36		水稻	0.1 ~ 0.13		
	CAS 登录号	74223-64-6					
吡嘧磺隆 pyrazosulfuron-ethyl	分子式	$C_{14}H_{18}N_6O_7S$	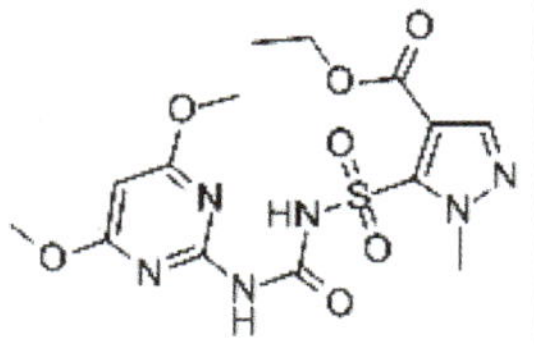	水稻移栽田	1.21 ~ 2	阔叶杂草、莎草及稗草	毒土或茎叶喷雾
	分子量	414.39					
	CAS 登录号	93697-74-6		水稻直播田	1 ~ 1.5		
苯磺隆 tribenuron-methyl	分子式	$C_{15}H_{17}N_5O_6S$	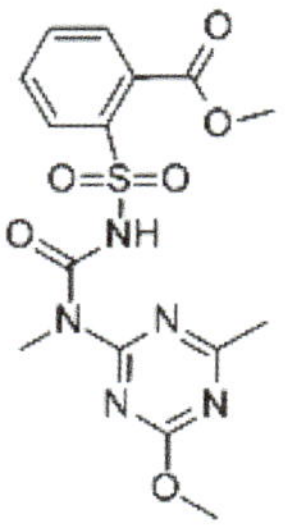	冬小麦	0.75 ~ 1.13	一年生阔叶杂草	茎叶喷雾
	分子量	395.39		春小麦	1.5 ~ 1.8		
	CAS 登录号	101200-48-0					
甲基二磺隆 mesosulfuron-methyl	分子式	$C_{17}H_{21}N_5O_9S_2$	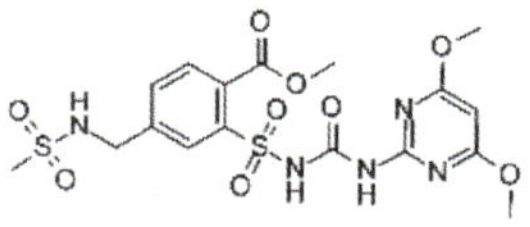	小麦	0.6 ~ 1.05	一年生禾本科杂草及部分阔叶杂草	茎叶喷雾
	分子量	503.51					
	CAS 登录号	208465-21-8					
噻吩磺隆 thifensulfuron-methyl	分子式	$C_{12}H_{13}N_5O_6S_2$	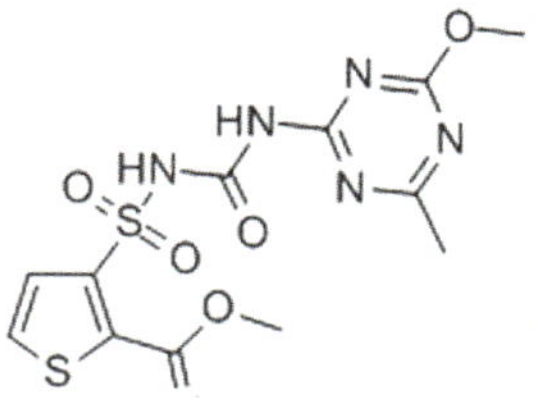	冬小麦	1.5 ~ 2	一年生阔叶杂草	土壤喷雾处理
	分子量	387.39		玉米	1.3 ~ 2		
	CAS 登录号	79277-27-3		大豆	华北 1.33 ~ 1.67 东北 1 ~ 1.25		

续表

通用名称	其他信息		结构式	适用作物	使用量（有效成分，g/亩）	防除对象	施药方法
胺苯磺隆 ethametsulfuron-methyl	分子式	$C_{15}H_{18}N_6O_6S$	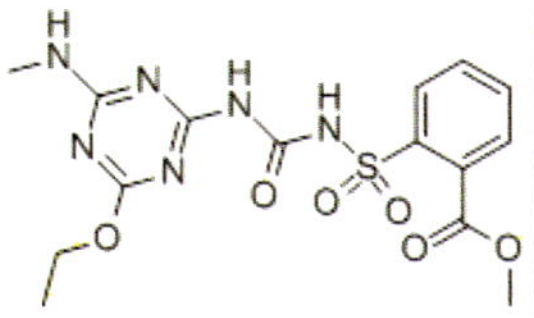	春油菜（南方）	1.25 ~ 1.5	一年生阔叶杂草	茎叶喷雾
				春油菜（北方）	1.5 ~ 2		
	分子量	410.41		冬油菜	1.25 ~ 1.5		
				油菜直播田（北方）	1.5 ~ 2		
	CAS 登录号	97780-06-8		冬油菜直播田（南方）	1.25 ~ 1.5		
啶嘧磺隆 flazasulfuron	分子式	$C_{13}H_{12}F_3N_5O_5S$	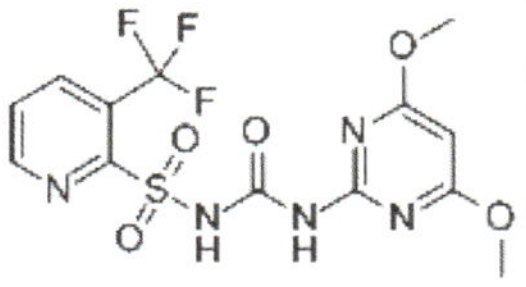	暖季型草坪	2 ~ 4	3~4 叶期的禾本科、莎草科及阔叶杂草	杂草芽后土壤或茎叶喷雾
	分子量	407.33					
	CAS 登录号	104040-78-0					
烟嘧磺隆 nicosulfuron	分子式	$C_{15}H_{18}N_6O_6S$	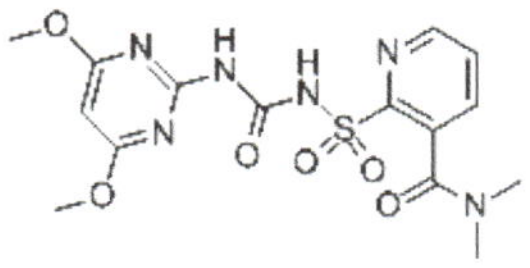	玉米	2.67 ~ 4	一年生单、双子叶杂草	茎叶喷雾
	分子量	410.41					
	CAS 登录号	111991-09-4					
酰嘧磺隆 amidosulfuron	分子式	$C_9H_{15}N_5O_7S_2$	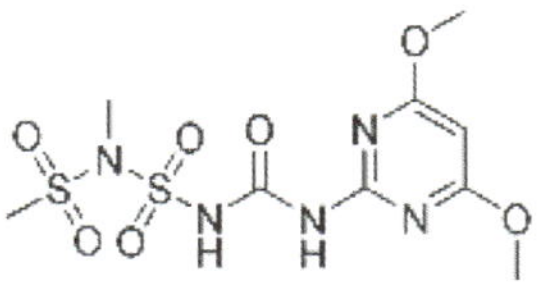	小麦	1.5 ~ 2	一年生阔叶杂草	茎叶喷雾
	分子量	369.37					
	CAS 登录号	120923-37-7					

续表

通用名称	其他信息		结构式	适用作物	使用量（有效成分，g / 亩）	防除对象	施药方法
醚磺隆 cinosulfuron	分子式	$C_{15}H_{19}N_5O_7S$	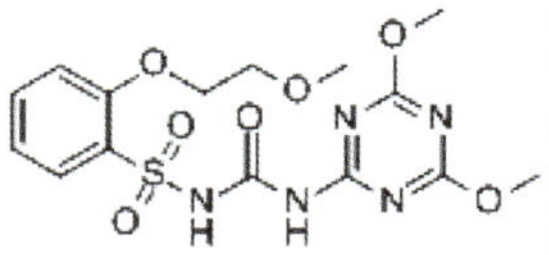	移栽田水稻	1.2 ~ 2	一年生阔叶杂草及莎草科杂草	毒土法
	分子量	413.41					
	CAS 登录号	94593-91-6					
氯嘧磺隆 chlorimuron-ethyl	分子式	$C_{15}H_{15}ClN_4O_6S$	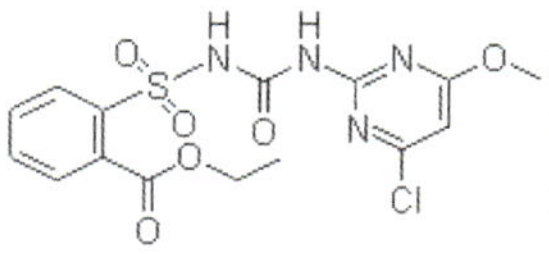	夏大豆	0.5 ~ 1	阔叶杂草	土壤喷雾
	分子量	414.82					
	CAS 登录号	90982-32-4		春大豆	1 ~ 1.5		
甲嘧磺隆 sulfometuron-methyl	分子式	$C_{15}H_{16}N_4O_5S$	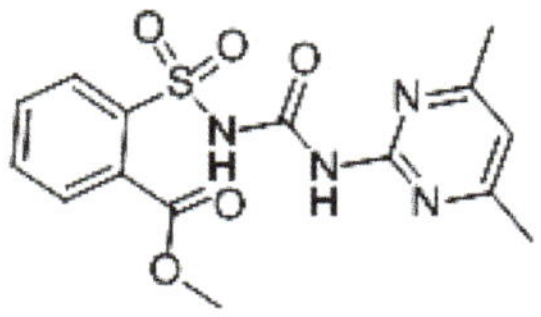	非耕地	25 ~ 50	杂草	喷雾
					70 ~ 200	杂灌	
	分子量	364.38		防火隔离带	25 ~ 50	杂草	
					70 ~ 200	杂灌	
	CAS 登录号	74222-97-2		林地	25 ~ 50	杂草	
					70 ~ 200	杂灌	
				针叶苗圃	7 ~ 14	杂草	
醚苯磺隆 triasulfuron	分子式	$C_{14}H_{16}ClN_5O_5S$	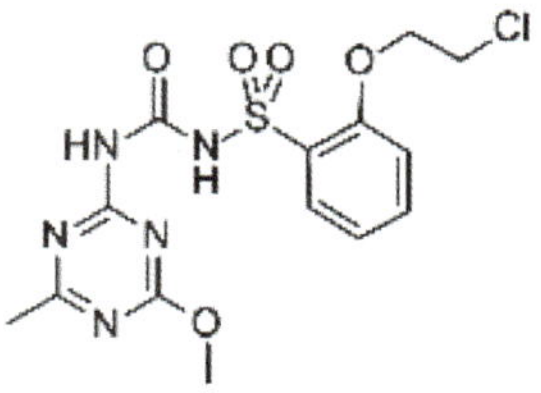	冬小麦	1.2 ~ 1.6	阔叶杂草	喷雾
	分子量	401.83					
	CAS 登录号	82097-50-5					
嘧苯胺磺隆 orthosulfamuron	分子式	$C_{16}H_{20}N_6O_6S$	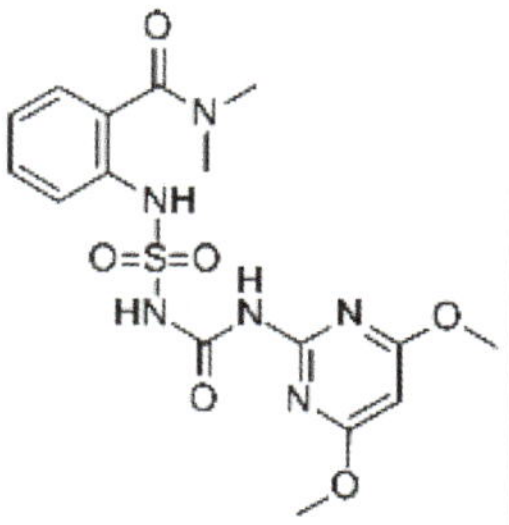	移栽田水稻	3 ~ 5	稗草、莎草或阔叶杂草	茎叶喷雾或毒土法
	分子量	424.436					
	CAS 登录号	213464-77-8					

续表

通用名称	其他信息		结构式	适用作物	使用量（有效成分，g / 亩）	防除对象	施药方法
环丙嘧磺隆 cyclosulfamuron	分子式	$C_{17}H_{19}N_5O_6S$	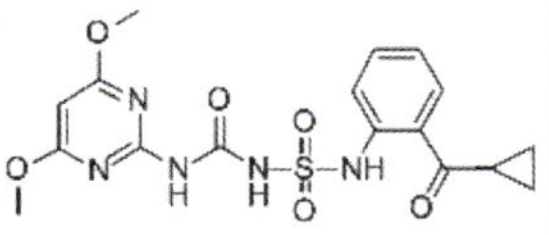	水稻	1 ~ 2	阔叶杂草	毒土法
	分子量	421.43					
	CAS 登录号	136849-15-5					
单嘧磺隆 monosulfuron	分子式	$C_{12}H_{11}N_5O_5S$	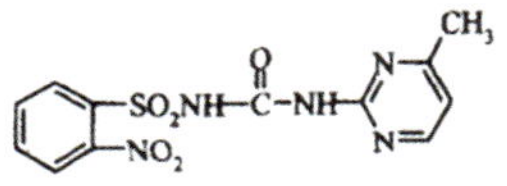	谷子	1 ~ 2	一年生阔叶杂草	播后苗前土壤喷雾
	分子量	337.31		冬小麦	3 ~ 4		茎叶喷雾
	CAS 登录号	155860-63-2					
氟吡磺隆 flucetosulfuron	分子式	$C_{18}H_{22}FN_5O_8S$	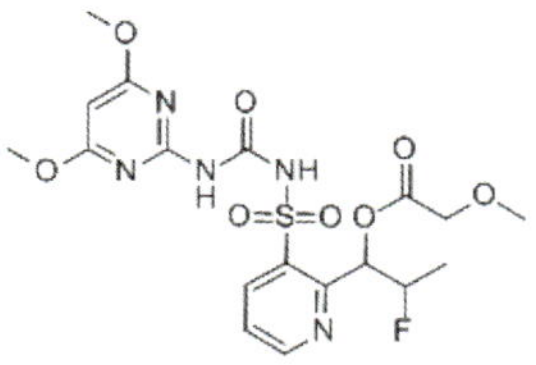	水稻直播田	1.3 ~ 2	多种一年生杂草	喷雾
	分子量	487.463		水稻移栽田	1.3 ~ 2（杂草苗前）；2 ~ 2.7（杂草 2 ~ 4 叶期）		毒土法
	CAS 登录号	412928-75-7					
三氟啶磺隆钠盐 trifloxysulfuron-sodium	分子式	$C_{14}H_{13}F_3N_5NaO_6S$	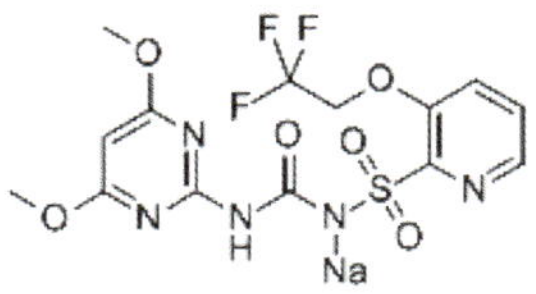	暖季型草坪	2.16 ~ 3.24	莎草、阔叶杂草及部分禾本科杂草	茎叶喷雾
	分子量	459.33					
	CAS 登录号	199119-58-9					
氟唑磺隆 flucarbazone	分子式	$C_{12}H_{11}F_3N_4O_6S$	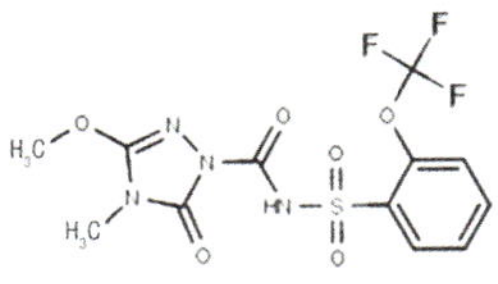	春小麦	1.4 ~ 2.1	一年生杂草	茎叶喷雾
	分子量	396.30		冬小麦	2.1 ~ 2.8		
	CAS 登录号	145026-88-6					

续表

通用名称	其他信息		结构式	适用作物	使用量（有效成分，g / 亩）	防除对象	施药方法
甲基碘磺隆钠盐 iodosulfuron-methyl-sodium	分子式	$C_{14}H_{13}IN_5NaO_6S$	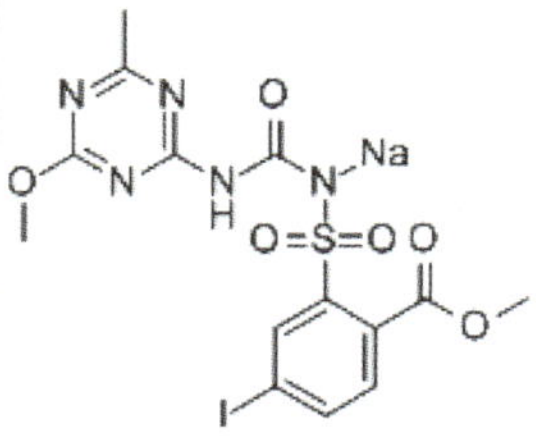	草坪（结缕草）	0.7 ~ 1	一年生阔叶杂草和莎草科杂草	茎叶喷雾
	分子量	529.24		草坪（狗牙根）			
	CAS 登录号	144550-36-7					
乙氧磺隆 ethoxysulfuron	分子式	$C_{15}H_{18}N_4O_7S$	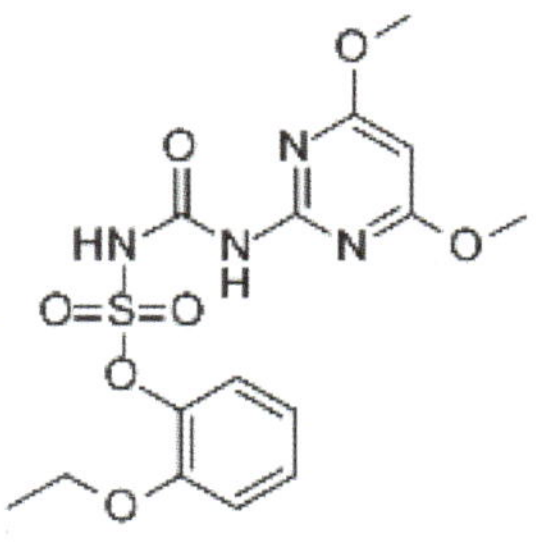	水稻抛秧 / 移栽田	华南 0.45 ~ 0.75；长江流域 0.75 ~ 1.05；东北、华北 1.05 ~ 2.1	阔叶杂草及莎草科杂草	毒土或喷雾
	分子量	398.39					
	CAS 登录号	126801-58-9		水稻田（直播）	华南 0.6 ~ 0.9；长江流域 0.9 ~ 1.35；东北、华北 1.5 ~ 2.25		
丙嗪嘧磺隆 propyrisulfuron	分子式	$C_{16}H_{18}ClN_7O_5S$	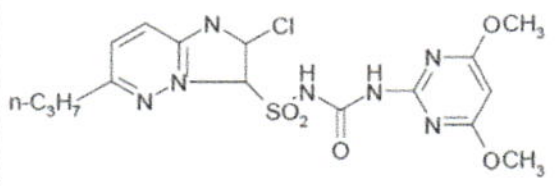	水稻田（移栽）	3.5 ~ 5.5	一年生杂草	茎叶喷雾
	分子量	455.90					
	CAS 登录号	570415-88-2		水稻田（直播）	3.5 ~ 5.5		
嗪吡嘧磺隆 metazosulfuron	分子式	$C_{15}H_{18}ClN_7O_7S$	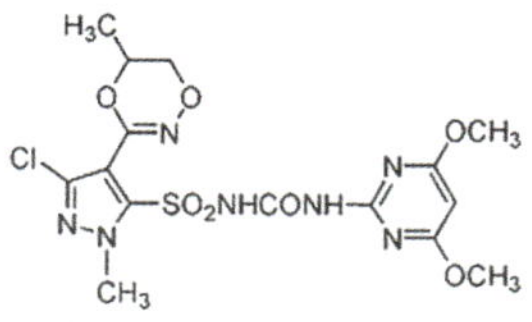	水稻移栽田	4.62 ~ 8.25	稻田稗草	毒土法
	分子量	475.9					
	CAS 登录号	868680-84-6					

续表

通用名称	其他信息		结构式	适用作物	使用量（有效成分，g / 亩）	防除对象	施药方法
噻酮磺隆 thiencarbazone-methyl	分子式	$C_{12}H_{14}N_4O_7S_2$	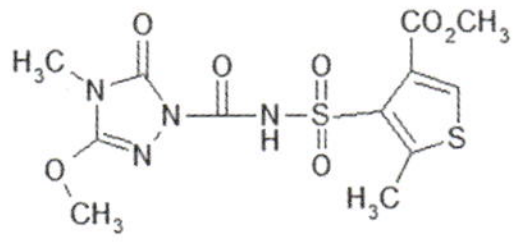	玉米苗前或苗后	3	一年生禾本科杂草和阔叶杂草	喷雾
	分子量	390.39		草坪	3		
	CAS 登录号	317815-83-1		春小麦苗后	3.3		
四唑嘧磺隆 azimsulfuron	分子式	$C_{13}H_{16}N_{10}O_5S$	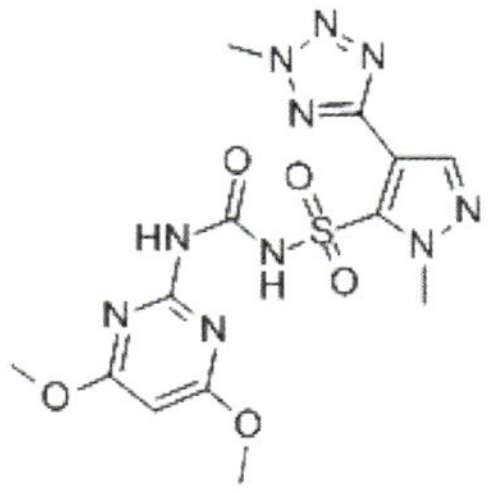	水稻苗后	1.33 ~ 1.67	水稻田防除稗草、阔叶草和莎草科杂草	茎叶喷雾
	分子量	424.4					
	CAS 登录号	120162-55-2					
氟嘧磺隆 primisulfuron-methyl	分子式	$C_{15}H_{12}F_4N_4O_7S$	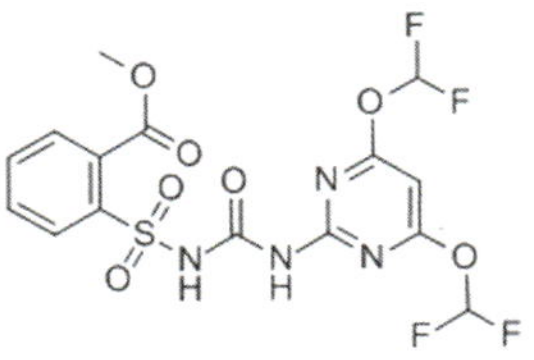	玉米田	1 ~ 2.67	一年生禾本科杂草和阔叶杂草	茎叶喷雾
	分子量	468.34					
	CAS 登录号	86209-51-0					
氟磺隆 prosulfuron	分子式	$C_{15}H_{16}F_3N_5O_4S$	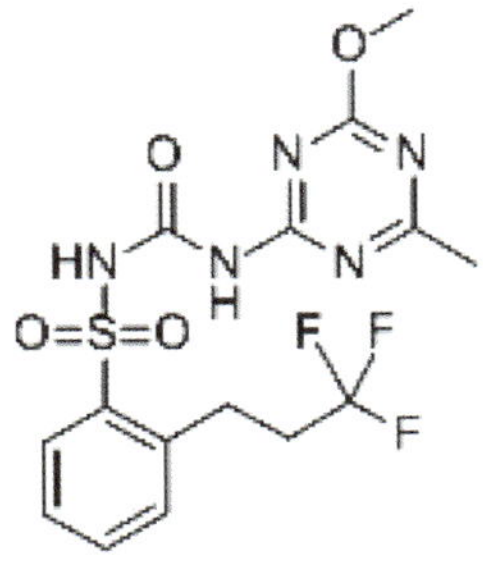	玉米田	0.67 ~ 2.67	一年生禾本科杂草和阔叶杂草	茎叶喷雾
	分子量	419.38					
	CAS 登录号	94125-34-5					
氟胺磺隆 triflulsulfuron-methyl	分子式	$C_{17}H_{19}F_3N_6O_6S$	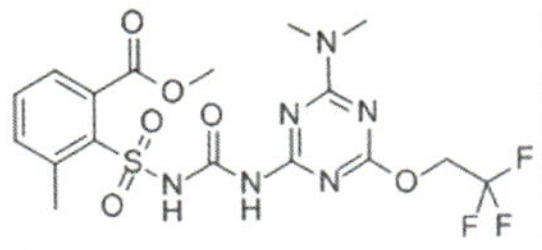	甜菜	0.67 ~ 1.67	一年生禾本科杂草和阔叶杂草	茎叶喷雾
	分子量	492.43					
	CAS 登录号	126535-15-7					

续表

<table>
<tr><th>通用名称</th><th colspan="2">其他信息</th><th>结构式</th><th>适用作物</th><th>使用量（有效成分，g/亩）</th><th>防除对象</th><th>施药方法</th></tr>
<tr><td rowspan="3">甲酰氨基嘧磺隆
foramsulfuron</td><td>分子式</td><td>$C_{17}H_{20}N_6O_7S$</td><td rowspan="3">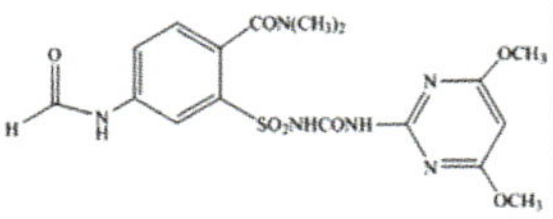</td><td rowspan="3">玉米田</td><td rowspan="3">2.67 ~ 4</td><td rowspan="3">一年生杂草</td><td rowspan="3">茎叶喷雾</td></tr>
<tr><td>分子量</td><td>452.44</td></tr>
<tr><td>CAS 登录号</td><td>173159-57-4</td></tr>
<tr><td rowspan="3">磺酰磺隆
sulfosulfuron
（专供出口）</td><td>分子式</td><td>$C_{16}H_{18}N_6O_7S_2$</td><td rowspan="3">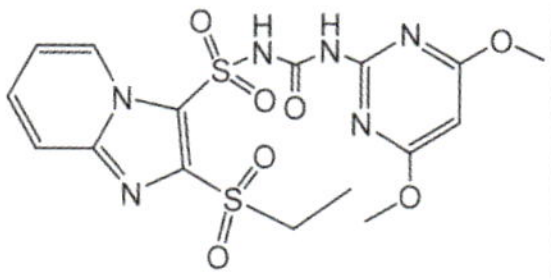</td><td rowspan="3">小麦</td><td rowspan="3">1 ~ 2</td><td rowspan="3">一年生杂草</td><td rowspan="3">茎叶喷雾</td></tr>
<tr><td>分子量</td><td>470.48</td></tr>
<tr><td>CAS 登录号</td><td>141776-32-1</td></tr>
</table>

磺酰脲类除草剂的典型药害症状主要表现为真叶不能抽出，生长点坏死或畸形，导致生长停止，叶片失绿、坏死或暗绿及出现花青色，节间缩短，根老化，侧根与主根短，侧根数量少，从出现药害症状至死亡比较缓慢。主要药害症状为植株整体发黄。

氯磺隆

玉 米

20% 氯磺隆可湿性粉剂田间茎叶处理，亩用量 8 g，药后 2 d 心叶发黄，生长停滞

20% 氯磺隆可湿性粉剂田间茎叶处理，亩用量 8 g，药后 6 d 心叶发黄

20% 氯磺隆可湿性粉剂田间茎叶处理，亩用量 8 g，药后 11 d 心叶及周围叶片失绿黄化，从叶尖开始沿叶缘内卷

20% 氯磺隆可湿性粉剂田间茎叶处理，亩用量 8 g，药后 16 d 除下部老叶外，其余叶片完全黄化干枯

20% 氯磺隆可湿性粉剂田间茎叶处理，亩用量 8 g，药后 21 d 黄化干枯叶片呈现红色

20% 氯磺隆可湿性粉剂田间茎叶处理，亩用量 8 g，药后 27 d 叶片彻底枯死，枯死叶片上密布黑斑

谷 子

20% 氯磺隆可湿性粉剂田间茎叶处理，亩用量 8 g，药后 2 d 心叶发黄，植株矮小，生长停滞；药后 6 d 心叶发黄（图为药后 6 d 症状）

20% 氯磺隆可湿性粉剂田间茎叶处理，亩用量 8 g，药后 11 d 部分叶片基部扭曲变形包被着谷穗，其余叶片正常

20% 氯磺隆可湿性粉剂田间茎叶处理，亩用量 8 g，药后 16 d 植株整体生长基本正常

花 生

20% 氯磺隆可湿性粉剂田间茎叶处理，亩用量 8 g，药后 11 d 心叶发黄

20% 氯磺隆可湿性粉剂田间茎叶处理，亩用量 8 g，药后 14 d 叶片上密布锈斑

20%氯磺隆可湿性粉剂田间茎叶处理，亩用量 8 g，药后 18 d 心叶黄化加剧且叶面上密布锈斑，下部叶片正常

20%氯磺隆可湿性粉剂田间茎叶处理，亩用量 8 g，药后 21 d 从心叶开始叶片皱缩扭曲变形，叶面密布锈斑

20%氯磺隆可湿性粉剂田间茎叶处理，亩用量 8 g，药后 27 d 全株枯死

绿　豆

20%氯磺隆可湿性粉剂田间茎叶处理，亩用量 8 g，药后 2 d 叶片发黄，叶柄向地面弯曲，叶片外卷

20% 氯磺隆可湿性粉剂田间茎叶处理，亩用量 8 g，药后 6 d 整体扭曲变形，叶柄、茎褐化弯向地面，叶脉呈红褐色

20% 氯磺隆可湿性粉剂田间茎叶处理，亩用量 8 g，药后 11 d 叶脉红褐程度加重，叶柄干枯，叶片垂于地面，部分叶片已枯死

20% 氯磺隆可湿性粉剂田间茎叶处理，亩用量 8 g，药后 16 d 叶片或枯死或完全呈红褐色，叶柄已干枯

20% 氯磺隆可湿性粉剂田间茎叶处理，亩用量 8 g，药后 21 d 整株完全倒于地面，叶片几乎全部枯死

棉　花

20% 氯磺隆可湿性粉剂田间茎叶处理，亩用量 8 g，药后 8 d 叶柄向地面弯曲，茎基部发红，心叶上有黑色枯斑

20% 氯磺隆可湿性粉剂田间茎叶处理，亩用量 8 g，药后 11 d 叶柄、茎几乎完全呈红色，叶片沿叶缘外卷且垂于地面，心叶发黄

20% 氯磺隆可湿性粉剂田间茎叶处理，亩用量 8 g，药后 14 d 心叶黄化皱缩，整体叶片叶缘卷曲，叶面分布不同程度枯斑

20% 氯磺隆可湿性粉剂田间茎叶处理，亩用量 8 g，药后 18 d 叶片尤以心叶皱缩严重且发黄，叶缘干枯，叶面密布褐色斑点

20% 氯磺隆可湿性粉剂田间茎叶处理，亩用量 8 g，药后 21 d 茎、叶柄完全变红，叶片皱缩严重，叶缘干枯卷曲

20%氯磺隆可湿性粉剂田间茎叶处理，亩用量8 g，药后27 d生长基本恢复，但植株生长明显受抑制，较矮小，老叶仍皱缩

芝 麻

20%氯磺隆可湿性粉剂田间茎叶处理，亩用量8 g，药后2 d心叶发黄内卷，叶柄向地面弯曲

20%氯磺隆可湿性粉剂田间茎叶处理，亩用量8 g，药后6 d心叶发黄，叶片垂于地面，叶缘外卷

20%氯磺隆可湿性粉剂田间茎叶处理，亩用量8 g，药后11 d心叶干枯，整体叶片叶缘外卷，垂于地面

20%氯磺隆可湿性粉剂田间茎叶处理，亩用量8 g，药后19 d植株整体叶片几乎枯死

油　菜

20%氯磺隆可湿性粉剂田间茎叶处理，亩用量8 g，药后11 d生长严重受抑制，叶片呈紫红色，心叶干枯

萝　卜

20%氯磺隆可湿性粉剂田间播后苗前土壤处理，亩用量8 g，药后5 d苗期叶片畸形，个别植株小，随着植株生长无明显症状

白　菜

20%氯磺隆可湿性粉剂田间播后苗前土壤处理，亩用量8 g，药后5 d出苗不好，叶黄

20%氯磺隆可湿性粉剂田间播后苗前土壤处理，亩用量8 g，药后14 d逐渐干枯，大多数苗干枯死亡，剩余极少数苗新叶片畸形，生长缓慢

20%氯磺隆可湿性粉剂田间茎叶处理，在小麦上喷施（亩用量20 g）无明显药害症状，生长正常。

苯磺隆

玉　米

20% 苯磺隆可湿性粉剂田间茎叶处理，亩用量 9 g，药后 2 d 整叶发黄，老叶从叶尖向基部逐渐干枯，植株矮小

20% 苯磺隆可湿性粉剂田间茎叶处理，亩用量 9 g，药后 4 d 叶片从叶缘到中心出现大量红褐色斑点，部分叶片已枯死

20% 苯磺隆可湿性粉剂田间茎叶处理，亩用量 9 g，药后 9 d 第五、第六片叶已完全变成红褐色，从叶尖开始干枯

20% 苯磺隆可湿性粉剂田间茎叶处理，亩用量 9 g，药后 12 d 心叶及周围叶片变黄枯，其余叶片从叶尖开始逐渐黄枯

20% 苯磺隆可湿性粉剂田间茎叶处理，亩用量 9 g，药后 18 d 心叶及周围叶片已完全死亡，下部叶片也接近枯死

谷　子

20% 苯磺隆可湿性粉剂田间茎叶处理，亩用量 9 g，药后 2 d 整叶发黄，第一、第二片叶干枯

20% 苯磺隆可湿性粉剂田间茎叶处理，亩用量 9 g，药后 4 d 部分叶片叶尖干枯

20% 苯磺隆可湿性粉剂田间茎叶处理，亩用量 9 g，药后 9 d 无进一步病害趋势，基本正常

20% 苯磺隆可湿性粉剂田间茎叶处理，亩用量 9 g，药后 12 d 无明显症状，18 d 植株生长正常（图为药后 12 d 症状）

花　生

10%苯磺隆可湿性粉剂田间茎叶处理，亩用量9 g，药后3 d心叶发黄，上部叶片黄化

10%苯磺隆可湿性粉剂药后6 d整体叶片失绿黄化，心叶皱缩

10%苯磺隆可湿性粉剂田间茎叶处理，亩用量9 g，药后9 d整体叶片皱缩，叶柄向下弯曲，叶面上出现不同程度枯斑

10%苯磺隆可湿性粉剂田间茎叶处理，亩用量9 g，药后13 d部分叶片已枯死，茎部、叶柄基部褐化干枯，叶面上密布枯斑

10%苯磺隆可湿性粉剂田间茎叶处理，亩用量9 g，药后16 d全部植株已枯死

绿 豆

10% 苯磺隆可湿性粉剂田间茎叶处理，亩用量 9 g，药后 2 d 上部叶片黄化卷曲，下部老叶正常

10% 苯磺隆可湿性粉剂田间茎叶处理，亩用量 9 g，药后 4 d 下部老叶密布红褐色斑点，从背面看是沿叶脉逐渐扩展，叶柄褐化弯曲向下

10% 苯磺隆可湿性粉剂田间茎叶处理，亩用量 9 g，药后 9 d 叶片皱缩畸形，叶柄褐化加剧，叶片内卷

10% 苯磺隆可湿性粉剂田间茎叶处理，亩用量 9 g，药后 12 d 病害恢复，但生长明显受限，植株较对照矮小

10% 苯磺隆可湿性粉剂田间茎叶处理，亩用量 9 g，药后 18 d 新生叶片正常，下部仍存在畸形皱缩老叶，植株整体特别矮小

芝　麻

10% 苯磺隆可湿性粉剂田间茎叶处理，亩用量 9 g，药后 2 d 叶片发黄，植株矮小，生长受限

10% 苯磺隆可湿性粉剂田间茎叶处理，亩用量 9 g，药后 7 d 心叶黄化，叶片卷曲，叶柄向地面弯曲；药后 11 d 植株药害恢复，但矮小，生长明显受抑制（图为药后 7 d 症状）

油　菜

10% 苯磺隆可湿性粉剂田间茎叶处理，亩用量 9 g，药后 11 d，整体发红发紫，生长停滞，叶片干枯萎蔫，心叶黄化

萝 卜

10% 苯磺隆可湿性粉剂田间茎叶处理，亩用量 9 g，药后 3 d 叶片出现发黄卷曲现象

10% 苯磺隆可湿性粉剂田间茎叶处理，亩用量 9 g，药后 5~7 d 叶片逐渐变黄干枯（图①为药后 5 d 症状，图②为药后 7 d 症状）

10% 苯磺隆可湿性粉剂田间茎叶处理，亩用量 9 g，药后 22 d 叶片干枯严重，部分植株心部有新叶片长出，畸形

白　菜

10% 苯磺隆可湿性粉剂田间茎叶处理，亩用量 9 g，药后 2 d 叶片轻微发黄

10% 苯磺隆可湿性粉剂田间茎叶处理，亩用量 9 g，药后 7 d 叶片逐渐变黄干枯，直至死亡

大　豆

10% 苯磺隆可湿性粉剂田间茎叶处理，亩用量 9 g，药后 1 d，上部叶片失绿、皱缩

10% 苯磺隆可湿性粉剂田间茎叶处理，亩用量 9 g，药后 7 d，顶芽皱缩，幼嫩叶片失绿黄化，部分叶片叶脉变褐，叶外卷

①

②

10% 苯磺隆可湿性粉剂田间茎叶处理，亩用量 9 g，药后 15 d，叶片皱缩严重、破损或脱落，少量植株死亡；药后 40 d，受害轻的植株新出叶片正常，下部叶片边缘黄化，部分植株矮化（图①、②均为药后 15 d 症状）

甘　薯

10% 苯磺隆可湿性粉剂盆栽茎叶处理，亩用量 9~15 g，药后 5~15 d，顶端新出叶片黄化，下部叶片失绿，植株矮化（图①、图③、图④分别为亩用量 9 g，药后 5 d、15 d、8 d 症状；图②为亩用量 15 g，药后 8 d 症状）

10% 苯磺隆可湿性粉剂盆栽茎叶处理，亩用量 9~15 g，药后 30 d，植株明显黄化、矮化，部分死亡（图①、图③为亩用量 9 g，图②为亩用量 15 g）

菜　心

75% 苯磺隆可湿性粉剂盆栽茎叶处理，亩用量 1 g，药后 4 d 芽坏死，叶发黄，生长停滞

75% 苯磺隆可湿性粉剂盆栽茎叶处理，亩用量 1 g，药后 14 d 呈现严重药害

辣　椒

75% 苯磺隆可湿性粉剂盆栽茎叶处理，亩用量 1 g，药后 8 d 植株发黄，生长停滞

茄 子

75% 苯磺隆可湿性粉剂盆栽茎叶处理，亩用量 1 g，药后 7~15 d，茄子无明显药害；药后 60 d 重新栽种茄子幼苗，生长明显受抑制（图为药后 60 d 重新栽种茄子幼苗症状）

黄 瓜

75% 苯磺隆可湿性粉剂盆栽茎叶处理，亩用量 1 g，药后 8 d 花凋落

75% 苯磺隆可湿性粉剂盆栽茎叶处理，亩用量 1 g，药后 14 d 叶片发黄，停止生长

75% 苯磺隆可湿性粉剂盆栽茎叶处理，亩用量 1 g，药后 30 d 重新播种黄瓜，其幼苗生长受抑制

豆　角

75% 苯磺隆可湿性粉剂盆栽茎叶处理，亩用量 1 g，药后 2 d 叶片开始发生卷曲

75% 苯磺隆可湿性粉剂盆栽茎叶处理，亩用量 1 g，药后 6 d 后植株生长受抑制

10% 苯磺隆可湿性粉剂田间茎叶处理，在小麦（亩用量 30 g）、棉花（亩用量 9 g）上喷施均无明显药害症状。

甲基二磺隆

玉　米

3% 甲基二磺隆可分散油悬浮剂田间茎叶处理，亩用量 20 ml，药后 4 d 心叶基部发黄，下部叶片从叶尖、叶缘开始干枯

3% 甲基二磺隆可分散油悬浮剂田间茎叶处理，亩用量 20 ml，药后 8 d 心叶和第五、第六片叶已基本干枯内卷死亡，叶片从基部向上呈红褐色

3% 甲基二磺隆可分散油悬浮剂田间茎叶处理，亩用量 20 ml，药后 12 d 心叶及周围叶片已枯死，植株整体矮小，生长受限

3% 甲基二磺隆可分散油悬浮剂田间茎叶处理，亩用量 20 ml，药后 18 d 下部老叶从叶尖开始干枯逐步向基部扩展，存在个别严重畸形扭曲叶片

谷　子

3% 甲基二磺隆可分散油悬浮剂田间茎叶处理，亩用量 20 ml，药后 4 d 心叶发黄，老叶叶脉褐化，植株矮小，生长停止

3% 甲基二磺隆可分散油悬浮剂田间茎叶处理，亩用量 20 ml，药后 8 d 叶片上多现褐色锈斑

3% 甲基二磺隆可分散油悬浮剂田间茎叶处理，亩用量 20 ml，药后 12 d 下部老叶干枯，上部叶片中脉发黑；药后 18 d 生长基本恢复正常，但植株矮小（图为药后 12 d 症状）

花　生

3% 甲基二磺隆可分散油悬浮剂田间茎叶处理，亩用量 20 ml，药后 3 d 上部叶片上分布数量不一的黄色斑点

3% 甲基二磺隆可分散油悬浮剂田间茎叶处理，亩用量 20 ml，药后 6 d 部分叶片完全失绿黄化，心叶皱缩

3% 甲基二磺隆可分散油悬浮剂田间茎叶处理，亩用量 20 ml，药后 9 d 黄化叶片上现大量枯斑，部分叶片已干枯，心叶黄化

3% 甲基二磺隆可分散油悬浮剂田间茎叶处理，亩用量 20 ml，药后 13 d 黄化叶片上现灼烧状枯斑，叶柄基部褐化干枯

3% 甲基二磺隆可分散油悬浮剂田间茎叶处理，亩用量 20 ml，药后 16 d，重者整株枯死，轻者下部老叶多变黄干枯或现大量枯斑内卷

绿　豆

3% 甲基二磺隆可分散油悬浮剂田间茎叶处理，亩用量 20 ml，药后 2 d 上部叶片黄化卷曲，下部叶片密布红褐色斑点，生长停滞

3% 甲基二磺隆可分散油悬浮剂田间茎叶处理，亩用量 20 ml，药后 4 d 叶柄弯曲，垂向地面

3% 甲基二磺隆可分散油悬浮剂田间茎叶处理，亩用量 20 ml，药后 8 d 叶片皱缩畸形，所有叶片均逐渐沿叶脉褐化，叶柄完全褐化弯曲

3% 甲基二磺隆可分散油悬浮剂田间茎叶处理，亩用量 20 ml，药后 12 d 着药叶片皱缩畸形严重，新生叶片正常，植株较矮小；药后 18 d 生长恢复正常，下部叶片仍畸形，新生叶片已正常生长，植株整体生长受抑制（图①、图②均为药后 12 d 症状）

棉　花

3% 甲基二磺隆可分散油悬浮剂田间茎叶处理，亩用量 20 ml，药后 3 d 新叶略发黄，内卷，整体无明显症状；药后 9 d 心叶黄化皱缩，叶缘干枯，老叶正常（图为药后 9 d 症状）

3% 甲基二磺隆可分散油悬浮剂田间茎叶处理，亩用量 20 ml，药后 13 d 心叶皱缩加剧，叶片卷曲，生长明显受限

3% 甲基二磺隆可分散油悬浮剂田间茎叶处理，亩用量 20 ml，药后 16 d 新生叶片严重畸形，皱缩沿叶缘卷曲，植株矮小

芝　麻

3% 甲基二磺隆可分散油悬浮剂田间茎叶处理，亩用量 20 ml，药后 2 d 植株整体叶片黄化，生长停止

3% 甲基二磺隆可分散油悬浮剂田间茎叶处理，亩用量 20 ml，药后 4 d 叶片卷曲，心叶黄化程度最为严重，植株矮小

3% 甲基二磺隆可分散油悬浮剂田间茎叶处理，亩用量 20 ml，药后 8 d 叶柄、茎向地面弯曲

3% 甲基二磺隆可分散油悬浮剂田间茎叶处理，亩用量 20 ml，药后 12 d 生长停滞，叶片内卷；18 d 茎部扭曲，叶片颜色恢复正常，植株生长已停滞（图为药后 18 d 症状）

油　菜

3% 甲基二磺隆可分散油悬浮剂田间茎叶处理，亩用量 20 ml，药后 7 d，植株矮小，生长受限，叶片完全畸形，心叶叶柄无法抽出

萝　卜

3% 甲基二磺隆可分散油悬浮剂田间茎叶处理，亩用量 20 ml，药后 3 d 叶片出现发黄卷曲现象

3% 甲基二磺隆可分散油悬浮剂田间茎叶处理，亩用量 20 ml，药后 5 d 叶片逐渐变黄干枯

白　菜

3% 甲基二磺隆可分散油悬浮剂田间茎叶处理，亩用量 20 ml，药后 3 d 叶片轻微发黄

3% 甲基二磺隆可分散油悬浮剂田间茎叶处理，亩用量 20 ml，药后 5 d，叶片逐渐变黄干枯，直至死亡

辣　椒

3% 甲基二磺隆可分散油悬浮剂盆栽茎叶处理，亩用量 10 ml，药后 4 d 植株生长受抑制，叶变大

黄　瓜

3% 甲基二磺隆可分散油悬浮剂盆栽茎叶处理，亩用量 10 ml，药后 4 d 从嫩叶开始整株发黄，生长受抑制

豆　角

3% 甲基二磺隆可分散油悬浮剂盆栽茎叶处理，亩用量 10 ml，药后 6 d 幼叶畸形，生长停滞

3% 甲基二磺隆可分散油悬浮剂田间茎叶处理，在小麦（亩用量 70 ml）、茄子（亩用量 10 ml）上喷施均无明显药害症状。

啶嘧磺隆

玉 米

25% 啶嘧磺隆水分散粒剂田间茎叶处理，亩用量 10 g，药后 2 d 心叶发黄，生长停止

25% 啶嘧磺隆水分散粒剂田间茎叶处理，亩用量 10 g，药后 6 d 植株整体叶片全部从叶尖开始内卷，且叶尖发黄干枯

25% 啶嘧磺隆水分散粒剂田间茎叶处理，亩用量 10 g，药后 11 d 叶片完全失绿发黄或红色，心叶完全干枯，其余叶片也已大部分干枯，濒临死亡

25% 啶嘧磺隆水分散粒剂田间茎叶处理，亩用量 10 g，药后 14 d 所有叶片干枯死亡，叶片由原来发黄转变为红色，仍卷曲成筒状

25% 啶嘧磺隆水分散粒剂田间茎叶处理，亩用量 10 g，药后 19 d 植株完全枯死，倒于地面

谷　子

25%啶嘧磺隆水分散粒剂田间茎叶处理，亩用量10 g，药后2 d心叶由基部开始发黄，茎完全褐化

25%啶嘧磺隆水分散粒剂田间茎叶处理，亩用量10 g，药后6 d心叶发黄卷曲，茎部完全褐化，老叶沿叶脉从基部逐步褐化

25%啶嘧磺隆水分散粒剂田间茎叶处理，亩用量10 g，药后14 d症状同药后6 d，同时叶片上分布有不同程度的黑斑，叶尖叶缘干枯

25%啶嘧磺隆水分散粒剂田间茎叶处理，亩用量10 g，药后19 d叶片中脉完全褐化，部分叶片分布大量锈斑，叶尖干枯，茎部完全褐化

25%啶嘧磺隆水分散粒剂田间茎叶处理，亩用量10 g，药后33 d谷穗被畸形叶包被，穗柄弯曲，谷穗完全扭曲变形

花　生

25%啶嘧磺隆水分散粒剂田间茎叶处理，亩用量 10 g，药后 11 d 叶片整体发黄，叶柄向下弯曲且有干枯之势

25%啶嘧磺隆水分散粒剂田间茎叶处理，亩用量 10 g，药后 14 d 整株几乎枯死

25%啶嘧磺隆水分散粒剂田间茎叶处理，亩用量 10 g，药后 18 d 整株枯死

绿　豆

25%啶嘧磺隆水分散粒剂田间茎叶处理，亩用量 10 g，药后 2 d 叶片整体颜色发黄，叶柄褐化扭曲

25% 啶嘧磺隆水分散粒剂田间茎叶处理，亩用量 10 g，药后 6 d 植株整体完全扭曲变形，叶柄、茎褐化向地面弯曲，叶片沿着叶脉逐渐褐化

25% 啶嘧磺隆水分散粒剂田间茎叶处理，亩用量 10 g，药后 11 d 部分叶片枯死，大部分叶片叶脉呈红褐色，茎、叶柄完全呈现红褐色，叶片向地面弯曲

25% 啶嘧磺隆水分散粒剂田间茎叶处理，亩用量 10 g，药后 16 d 绝大部分叶片枯死，植株整体几乎只剩茎部，叶片叶脉红褐色加深

25% 啶嘧磺隆水分散粒剂田间茎叶处理，亩用量 10 g，药后 21 d 植株差不多完全枯死

25% 啶嘧磺隆水分散粒剂田间茎叶处理，亩用量 10 g，药后 27 d 整株枯死

棉　花

25% 啶嘧磺隆水分散粒剂田间茎叶处理，亩用量 10 g，药后 8 d 叶柄向下弯曲，叶片垂于地面

25% 啶嘧磺隆水分散粒剂田间茎叶处理，亩用量 10 g，药后 11 d 叶柄、茎部逐步变为红色，部分叶片已枯死，其余叶片外卷、叶缘干枯

25% 啶嘧磺隆水分散粒剂田间茎叶处理，亩用量 10 g，药后 14 d 茎部、叶柄大部分变红，整体叶片重者已枯死，稍轻者分布大量枯斑，叶缘外卷，叶片垂于地面

25% 啶嘧磺隆水分散粒剂田间茎叶处理，亩用量 10 g，药后 21 d 茎和叶柄完全变成红色，干枯叶片的叶柄也逐步干枯并向基部蔓延

25% 啶嘧磺隆水分散粒剂田间茎叶处理，亩用量 10 g，药后 27 d 绝大部分植株完全枯死，少数叶濒临死亡

芝　麻

25% 啶嘧磺隆水分散粒剂田间茎叶处理，亩用量 10 g，药后 2 d 心叶发黄，叶缘干枯内卷，叶柄向地面弯曲

25% 啶嘧磺隆水分散粒剂田间茎叶处理，亩用量 10 g，药后 6 d 整株茎部、叶柄均向地面弯曲，从叶片基部沿叶脉呈干枯状，心叶黄化严重，叶缘卷曲

25% 啶嘧磺隆水分散粒剂田间茎叶处理，亩用量 10 g，药后 11 d 叶片失水垂于地面，重者叶片已完全枯死，呈褐色

25% 啶嘧磺隆水分散粒剂田间茎叶处理，亩用量 10 g，药后 16 d 整个植株叶片完全枯死，茎部失水干枯

25% 啶嘧磺隆水分散粒剂田间茎叶处理，亩用量 10 g，药后 19 d 植株完全枯死

小 麦

25% 啶嘧磺隆水分散粒剂田间茎叶处理，亩用量 10 g，药后 30 d，叶片整体从基部向上失绿黄化，叶尖干枯；后期下部老叶完全枯死

油 菜

25% 啶嘧磺隆水分散粒剂田间茎叶处理，亩用量 10 g，药后 5~7 d，心叶干枯，整体黄化且发紫，叶片完全失水萎蔫（图①为药后 5 d 症状；图②为药后 7 d 症状）

萝 卜

25% 啶嘧磺隆水分散粒剂田间茎叶处理，亩用量 10 g，药后 2 d 叶片出现斑驳现象

25% 啶嘧磺隆水分散粒剂田间茎叶处理，亩用量 10 g，药后 3 d 叶片变黄、卷曲

25% 啶嘧磺隆水分散粒剂田间茎叶处理，亩用量 10 g，药后 5 d 叶片逐渐变黄干枯，最后全部死亡

白　菜

25% 啶嘧磺隆水分散粒剂田间茎叶处理，亩用量 10 g，药后 2 d 叶片轻微发黄，叶片逐渐变黄干枯，直至死亡

辣　椒

25% 啶嘧磺隆水分散粒剂盆栽茎叶处理，亩用量 10 g，药后 8 d，叶脉和生长点发黄，生长受到抑制

茄　子

25% 啶嘧磺隆水分散粒剂盆栽茎叶处理，亩用量 10 g，药后 8 d 老叶发黄枯死，茎干出现黑斑

25% 啶嘧磺隆水分散粒剂盆栽茎叶处理，亩用量 10 g，药后 60 d 重新移栽茄子苗，生长受到严重抑制，药害较为严重（残留药害）

黄　瓜

25% 啶嘧磺隆水分散粒剂盆栽茎叶处理，亩用量 10 g，药后 4 d 从嫩叶开始整株发黄

25% 啶嘧磺隆水分散粒剂盆栽茎叶处理，亩用量 10 g，药后 8 d 生长受抑制

25% 啶嘧磺隆水分散粒剂盆栽茎叶处理，亩用量 10 g，药后 30 d 重新播种黄瓜种子，出苗后生长受到严重抑制

豆 角

25% 啶嘧磺隆水分散粒剂盆栽茎叶处理，亩用量 10 g，药后 4 d 嫩叶和芽枯死，生长停滞，茎呈棕色

苄嘧磺隆

油　菜

10% 苄嘧磺隆可湿性粉剂盆栽茎叶处理，亩用量 15 g，药后 6 d，较对照植株略矮小

10% 苄嘧磺隆可湿性粉剂盆栽茎叶处理，亩用量 15 g，药后 16 d，生长严重受抑制，苗瘦弱矮小且叶片颜色发黄

10% 苄嘧磺隆可湿性粉剂盆栽茎叶处理，亩用量 15 g，药后 23 d，生长基本停滞，只有两片子叶且颜色发紫

萝　卜

10% 苄嘧磺隆可湿性粉剂茎叶处理，亩用量 15 g，药后 2 d，心部叶片先变黄

10% 苄嘧磺隆可湿性粉剂茎叶处理，亩用量 15 g，药后 5 d 其他叶片渐渐变黄，黄叶渐渐卷曲变干枯

10% 苄嘧磺隆可湿性粉剂茎叶处理，亩用量 15 g，药后 8 d 植株渐渐干枯

10% 苄嘧磺隆可湿性粉剂茎叶处理，亩用量 15 g，药后 15 d 有极少几棵植株心部呈绿色，无完整叶片

菜　心

10% 苄嘧磺隆可湿性粉剂盆栽茎叶处理，亩用量 40 g，药后 4 d 心叶发黄

10% 苄嘧磺隆可湿性粉剂盆栽茎叶处理，亩用量 40 g，药后 7 d 逐渐枯死

辣　椒

10% 苄嘧磺隆可湿性粉剂盆栽茎叶处理，亩用量 40 g，药后 11 d 叶发黄，逐渐出现畸形

10% 苄嘧磺隆可湿性粉剂盆栽茎叶处理，亩用量 40 g，药后 40 d 重新播种辣椒，出苗后子叶发黄，生长缓慢，侧根较短或不能生长（残留药害）

番　茄

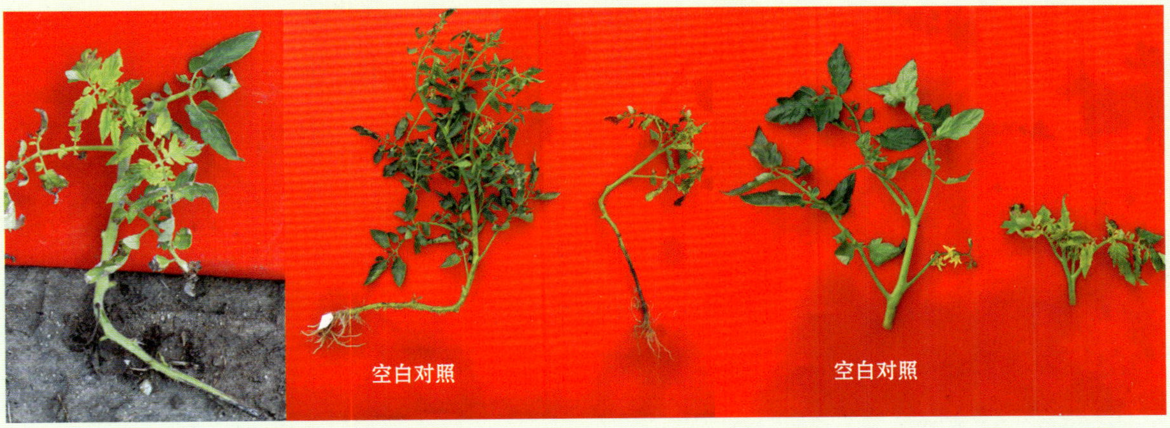

10% 苄嘧磺隆可湿性粉剂田间茎叶处理，亩用量 40 g，药后 14 d 心叶发黄，老叶出现枯斑

茄　子

10% 苄嘧磺隆可湿性粉剂盆栽及田间茎叶处理，亩用量 40 g，药后 11 d 心叶发黄，叶畸形，生长受抑制，茎基部发黑

10% 苄嘧磺隆可湿性粉剂盆栽茎叶处理，亩用量 40 g，药后 40 d 重新栽种茄子幼苗，生长受抑制，根量较少，叶色偏黄（残留药害）

黄　瓜

10% 苄嘧磺隆可湿性粉剂田间茎叶处理，亩用量 40 g，药后 6 d 心叶发黄，节间不能伸长，生长受抑制

10% 苄嘧磺隆可湿性粉剂盆栽茎叶处理，亩用量 40 g，药后 30 d 重新播种黄瓜种子，出苗后幼苗生长缓慢，根量较少，侧根短（残留药害）

豆　角

10% 苄嘧磺隆可湿性粉剂盆栽茎叶处理，亩用量 40 g，药后 6 d 叶发黄

10% 苄嘧磺隆可湿性粉剂盆栽茎叶处理，亩用量 40 g，药后 10 d 叶片出现黄斑

10% 苄嘧磺隆可湿性粉剂田间茎叶处理，亩用量 40 g，药后 3 d 叶片出现黄枯斑

10% 苄嘧磺隆可湿性粉剂田间茎叶处理，亩用量 40 g，药后 3 d 叶片出现黄枯斑

10% 苄嘧磺隆可湿性粉剂田间茎叶处理，亩用量 40 g，药后 14 d 老叶和茎残存

甜玉米

10% 苄嘧磺隆可湿性粉剂田间及盆栽茎叶处理，亩用量 40 g，药后 13 d 生长受抑制，心叶发黄，不长花序

10% 苄嘧磺隆可湿性粉剂播后苗前土壤处理，在小麦上喷施（亩用量 15 g）无明显药害症状。10% 苄嘧磺隆可湿性粉剂田间茎叶处理，在白菜上喷施（亩用量 15 g）白菜心部叶片先变黄，其他叶片渐渐变黄，黄叶渐渐卷曲变干枯，植株逐渐干枯。

胺苯磺隆

菜　心

5% 胺苯磺隆可湿性粉剂盆栽茎叶处理，亩用量 30 g，药后 4 d 叶色发黄，生长受抑制

辣　椒

5% 胺苯磺隆可湿性粉剂盆栽茎叶处理，亩用量 50 g，药后 6 d 心叶发黄，逐渐出现畸形，芽坏死，生长受抑制

5% 胺苯磺隆可湿性粉剂盆栽茎叶处理，亩用量 50 g，药后 40 d 重新播种辣椒，幼苗子叶发黄，生长缓慢，侧根生长受抑制（残留药害）

番　茄

5% 胺苯磺隆可湿性粉剂田间茎叶处理，亩用量 50 g，药后 14 d 心叶发黄，生长受抑制

茄　子

5% 胺苯磺隆可湿性粉剂田间茎叶处理，亩用量 50 g，药后 14 d 心叶发黄，叶畸形，生长受抑制，茎基部发黑

黄　瓜

5% 胺苯磺隆可湿性粉剂田间茎叶处理，亩用量 50 g，6 d 心叶发黄或出现黄斑，节间不能伸长

5% 胺苯磺隆可湿性粉剂田间茎叶处理，亩用量 50 g，药后 30 d 重新播种黄瓜种子，出苗后生长缓慢，侧根短小（残留药害）

豆 角

5% 胺苯磺隆可湿性粉剂盆栽茎叶处理，亩用量 50 g，药后 4 d 叶发黄，卷曲，芽坏死

5% 胺苯磺隆可湿性粉剂盆栽茎叶处理，亩用量 50 g，药后 40 d 重新播种，幼苗子叶期后生长减缓，叶色淡黄缺绿，大小叶脉清晰，侧根生长受抑制（残留药害）

5% 胺苯磺隆可湿性粉剂田间茎叶处理，亩用量 50 g，药后 6 d 叶色发黄或出现黄斑，幼叶卷曲，生长受到抑制

甜玉米

5% 胺苯磺隆可湿性粉剂田间茎叶处理，亩用量 50 g，药后 12 d 生长受抑制，心叶发黄，不长花序

5% 胺苯磺隆可湿性粉剂田间茎叶处理，在油菜（亩用量 80 g）、小麦（亩用量 30 g）上喷施均无明显药害症状。

甲磺隆

油 菜

10% 甲磺隆可湿性粉剂田间茎叶处理，亩用量 5 g，药后 8~11 d 叶片完全呈现紫红色且失水干枯萎蔫（图①为药后 8 d 症状，图②为药后 11 d 症状）

萝 卜

10% 甲磺隆可湿性粉剂播后苗前土壤处理，亩用量 5 g，药后 5 d 苗期子叶黄，有干枯，有少数苗枯死，生长缓慢，新叶畸形

白　菜

10% 甲磺隆可湿性粉剂播后苗前土壤处理，亩用量 5 g，药后 14 d 叶片黄，逐渐干枯，多数苗枯死，剩余少数植株新叶畸形，随着植株生长无明显症状

番　茄

10% 甲磺隆可湿性粉剂盆栽茎叶处理，亩用量 20 g，药后 7 d 从心叶开始黄化枯萎，药害明显

茄　子

10% 甲磺隆可湿性粉剂盆栽茎叶处理，亩用量 20 g，药后 30 d 栽种茄子，幼苗逐渐发黄，不长新根，不长新叶（残留药害）

黄 瓜

10% 甲磺隆可湿性粉剂盆栽茎叶处理，亩用量 20 g，药后 7 d 叶片出现黄褐药斑，从叶缘开始黄化枯萎

10% 甲磺隆可湿性粉剂盆栽茎叶处理，亩用量 20 g，药后 30 d 重新播种黄瓜，出苗后不长真叶，不长侧根，生长受抑制（残留药害）

10% 甲磺隆可湿性粉剂田间茎叶处理，在小麦上喷施（亩用量 16 g）生长正常，无明显药害症状。

烟嘧磺隆

小　麦

4% 烟嘧磺隆可分散油悬浮剂田间茎叶处理，亩用量 70 ml，药后 6 d，整株颜色略发黄；药后 30 d，症状加剧，由基部沿叶脉黄化严重（图为药后 3 d 症状）

油　菜

4% 烟嘧磺隆可分散油悬浮剂田间茎叶处理，亩用量 70 ml，药后 11~13 d 生长停滞，植株矮小，叶片发红发紫，心叶干枯（图①为药后 11 d 症状；图②为药后 13 d 症状）

萝　卜

4% 烟嘧磺隆可分散油悬浮剂田间茎叶处理，亩用量 80 ml，药后 3 d 叶片出现斑驳现象

4% 烟嘧磺隆可分散油悬浮剂田间茎叶处理，亩用量 80 ml，药后 5 d 叶片发黄卷曲，随后叶片逐渐变黄干枯，最后几乎全部死亡（图为药后 5 d 症状）

白　菜

4% 烟嘧磺隆可分散油悬浮剂田间茎叶处理，亩用量 80 ml，药后 5 d 叶片出现斑驳，并逐渐变黄干枯，直至死亡

大　豆

4% 烟嘧磺隆可分散油悬浮剂田间茎叶处理，亩用量 67~100 ml，药后 1~3 d，新叶失绿，叶片边缘干枯皱缩（图①为亩用量 100 ml，药后 1 d 症状；图②为亩用量 67 ml，药后 1 d 症状；图③为亩用量 67 ml，药后 3 d 症状）

4% 烟嘧磺隆可分散油悬浮剂田间茎叶处理，亩用量 100 ml，药后 7 d，顶芽皱缩，上部叶片失绿黄化，部分叶脉变褐，叶外卷

4% 烟嘧磺隆可分散油悬浮剂田间茎叶处理，亩用量 67 ml，药后 40 d，新出叶片正常，部分老叶片边缘明显黄化，大部分植株生长细弱、矮小

4% 烟嘧磺隆可分散油悬浮剂田间茎叶处理，亩用量 67~100 ml，药后 15 d，药斑脱落，叶片破损或脱落，少量植株死亡（图①为亩用量 75 ml，图②为亩用量 100 ml）

甘 薯

4% 烟嘧磺隆可分散油悬浮剂盆栽茎叶处理，亩用量 67~100 ml，药后 5~8 d，部分新叶失绿，植株矮化（图①为亩用量 67 ml，药后 5 d 症状；图②为亩用量 67 ml，药后 8 d 症状；图③为亩用量 100 ml，药后 8 d 症状）

4% 烟嘧磺隆可分散油悬浮剂盆栽茎叶处理，亩用量 67~100 ml，药后 15~30 d，部分植株顶尖变褐皱缩，叶片黄化或干枯脱落，植株明显矮化，高浓度少量死苗（图①、图②为亩用量 100 ml，药后 15 d、30 d 症状；图③、图④为亩用量 67 ml，药后 15 d、30 d 症状）

吡嘧磺隆

油 菜

10% 吡嘧磺隆可湿性粉剂田间茎叶处理，亩用量 15 g，药后 11 d，整体发红发紫，生长停滞，叶片干枯萎蔫，心叶黄化

萝 卜

10% 吡嘧磺隆可湿性粉剂田间茎叶处理，亩用量 15 g，药后 2~4 d，心部叶片先发黄，其他叶片渐渐变黄萎蔫卷曲，叶片渐渐变黄后干枯（图①为药后 2 d 症状，图②为药后 4 d 症状）

菜　心

10% 吡嘧磺隆可湿性粉剂盆栽茎叶处理，亩用量 80 g，药后 2~4 d 心叶发黄，最终枯死（图①、②均为药后 2 d 症状，图③为药后 4 d 症状）

辣　椒

10% 吡嘧磺隆可湿性粉剂盆栽茎叶处理，亩用量 80 g，药后 4 d 叶色偏黄，生长受抑制

10% 吡嘧磺隆可湿性粉剂盆栽茎叶处理，亩用量 80 g，施药后 40 d 重新播种辣椒，幼苗生长缓慢，侧根较短较少（残留药害）

茄　子

10% 吡嘧磺隆可湿性粉剂盆栽茎叶处理，亩用量 80 g，药后 11 d 叶色偏黄，幼叶畸形

10% 吡嘧磺隆可湿性粉剂盆栽茎叶处理，亩用量 80 g，施药后 60 d 移栽茄子，茄苗生长受到轻微抑制（残留药害）

黄　瓜

10% 吡嘧磺隆可湿性粉剂盆栽茎叶处理，亩用量 80 g，药后 7 d 心叶发黄，芽坏死，生长受抑制

10% 吡嘧磺隆可湿性粉剂盆栽茎叶处理，亩用量 80 g，施药后 30 d 重新播种黄瓜，出苗后生长缓慢，侧根发育迟缓（残留药害）

花　生

10% 吡嘧磺隆可湿性粉剂盆栽茎叶处理，亩用量 80 g，药后 2 d 嫩叶黄化

10% 吡嘧磺隆可湿性粉剂盆栽茎叶处理，亩用量 80 g，药后 10 d 整株发黄，叶片具枯斑，最终枯死

甜玉米

10% 吡嘧磺隆可湿性粉剂盆栽茎叶处理，亩用量 80 g，药后 14 d 逐渐枯死

10% 吡嘧磺隆可湿性粉剂田间茎叶处理，在小麦（亩用量 15 g）、豆角（亩用量 80 g）上喷施均无明显药害症状。在白菜上喷施（亩用量 15 g）白菜出现萎蔫现象，叶片渐渐变黄，心叶黄化较重，黄叶逐渐干枯至整株干枯。

噻吩磺隆

油　菜

15% 噻吩磺隆可湿性粉剂田间茎叶处理，亩用量 10 g，药后 11 d 植株矮小，生长受限，叶片内卷，心叶黄化

萝　卜

15%噻吩磺隆可湿性粉剂田间茎叶处理，亩用量 10 g，药后 2 d 叶片出现斑驳现象

15% 噻吩磺隆可湿性粉剂田间茎叶处理，亩用量 10 g，药后 3 d 叶片逐渐变黄

15% 噻吩磺隆可湿性粉剂田间茎叶处理，亩用量 10 g，药后 5 d 叶片发黄卷曲

15% 噻吩磺隆可湿性粉剂田间茎叶处理，亩用量 10 g，药后 10 d 叶片逐渐变黄干枯，干枯严重，多数植株死亡，少数植株有新叶片长出，畸形

白　菜

15% 噻吩磺隆可湿性粉剂田间茎叶处理，亩用量 10 g，药后 2 d 叶片轻微发黄，叶片逐渐变黄干枯，直至死亡

茄　子

15% 噻吩磺隆可湿性粉剂盆栽土壤处理，亩用量 20 g，药后 30 d 栽种茄子幼苗，生长受轻微抑制，幼叶畸形，叶色偏黄（残留药害）

番　茄

15% 噻吩磺隆可湿性粉剂盆栽茎叶处理，亩用量 20 g，药后 7 d 从心叶开始黄化，抑制生长，慢慢枯萎

黄　瓜

15% 噻吩磺隆可湿性粉剂盆栽茎叶处理，亩用量 20 g，药后 7 d 黄化，失水枯萎

15% 噻吩磺隆可湿性粉剂盆栽茎叶处理，亩用量 20 g，药后 30 d 重新播种黄瓜，出苗后生长缓慢，根量较少，叶畸形，叶面不平整或叶形不健全（残留药害）

15% 噻吩磺隆可湿性粉剂田间茎叶处理，在小麦上喷施（亩用量 10 g）生长正常，无明显药害症状。

氯吡嘧磺隆

萝 卜

75% 氯吡嘧磺隆水分散粒剂播后苗前土壤处理，亩用量 8 g，药后 5 d 苗期子叶黄

75% 氯吡嘧磺隆水分散粒剂播后苗前土壤处理，亩用量 8 g，药后 14 d 生长缓慢，很长时间无新叶片，干枯严重，多数苗枯死，剩余少数苗逐渐长出新叶片，新叶片畸形，生长缓慢

大 豆

75% 氯吡嘧磺隆水分散粒剂盆栽茎叶处理，亩用量 3~16 g，药后 3 d，茎及着药叶片的叶柄、叶脉变红褐色，叶片下垂，轻度变黄，上部叶片边缘干枯卷曲（图①、图②、图④亩用量 3 g，图③亩用量 16 g）

75% 氯吡嘧磺隆水分散粒剂盆栽茎叶处理，亩用量 3~16 g，药后 7 d，茎、叶柄、叶脉变红褐色症状更加明显，叶片边缘或整个叶片青枯，部分植株茎尖死亡（图①、图②、图⑤亩用量 3 g，图③、图④亩用量 16 g）

75% 氯吡嘧磺隆水分散粒剂盆栽茎叶处理，亩用量 16 g，药后 15 d，所有植株茎尖甚至整株死亡，残存植株明显矮化；药后 30 d，全部植株枯死（图为药后 15 d 症状）

甘 薯

75% 氯吡嘧磺隆水分散粒剂盆栽茎叶处理，亩用量 3 g，药后 7~10 d，上部叶片黄化（图①为药后 7 d 症状，图②为药后 10 d 症状）

75% 氯吡嘧磺隆水分散粒剂盆栽茎叶处理，亩用量 3~16 g，药后 15 d，黄化症状更加明显，部分植株新出叶片边缘干枯（图①为亩用量 16 g，图②为亩用量 3 g）

75% 氯吡嘧磺隆水分散粒剂盆栽茎叶处理，亩用量 3~16 g，药后 30 d，整株叶片黄化或白化，新出侧枝叶片呈柳叶状，植株矮化（图①、图②亩用量 8 g，图③亩用量 16 g）

75% 氯吡嘧磺隆水分散粒剂播后苗前土壤处理，在白菜上喷施（亩用量 8 g），白菜出苗很少，叶黄，逐渐干枯，苗期全部枯死。

砜嘧磺隆

大　豆

25% 砜嘧磺隆水分散粒剂盆栽茎叶处理，亩用量 2.5~12 g，药后 3 d，着药叶片的叶柄、叶脉及茎变红褐色，叶片下垂，轻度变黄，上部叶片边缘干枯卷曲（图①、图②、图③为亩用量 2.5 g，图④为亩用量 12 g）

25% 砜嘧磺隆水分散粒剂盆栽茎叶处理，亩用量 2.5~12 g，药后 7~15 d，症状更加明显，叶片边缘或整个叶片青枯，植株矮化，茎尖死亡或整株死亡；药后 30 d，全部植株枯死（图①、图③为亩用量 12 g，药后 10 d、15 d 症状；图②、图④为亩用量 2.5 g，药后 15 d 症状）

甘 薯

25%砜嘧磺隆水分散粒剂盆栽茎叶处理，亩用量2.5~12 g，药后7~15 d，上部叶片黄化（图①、图②为亩用量12 g，药后10 d症状；图③为亩用量2.5 g，药后7 d症状）

25%砜嘧磺隆水分散粒剂盆栽茎叶处理，亩用量12 g，药后30 d，症状更加明显，叶肉严重黄化，叶脉绿色，植株矮化，中高剂量部分新出侧枝叶片呈柳叶状

菜　心

25% 砜嘧磺隆水分散粒剂盆栽茎叶处理，亩用量 20 g，药后 2 d 心叶发黄

25% 砜嘧磺隆水分散粒剂盆栽茎叶处理，亩用量 20 g，药后 7 d 枯死

辣　椒

25% 砜嘧磺隆水分散粒剂盆栽茎叶处理，亩用量 20 g，药后 5 d 叶色偏黄，幼叶畸形，生长受抑制

25% 砜嘧磺隆水分散粒剂盆栽茎叶处理，亩用量 20 g，药后 40 d 播种辣椒，幼苗生长缓慢，侧根较短较少（残留药害）

茄 子

25% 砜嘧磺隆水分散粒剂盆栽茎叶处理，亩用量 20 g，药后 11 d 叶色偏黄，幼叶畸形，茎基部发黑

黄 瓜

25% 砜嘧磺隆水分散粒剂盆栽茎叶处理，亩用量 20 g，药后 7 d 黄化，枯死

25% 砜嘧磺隆水分散粒剂盆栽茎叶处理，亩用量 20 g，药后 30 d 重新播种黄瓜，出苗后生长缓慢，侧根较短小（残留药害）

豆　角

25% 砜嘧磺隆水分散粒剂盆栽茎叶处理，亩用量 20 g，药后 6 d 叶卷曲，茎发青

25% 砜嘧磺隆水分散粒剂盆栽茎叶处理，亩用量 20 g，药后 12 d 芽坏死，生长停止

甜玉米

25% 砜嘧磺隆水分散粒剂盆栽茎叶处理，亩用量 20 g，药后 7 d 生长受抑制，逐渐枯死

第二节　咪唑啉酮类

咪唑啉酮类化合物是美国氰胺公司于20世纪80年代初期开发的一类活性高、选择性强的广谱性除草剂，它们既能防除一年生禾本科杂草与阔叶杂草，也能防除多年生杂草，对多种作物具有良好的选择性。

咪唑啉酮类除草剂经植物根与茎叶吸收，在木质部与韧皮部传导，积累于分生组织；茎叶喷雾后，敏感杂草迅速停止生长，经2 ~ 4周全株死亡；土壤处理后根吸收向上传导，杂草顶端分生组织坏死，生长停止，一些杂草虽能发芽和出苗，但植株达3 ~ 5 cm高时，生长停滞，而后死亡。低剂量时杂草虽能生长，但表现矮化，幼龄叶片产生透明或黄色条纹，叶片严重畸形、扭曲，叶片与叶鞘边缘产生锯齿。

咪唑啉酮类除草剂是典型的生长抑制剂，主要抑制植物体内乙酰乳酸合成酶的活性，如果用致死剂量处理，则酶的活性水平下降80%以上，这种下降是从处理后1 h内开始的。由于咪唑啉酮类除草剂对乙酰乳酸合成酶的抑制，造成缬氨酸、异亮氨酸与亮氨酸合成受抑制，如在悬浮培养中，用咪唑啉酮类除草剂处理玉米组织中，大多数氨基酸增多或保持原有水平，而缬氨酸、异亮氨酸与亮氨酸的含量则显著下降，当外源加入这3种氨基酸时，玉米幼苗便不受害。随着3种支链氨基酸的停止，导致植物生长停滞而死亡。

咪唑啉酮类除草剂以其高活性、广谱、持效期长而获得广泛的重视与迅速推广应用，咪唑乙烟酸是大豆田的主要除草剂品种，播前混土、苗前、出苗后初期及晚期（3片复叶期后）应用，可防除大多数禾本科与阔叶杂草，对多年生杂草也有一定效果。大豆不同品种对咪唑乙烟酸均具有较强的抗性，推荐剂量在任何时期处理，均不造成减产，有时在大豆单叶期至第一片三出复叶期应用，大豆叶片会出现皱缩，节间变短，中脉失绿，但能迅速恢复正常，不影响产量。除大豆外，每公顷用量高达250 g时，对花生、蚕豆、豇豆、三叶草、苜蓿等也具有高度选择性。咪唑乙烟酸在土壤中的残留期较长，施药后翌年不宜种植甜菜、油菜、高粱、棉花、蔬菜、水稻、马铃薯等。咪唑喹啉酸用于大豆、花生、豌豆、豇豆、苜蓿、三叶草等多种豆科作物以及烟草，可播前混土、苗前土表处理，也可在出苗后早期应用，防除大多数禾本科与阔叶杂草。咪唑乙烟酸在小麦与大麦出苗后早期应用。灭草烟主要用于林业及非农田，防除大多数一年生、多年生草本与木本植物。

咪唑啉酮类除草剂的作用机理与磺酰脲类除草剂一样，主要是抑制ALS，从而抑制侧链氨基酸的生物合成，因此，这类除草剂同样存在残留药害的问题。如咪唑烟酸（推荐剂量75 g/ hm^2）施药24个月后仍对油菜、甜菜、白菜和亚麻有严重药害。甲氧咪草烟高剂量（80~120 g/ hm^2）对后茬敏感作物仍有一定的影响。但同时也应该看到，采用残留期短的甲氧咪唑乙烟酸与咪草烟复配可减少咪唑乙烟酸的残留药害。通过使用一些解毒剂来增强作物的代谢功能，也可减轻这类除草剂的药害。尽管咪唑啉酮类除草剂品种很少，并且也存在残留药害问题，但由于其具有活性高、用量低和杀草谱广等特点而广泛应用。因此，目前这类除草剂在世界除草剂市场中仍占有一定地位，如咪唑乙烟酸和咪唑喹啉酸的销售额分别达到4.9亿美元和1.5亿美元，甲氧咪草烟的销售额呈上升趋势。

咪唑啉酮类除草剂主要品种见表 2-2。

表 2-2　咪唑啉酮类除草剂主要品种

通用名称	其他信息		结构式	适用作物	使用量（有效成分，g/亩）	防除对象	施药方法
咪唑乙烟酸 imazethapyr	分子式	$C_{15}H_{19}N_3O_3$	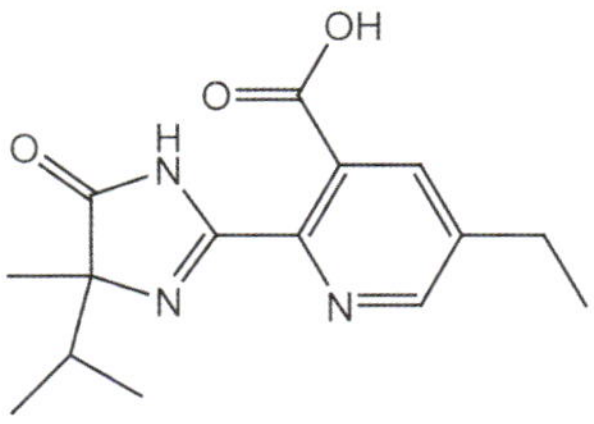	大豆	5 ~ 6.7	一年生杂草	土壤或茎叶喷雾
	分子量	289.33					
	CAS 登录号	81385-77-5		春大豆（东北）	5 ~ 6.7		
甲咪唑烟酸 imazameth	分子式	$C_{14}H_{17}N_3O_3$	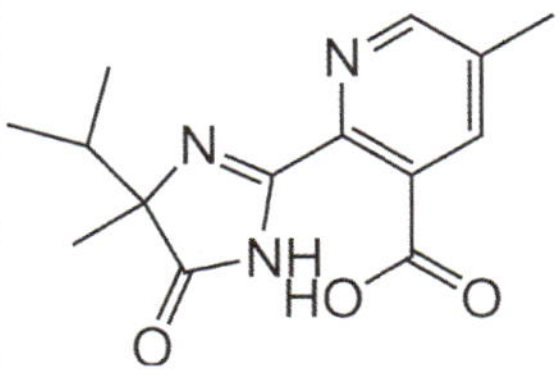	花生	4.8 ~ 7.2	一年生禾本科杂草、阔叶杂草及莎草	芽前土壤喷雾、苗后定向喷雾
	分子量	275.3					
	CAS 登录号	104098-48-8		甘蔗	4.8 ~ 7.2		
甲氧咪草烟 imazamox	分子式	$C_{15}H_{19}N_3O_4$	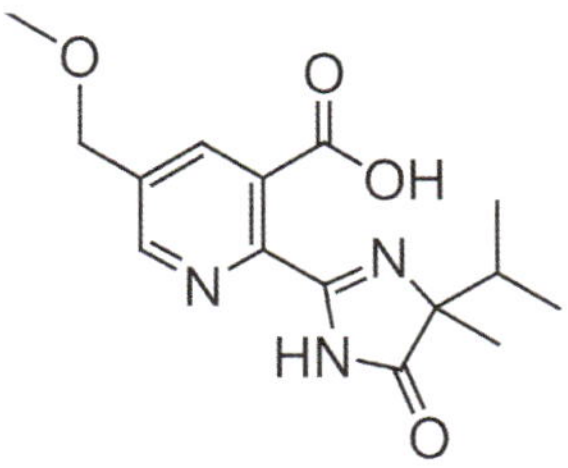	大豆	2.7 ~ 3.3	一年生杂草	播后苗前土壤喷雾
	分子量	305.33					
	CAS 登录号	114311-32-9					
咪唑烟酸 imazapyr	分子式	$C_{13}H_{15}N_3O_3$	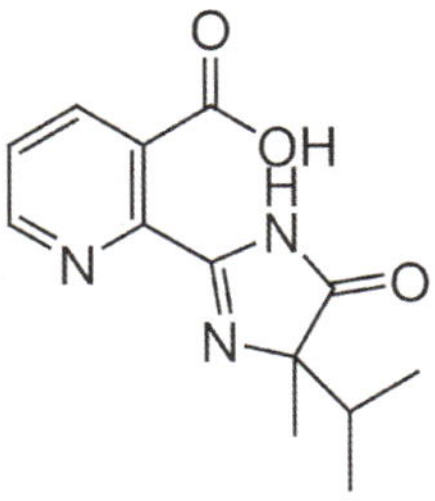	非耕地	50 ~ 100	一年生杂草及多年生杂草	喷雾
	分子量	261.28					
	CAS 登录号	81334-34-1					
咪唑喹啉酸 imazaquin	分子式	$C_{17}H_{17}N_3O_3$	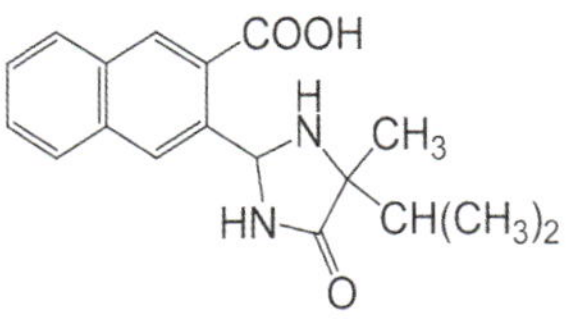	春大豆	7.5 ~ 10	一年生阔叶杂草	喷雾
	分子量	311					
	CAS 登录号	81335-37-7					

此类除草剂在轻度药害时表现为新生叶片失绿；中度药害表现为新生叶片黄化、皱缩、向外翻卷，叶背脉和叶柄变褐，生长抑制；重度药害表现为心叶萎蔫，枯死，从下部叶腋生出新枝，以后生出复叶正常，但生长受到严重抑制。

甲咪唑烟酸

玉 米

24% 甲咪唑烟酸水剂田间茎叶处理，亩用量 20 ml，药后 2 d 植株整体叶片发黄，下部叶片由叶尖开始沿叶缘黄化干枯

24% 甲咪唑烟酸水剂田间茎叶处理，亩用量 20 ml，药后 4 d 从叶尖和叶缘开始失绿，叶脉变紫红色，茎基部发红

24% 甲咪唑烟酸水剂田间茎叶处理，亩用量 20 ml，药后 8 d 茎基部向上叶片几乎完全呈紫红色且内卷干枯，下部老叶已枯死

24% 甲咪唑烟酸水剂田间茎叶处理，亩用量 20 ml，药后 12 d 部分植株已完全枯死，轻者植株矮小，生长停滞

24% 甲咪唑烟酸水剂田间茎叶处理，亩用量 20 ml，药后 18 d 上部叶片出现严重扭曲变形的现象，其余叶片逐渐干枯或已枯死

24% 甲咪唑烟酸水剂田间茎叶处理，亩用量 20 ml，药后 22 d 药害重者已枯死，轻者心叶及周围叶片畸形，卷曲成筒状从中间向地面弯曲

谷 子

24% 甲咪唑烟酸水剂田间茎叶处理，亩用量 20 ml，药后 2 d 整株发黄，茎基部有褐化现象

24% 甲咪唑烟酸水剂田间茎叶处理，亩用量 20 ml，药后 4 d 叶尖、叶缘黄化干枯，茎褐化加剧，植株矮小

24% 甲咪唑烟酸水剂田间茎叶处理，亩用量 20 ml，药后 8 d 心叶黄化最为严重，下部叶片已大部分枯亡，叶片中脉呈现褐色

24% 甲咪唑烟酸水剂田间茎叶处理，亩用量 20 ml，药后 12 d 大部分植株已完全枯死；18 d 整株枯死（图为药后 12 d 症状）

花 生

24% 甲咪唑烟酸水剂田间茎叶处理，亩用量 60 ml，药后 3 d 新生叶片发黄

24% 甲咪唑烟酸水剂田间茎叶处理，亩用量 60 ml，药后 6 d 新叶发黄，叶片上出现连片枯斑

24% 甲咪唑烟酸水剂田间茎叶处理，亩用量 60 ml，药后 16 d 整体叶片多呈皱缩状，叶片颜色恢复正常

绿　豆

24% 甲咪唑烟酸水剂田间茎叶处理，亩用量 30 ml，药后 2 d 上部叶片黄化卷曲，下部叶片暂没药害症状，植株矮小，生长受限

24% 甲咪唑烟酸水剂田间茎叶处理，亩用量 30 ml，药后 4 d 老叶布满红褐色斑点，叶柄褐化弯曲，部分叶片完全枯死

24% 甲咪唑烟酸水剂田间茎叶处理，亩用量 30 ml，药后 8 d 药害重者整株枯死，轻者沿叶柄到叶脉逐渐褐化，整体扭曲变形

24% 甲咪唑烟酸水剂田间茎叶处理，亩用量 30 ml，药后 12 d 症状已恢复，下部叶片仍畸形皱缩，新生叶片正常，生长受抑制，植株矮小

棉　花

24% 甲咪唑烟酸水剂田间茎叶处理，亩用量 20 ml，药后 3 d 叶片内卷

24% 甲咪唑烟酸水剂田间茎叶处理，亩用量 20 ml，药后 6 d 叶柄、茎部变红，心叶皱缩

24% 甲咪唑烟酸水剂田间茎叶处理，亩用量 20 ml，药后 9 d 茎部发红发黑，向地面弯曲，叶面见不同程度枯斑

24% 甲咪唑烟酸水剂田间茎叶处理，亩用量 20 ml，药后 13 d 上部新叶黄化皱缩，叶缘干枯（图为药后 12 d 症状）

24% 甲咪唑烟酸水剂田间茎叶处理，亩用量 20 ml，药后 22 d 心叶黄化皱缩，植株矮小

芝　麻

24% 甲咪唑烟酸水剂田间茎叶处理，亩用量 20 ml，药后 2 d 整体叶片发黄，卷曲

24% 甲咪唑烟酸水剂田间茎叶处理，亩用量 20 ml，药后 4 d 茎部、叶柄向地面弯曲，植株整体倒向地面

24% 甲咪唑烟酸水剂田间茎叶处理，亩用量 20 ml，药后 8 d 从老叶开始枯死并逐步向上部叶片延伸

24% 甲咪唑烟酸水剂田间茎叶处理，亩用量 20 ml，药后 12 d 药害重者植株已枯死，轻者植株矮小，生长停止；药后 18 d 存活的植株药害症状恢复，但生长严重受限（图为药后 12 d 症状）

油 菜

24% 甲咪唑烟酸水剂田间茎叶处理，亩用量 20 ml，药后 9~11 d 整体发红发紫，生长停滞，叶片干枯萎蔫，心叶黄化（图①为药后 11 d 症状，图②为药后 9 d 症状）

萝 卜

24% 甲咪唑烟酸水剂播后苗前土壤处理，亩用量 20 ml，药后 5~7 d 苗期叶片发黄，有叶片边缘干枯，叶片畸形，中后期少数植株偏小（图①为药后 5 d 症状，图②为药后 7 d 症状）

白 菜

24% 甲咪唑烟酸水剂播后苗前土壤处理，亩用量 20 ml，药后苗期叶片发黄，植株少，部分植株很小，几乎不生长，叶片发黄，边缘干枯（图①为药后 11 d 症状，图②为药后 14 d 症状）

大　豆

98% 甲咪唑烟酸原药（无水乙醇 30 ml）盆栽茎叶处理，亩用量 2.45 g，药后 3 d，着药叶片的叶柄、叶脉变红褐色，新出叶片轻度黄化，边缘干枯卷曲

98% 甲咪唑烟酸原药（无水乙醇 30 ml）盆栽茎叶处理，亩用量 2.45~14.7 g，药后 7 d，植株的茎、叶柄、叶脉变红褐色更加明显，叶柄弯曲，叶片下垂，个别叶片边缘青枯（图①、图③为亩用量 14.7 g；图②为亩用量 2.45 g）

98% 甲咪唑烟酸原药（无水乙醇 30 ml）盆栽茎叶处理，亩用量 7.35 g，药后 15 d，植株矮化，部分植株整株死亡

98% 甲咪唑烟酸原药（无水乙醇 30 ml）盆栽茎叶处理，亩用量 7.35 g，药后 30 d，大部分植株死亡，个别残存植株抽出新侧枝，长势黄弱

甘　薯

98% 甲咪唑烟酸原药（无水乙醇 30 ml）盆栽茎叶处理，亩用量 2.45 g，药后 7~10 d，上部叶片黄化（图①为药后 7 d 症状，图②为药后 10 d 症状）

98% 甲咪唑烟酸原药（无水乙醇 30 ml）盆栽茎叶处理，亩用量 14.7 g，药后 15~30 d，所有叶片严重黄化，高剂量叶片边缘焦煳状干枯，植株明显黄化、矮化（图①为药后 15 d，图②、图③为药后 30 d）

菜　心

24% 甲咪唑烟酸水剂盆栽茎叶处理，亩用量 40 ml，药后 4 d 心叶发黄

24% 甲咪唑烟酸水剂盆栽茎叶处理，亩用量 40 ml，药后 7 d 逐渐枯死

辣　椒

24% 甲咪唑烟酸水剂田间茎叶处理，亩用量 40 ml，药后 14 d 心叶发黄，生长受抑制

24% 甲咪唑烟酸水剂盆栽茎叶处理，亩用量 40 ml，药后 8 d 叶发黄、脱落，芽坏死

24% 甲咪唑烟酸水剂盆栽茎叶处理，亩用量 40 ml，药后 50 d 重新播种辣椒，苗期子叶发黄，生长受抑制，不长真叶，不长侧根（残留药害）

茄子

24% 甲咪唑烟酸水剂田间茎叶处理，亩用量 40 ml，药后 14 d 叶出现黄斑，逐渐枯死

24% 甲咪唑烟酸水剂盆栽茎叶处理，亩用量 40 ml，药后 50 d 重新栽种茄子，苗期生长受抑制，不长新根（残留药害）

番茄

24% 甲咪唑烟酸水剂田间茎叶处理，亩用量 40 ml，药后 14 d 心叶发黄，生长受抑制

豆　角

24% 甲咪唑烟酸水剂田间茎叶处理，亩用量 40 ml，药后 4 d 叶出现黄斑、枯斑

24% 甲咪唑烟酸水剂盆栽茎叶处理，亩用量 40 ml，药后 10 d 弯曲，深绿

24% 甲咪唑烟酸水剂田间茎叶处理，亩用量 40 ml，药后 14 d 芽坏死

24% 甲咪唑烟酸水剂盆栽茎叶处理，亩用量 40 ml，施药 60 d 后重新播种豆角，子叶期后生长减缓，叶色淡黄缺绿，大小叶脉清晰呈网状（残留药害）

黄 瓜

24% 甲咪唑烟酸水剂田间茎叶处理，亩用量 40 ml，药后 6 d 心叶发黄

24% 甲咪唑烟酸水剂田间茎叶处理，亩用量 40 ml，药后 14 d 芽坏死，生长受抑制，逐渐枯死

24% 甲咪唑烟酸水剂盆栽茎叶处理，亩用量 40 ml，药后 30 d 重新播种黄瓜，出苗后不长真叶，不长根（残留药害）

甜玉米

24% 甲咪唑烟酸水剂盆栽茎叶处理，亩用量 40 ml，药后 7 d 生长受抑制

24% 甲咪唑烟酸水剂田间及盆栽茎叶处理，亩用量 40 ml，药后 14 d 心叶发黄，不长花序

24% 甲咪唑烟酸水剂田间茎叶处理，在小麦上喷施（亩用量 20 ml），小麦心叶黄化，部分叶片叶尖干枯。

咪唑乙烟酸

玉 米

5% 咪唑乙烟酸水剂田间茎叶处理，亩用量 100 ml，药后 2 d 心叶从基部发黄

5% 咪唑乙烟酸水剂田间茎叶处理，亩用量 100 ml，药后 6 d 心叶发黄，植株较矮小

5% 咪唑乙烟酸水剂田间茎叶处理，亩用量 100 ml，药后 11 d 心叶及周围叶片黄化内卷，叶尖干枯，茎基部发红发褐，生长受抑制

5% 咪唑乙烟酸水剂田间茎叶处理，亩用量 100 ml，药后 16 d 黄化叶片已枯死，下部老叶叶缘叶尖也有干枯之势

5% 咪唑乙烟酸水剂田间茎叶处理，亩用量 100 ml，药后 21 d 老叶开始逐步干枯

5% 咪唑乙烟酸水剂田间茎叶处理，亩用量 100 ml，药后 27 d 已枯死，叶片上布满黑斑，整株几乎枯死

谷　子

5% 咪唑乙烟酸水剂田间茎叶处理，亩用量 100 ml，药后 2 d 心叶发黄，茎部呈褐化趋势，生长停滞

5% 咪唑乙烟酸水剂田间茎叶处理，亩用量 100 ml，药后 6 d 心叶发黄，茎部褐化

5% 咪唑乙烟酸水剂田间茎叶处理，亩用量 100 ml，药后 10 d 心叶叶尖干枯，部分叶片中脉发黑发褐，茎部褐化加深

5% 咪唑乙烟酸水剂田间茎叶处理，亩用量 100 ml，药后 16 d 心叶已枯死，整个茎部包括叶基部已完全褐化，叶片中脉多呈黑褐色

5% 咪唑乙烟酸水剂田间茎叶处理，亩用量 100 ml，药后 21 d 叶片失绿褐化，叶缘干枯，茎部颜色变为黑褐色

花　生

5% 咪唑乙烟酸水剂田间茎叶处理，亩用量 100 ml，药后 11 d 叶片颜色发黄

5% 咪唑乙烟酸水剂田间茎叶处理，亩用量 100 ml，药后 14 d 整株叶片完全失绿黄化

5% 咪唑乙烟酸水剂田间茎叶处理，亩用量 100 ml，药后 18 d 部分叶片黄化程度加深

5% 咪唑乙烟酸水剂田间茎叶处理，亩用量 100 ml，药后 21 d 个别黄化叶片变为白色，整体生长正常

5% 咪唑乙烟酸水剂田间茎叶处理，亩用量 100 ml，药后 27 d 正常生长，无明显药害

棉 花

5% 咪唑乙烟酸水剂田间茎叶处理，亩用量 100 ml，药后 8 d 全株叶片叶缘外卷，叶柄向地面弯曲，茎基部发红

5% 咪唑乙烟酸水剂田间茎叶处理，亩用量 100 ml，药后 11 d 植株矮小，生长受抑制，心叶黄化

5% 咪唑乙烟酸水剂田间茎叶处理，亩用量 100 ml，药后 14 d 心叶黄化皱缩，叶柄、大部分茎部呈红色

5% 咪唑乙烟酸水剂田间茎叶处理，亩用量 100 ml，药后 18 d 心叶及周围叶片严重皱缩，叶缘干枯，叶面部同程度红斑，老叶叶缘外卷，垂于地面

5% 咪唑乙烟酸水剂田间茎叶处理，亩用量 100 ml，药后 21 d 皱缩叶片红斑面积加大，叶缘严重干枯内卷，心叶畸形

5% 咪唑乙烟酸水剂田间茎叶处理，亩用量 100 ml，药后 27 d 新生叶片畸形，叶缘内卷严重

芝 麻

5% 咪唑乙烟酸水剂田间茎叶处理，亩用量 100 ml，药后 2 d 心叶发黄，生长停止，叶柄向下弯曲

5% 咪唑乙烟酸水剂田间茎叶处理，亩用量 100 ml，药后 6 d 心叶黄化，叶柄、茎弯向地面

5% 咪唑乙烟酸水剂田间茎叶处理，亩用量 100 ml，药后 11 d 植株严重扭曲变形，整体向地面弯曲，部分叶片干枯

5% 咪唑乙烟酸水剂田间茎叶处理，亩用量 100 ml，药后 16 d 叶柄基部干枯，叶片严重失水垂于地面

5% 咪唑乙烟酸水剂田间茎叶处理，亩用量 100 ml，药后 21 d 茎部开始褐化干枯

5% 咪唑乙烟酸水剂田间茎叶处理，亩用量 100 ml，药后 27 d 部分完全死亡，部分生长基本恢复，但叶片严重皱缩变形

小 麦

5% 咪唑乙烟酸水剂田间茎叶处理，亩用量 100 ml，药后 25 d 叶片颜色发红发紫，心叶从基部黄化

油 菜

5% 咪唑乙烟酸水剂田间茎叶处理，亩用量 100 ml，药后 11 d 整体发红发紫，生长停滞，叶片干枯萎蔫，心叶黄化

萝 卜

5% 咪唑乙烟酸水剂田间茎叶处理，亩用量 66.7 ml，药后 2 d 叶片出现斑驳现象，药后 3 d 叶片逐渐变黄，药后 5 d 叶片发黄卷曲，随后叶片开始干枯。药后 10 d 叶片黄，干枯严重，多数植株枯死，少数植株有新叶片长出，畸形（图①为药后 5 d 症状；图②为药后 10 症状）

白　菜

5% 咪唑乙烟酸水剂田间茎叶处理，亩用量 66.7 ml，药后 5 d 从心部叶片轻微发黄

5% 咪唑乙烟酸水剂田间茎叶处理，亩用量 66.7 ml，药后 10 d 叶片逐渐变黄开始有干枯，植株生长受抑制，心部叶片畸形

大　豆

5% 咪唑乙烟酸水剂田间茎叶处理，亩用量 130 ml，药后 7 d，个别叶片轻度失绿

5% 咪唑乙烟酸水剂田间茎叶处理，亩用量 130 ml，药后 40 d，个别植株严重矮化，叶片边缘黄化

5% 咪唑乙烟酸水剂田间茎叶处理，亩用量 260 ml，药害更加明显，药后 3 d，个别叶片轻度失绿；药后 7 d 出现皱缩，个别叶片皱缩严重（图为药后 7 d 症状）

5% 咪唑乙烟酸水剂田间茎叶处理，亩用量 260 ml，药后 15 d，部分叶片边缘失绿，有褐色斑点

5% 咪唑乙烟酸水剂田间茎叶处理，亩用量 260 ml，药后 40 d，大部分植株明显矮化，长势弱

甘　薯

5% 咪唑乙烟酸水剂盆栽茎叶处理，亩用量 260 ml，药后 5 d，新叶失绿

药后 15 d，顶端叶片明显黄化，下部叶片干枯脱落，植株矮化

5% 咪唑乙烟酸水剂盆栽茎叶处理，亩用量 260 ml，药后 30 d，叶片黄化，下部叶片干枯脱落，须根少，植株矮小甚至死亡

5% 咪唑乙烟酸水剂田间茎叶处理，在绿豆上喷施（亩用量 270 ml）无明显药害症状，生长正常。

第三节　三唑并嘧啶磺酰胺类

植物氨基酸合成中的关键酶一直是除草剂研发的热点。以 ALS 为靶标设计开发的超高效除草剂是当前最引人注目的化学除草剂类型之一，已研制开发的除草剂主要有磺酰脲类、咪唑啉酮类、磺酰胺类、嘧啶水杨酸类等。其中，三唑并嘧啶磺酰胺类除草剂自 20 世纪 90 年代开发成功以来，已报道了近 10 个商品化的品种。

磺酰胺类化合物是继磺酰脲与咪唑啉酮除草剂之后开发的抑制 ALS 的另一类高活性除草剂品种。

磺酰胺类除草剂是一类 ALS 抑制剂，它们通过植物的根与叶片吸收，因此可以进行土壤处理，也可以茎叶喷雾；不同植物对此类除草剂的反应差异很大，小麦、玉米与大豆等作物的抗性原因在于能够迅速将除草剂代谢为无活性物质。其主要代谢途径是羟基化作用及葡萄糖进行缀合，微粒体细胞色素 P450 的单加氧酶诱导羟基化作用。

此类除草剂土壤处理不影响出苗，但出苗后真叶和初生叶失绿，生长受抑制，茎叶处理叶片基部和着药点黄化、失绿，叶片泡状或纵向皱缩，心叶萎蔫。

三唑并嘧啶磺酰胺类除草剂的作用机理与磺酰脲类除草剂类似，是典型的 ALS 抑制剂。ALS 是植物和微生物诱导缬氨酸、亮氨酸、异亮氨酸等支链氨基酸合成过程中第一阶段的关键性酶，缬氨酸、亮氨酸、异亮氨酸的生物合成开始阶段均需 ALS 催化。在缬氨酸和亮氨酸的合成中催化 2 分子丙酮酸生成乙酰乳酸和二氧化碳，在异亮氨酸的合成中催化 1 分子丙酮酸与 1 分子丁酮酸生成 2– 乙醛基 –2– 羟基丁酸和二氧化碳，进而通过一系列的生物合成反应生成以上 3 种氨基酸。三唑并嘧啶磺酰胺类除草剂使植物体内 ALS 活力降低，缬氨酸、亮氨酸与异亮氨酸的合成受到抑制，影响蛋白质的合成从而导致植物生长停止而死亡。植物根与叶均吸收药剂，在体内周身传导，积累于分生组织，抑制细胞分裂。杂草受害的典型症状为：叶片中脉失绿，叶脉褪色，叶片白化或紫化，节间变短，顶芽死亡，最终全株死亡。

三唑并嘧啶磺酰胺类除草剂是以磺酰脲类除草剂为先导，经过生物等排理论及进一步的结构修饰而开发成功的。该类除草剂的主要结构形式是三唑并嘧啶磺酰胺。

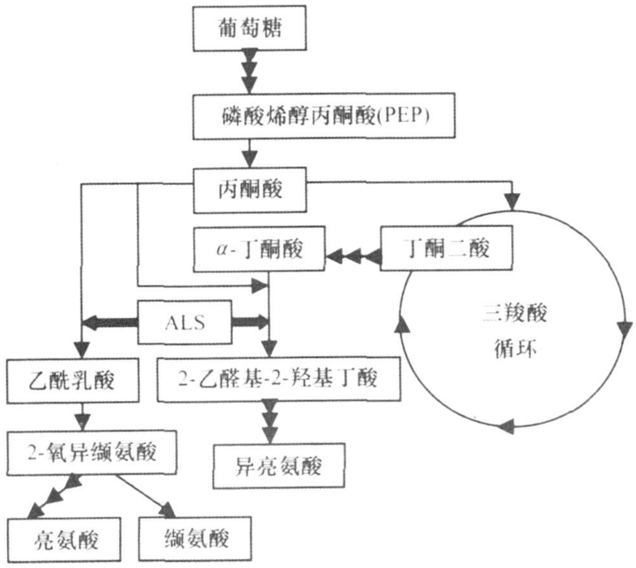

植物体内氨基酸合成受 ALS 抑制剂类除草剂抑制途径

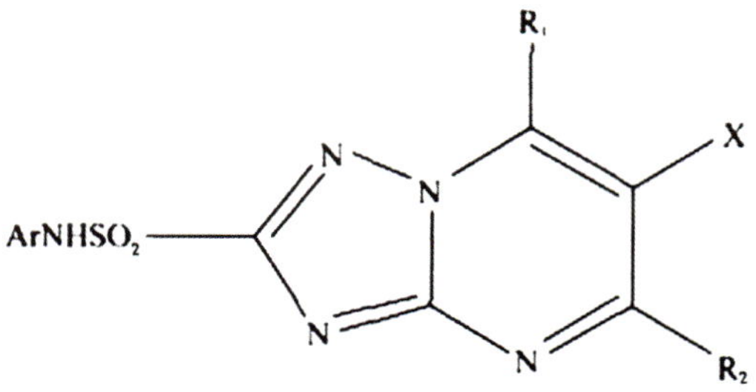

Ar 为各种取代芳基
R_1、R_2 为取代烷基或烷氧基团
X 为氢、卤素或取代烷基

该类除草剂主要品种见表 2-3。

表 2-3　三唑并嘧啶磺酰胺类除草剂主要品种

通用名称	其他信息		结构式	适用作物	使用量（有效成分，g / 亩）	防除对象	施药方法
唑嘧磺草胺 flumetsulam	分子式	$C_{12}H_9F_2N_5O_2S$	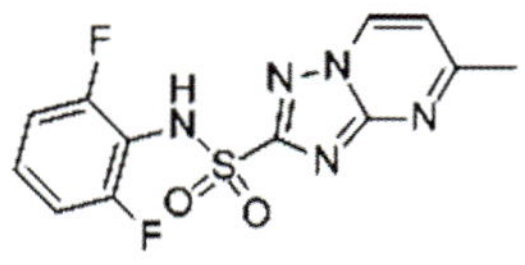	大豆、春玉米	3 ～ 4	阔叶杂草	茎叶喷雾
	分子量	325.29		小麦	1.3 ～ 2		
	CAS 登录号	98967-40-9					
五氟磺草胺 penoxsulam	分子式	$C_{16}H_{14}F_5N_5O_5S$	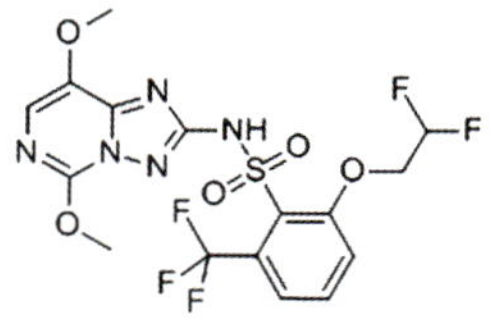	水稻田	1 ～ 2	稗草、千金子及一年生莎草科杂草	茎叶喷雾或拌土
	分子量	483.37					
	CAS 登录号	219714-96-2					
双氟磺草胺 florasulam	分子式	$C_{12}H_8F_3N_5O_3S$	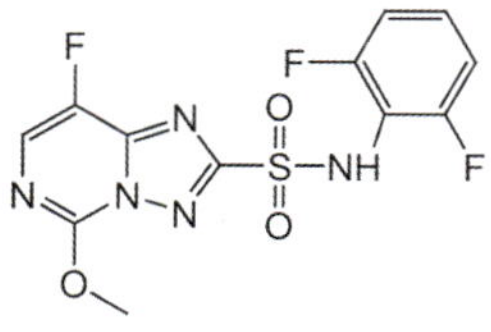	冬小麦	0.25 ～ 0.3	阔叶杂草	茎叶喷雾
	分子量	359.28					
	CAS 登录号	145701-23-1					
苯嘧磺草胺 saflufenacil	分子式	$C_{17}H_{17}ClF_4N_4O_5S$	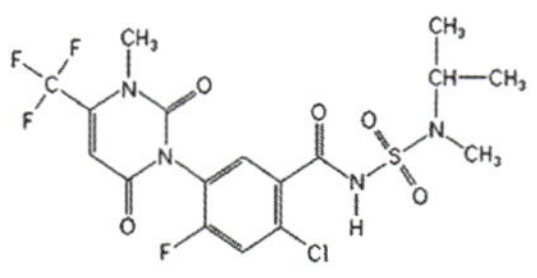	柑橘	3.5 ～ 5.25	阔叶杂草	定向茎叶喷雾
	分子量	500.85		非耕地			茎叶喷雾
	CAS 登录号	372137-35-4					

续表

通用名称	其他信息		结构式	适用作物	使用量（有效成分，g / 亩）	防除对象	施药方法
啶磺草胺 pyroxsulam	分子式	$C_{14}H_{13}F_3N_6O_5S$	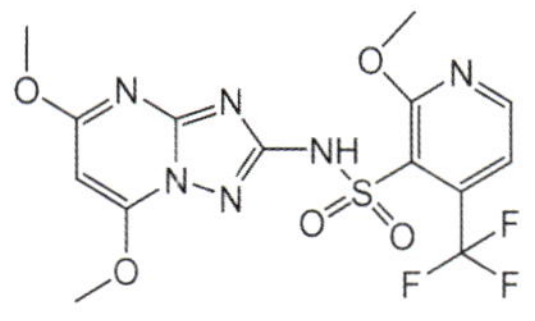	小麦	0.67 ~ 1.13	一年生杂草	茎叶喷雾
	分子量	434.354					
	CAS 登录号	422556-08-9					
氯酯磺草胺 cloransulam-methyl	分子式	$C_{15}H_{13}ClFN_5O_5S$	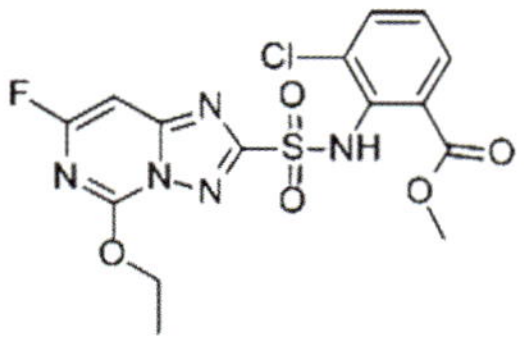	春大豆	1.68 ~ 2.1	阔叶杂草	茎叶喷雾
	分子量	429.81					
	CAS 登录号	147150-35-4					
氟酮磺草胺 flurtamone	分子式	$C_{18}H_{14}F_3NO_2$	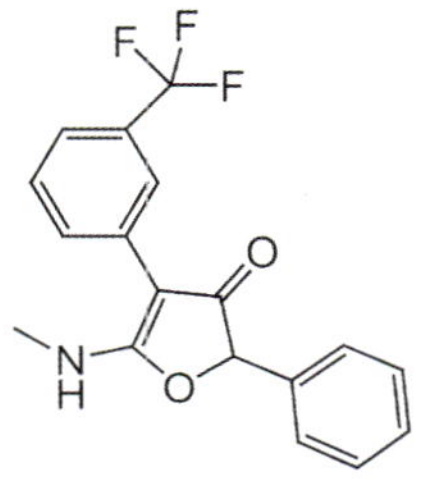	水稻移栽田	1.6 ~ 2.4	一年生杂草	甩施法或药土法
	分子量	333.3					
	CAS 登录号	96525-23-4					
甲磺草胺 sulfentrazone	分子式	$C_{11}H_{10}Cl_2F_2N_4O_3S$	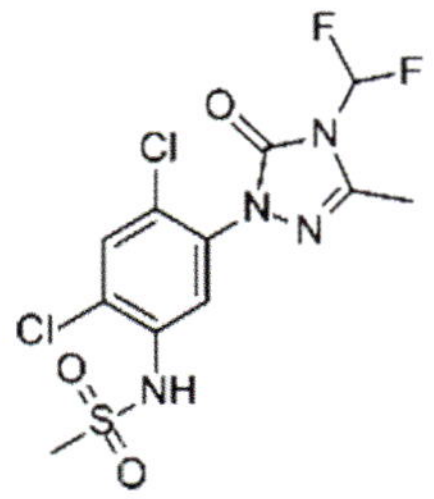	大豆播后苗前	23.3 ~ 26.7	一年生阔叶杂草、禾本科杂草和莎草	土壤处理
	分子量	387.19		甘蔗	24 ~ 36		
	CAS 登录号	122836-35-5					

双氟磺草胺

玉　米

5% 双氟磺草胺悬浮剂田间茎叶处理，亩用量 5 ml，药后 2 d 无明显症状；药后 6 d 心叶发黄（图为药后 6 d 症状）

5% 双氟磺草胺悬浮剂田间茎叶处理，亩用量 5 ml，药后 11 d 心叶及周围叶片从基部失绿发白，叶片基部畸形皱缩

5% 双氟磺草胺悬浮剂田间茎叶处理，亩用量 5 ml，药后 14 d 叶片基部发白更严重

5% 双氟磺草胺悬浮剂田间茎叶处理，亩用量 5 ml，药后 16 d 心叶周围叶片严重扭曲变形，从中部沿叶缘内卷

谷　子

5% 双氟磺草胺悬浮剂田间茎叶处理，亩用量 5 ml，药后 2 d 心叶发黄；药后 6 d 心叶发黄；药后 10 d 心叶及周围叶片严重扭曲变形，呈螺旋状扭曲在一起；药后 16 d 整体基本正常，谷穗正常（图为药后 10 d 症状）

花 生

5% 双氟磺草胺悬浮剂田间茎叶处理，亩用量 5 ml，药后 11 d 心叶发黄

5% 双氟磺草胺悬浮剂田间茎叶处理，亩用量 5 ml，药后 18 d 整体叶片发黄

5% 双氟磺草胺悬浮剂田间茎叶处理，亩用量 5 ml，药后 21 d 部分黄化叶片由黄转白，从叶尖开始逐步向基部蔓延

5% 双氟磺草胺悬浮剂田间茎叶处理，亩用量 5 ml，药后 27 d 部分植株完全倒于地面，呈干枯之势，濒临死亡

绿 豆

5% 双氟磺草胺悬浮剂田间茎叶处理，亩用量 5 ml，药后 2 d 叶片发黄，叶缘内卷，茎向下弯曲

5% 双氟磺草胺悬浮剂田间茎叶处理，亩用量 5 ml，药后 6 d 植株完全扭曲变形，整个叶片背部所有叶脉完全呈红褐色

5% 双氟磺草胺悬浮剂田间茎叶处理，亩用量 5 ml，药后 11 d 叶柄褐化干枯，部分叶片完全枯死，其余叶片垂于地面，叶片卷曲，叶脉红褐色

5% 双氟磺草胺悬浮剂田间茎叶处理，亩用量 5 ml，药后 16 d 新生叶片严重皱缩变形，老叶片红褐色加重

5% 双氟磺草胺悬浮剂田间茎叶处理，亩用量 5 ml，药后 21 d 叶脉由之前的红褐色几乎变为黑色，叶片皱缩严重

棉 花

5% 双氟磺草胺悬浮剂田间茎叶处理，亩用量 5 ml，药后 8 d 叶柄向地面弯曲，叶缘外卷，茎基部发红

5% 双氟磺草胺悬浮剂田间茎叶处理，亩用量 5 ml，药后 11 d 心叶发黄皱缩，茎部及叶柄大部分变红色

5% 双氟磺草胺悬浮剂田间茎叶处理，亩用量 5 ml，药后 14 d 心叶黄化，植株矮小，生长受抑制，叶片皱缩并有不同程度枯斑

5% 双氟磺草胺悬浮剂田间茎叶处理，亩用量 5 ml，药后 18 d 生长基本恢复，但下部老叶皱缩，新生叶片正常

芝　麻

5% 双氟磺草胺悬浮剂田间茎叶处理，亩用量 5 ml，药后 2 d 心叶发黄

5% 双氟磺草胺悬浮剂田间茎叶处理，亩用量 5 ml，药后 6 d 心叶发黄

5% 双氟磺草胺悬浮剂田间茎叶处理，亩用量 5 ml，药后 11 d 心叶叶缘外卷，叶柄处向地面弯曲

5% 双氟磺草胺悬浮剂田间茎叶处理，亩用量 5 ml，药后 19 d 心叶枯死，其余叶片皱缩严重

5% 双氟磺草胺悬浮剂田间茎叶处理，亩用量 5 ml，药后 21 d 叶柄弯曲向下，与叶片相连处的叶柄呈干枯状

油　菜

5% 双氟磺草胺悬浮剂田间茎叶处理，亩用量 5 ml，药后 11 d 整体发红发紫，生长停滞，叶片干枯萎蔫，心叶黄化

萝　卜

5% 双氟磺草胺悬浮剂田间茎叶处理，亩用量 5 ml，药后 2 d 叶片出现斑驳现象

5% 双氟磺草胺悬浮剂田间茎叶处理，亩用量 5 ml，药后 3 d 叶片变黄、卷曲，随后叶片变黄加深并开始干枯，最后全部枯死

白　菜

5% 双氟磺草胺悬浮剂田间茎叶处理，亩用量 5 ml，药后 5 d 叶片轻微发黄，药后 7 d 叶片逐渐变黄干枯，直至死亡（图①为药后 5 症状，图②为药后 7 d 症状）

大　豆

5% 双氟磺草胺悬浮剂盆栽茎叶处理，亩用量 2.5~12 ml，药后 3 d，着药叶片叶柄、叶脉呈红褐色，叶片下垂，轻度黄化，新出叶片边缘干枯卷曲（图①、图②、图③为亩用量 2.5 ml，图④为亩用量 12 ml）

5% 双氟磺草胺悬浮剂盆栽茎叶处理，亩用量 2.5~12 ml，药后 7~15 d，茎、叶柄、叶脉红褐色更加明显，部分叶片边缘或整个叶片青枯，植株矮化，部分茎尖或整株死亡（图①、图②为亩用量 12 ml，药后 7 d 症状；图③为亩用量 12 ml，药后 15 d 症状；图④为亩用量 2.5 ml，药后 15 d 症状）

5% 双氟磺草胺悬浮剂盆栽茎叶处理，亩用量 2.5 ml，药后 30 d，药害严重的叶片干枯脱落，植株长出新侧枝，长势黄弱

甘　薯

5% 双氟磺草胺悬浮剂盆栽茎叶处理，亩用量 2.5~12 ml，药后 7~10 d，新出叶片黄化，着药叶片有不明显黄色斑点（图①为亩用量 6 ml，药后 10 d 症状；图②、图③为亩用量 12 ml，药后 7 d、10 d 症状）

5% 双氟磺草胺悬浮剂盆栽茎叶处理，亩用量 2.5~12 ml，药后 15~30 d，上部叶片黄化更加严重，植株严重矮化，中高剂量叶片部分或整个叶片干枯脱落，新出侧枝叶片呈柳叶状（图①、图②为亩用量 6 ml，药后 15 d、30 d 症状；图③为亩用量 12 ml，药后 30 d 症状）

5% 双氟磺草胺悬浮剂田间茎叶处理，在小麦上喷施（亩用量 12 ml）无明显药害症状，生长正常。

唑嘧磺草胺

大　豆

80% 唑嘧磺草胺水分散粒剂盆栽土壤处理，亩用量 10 g，药后 7 d，出苗基本正常，叶片黄化，部分真叶叶缘干枯，叶片皱缩呈勺状

80% 唑嘧磺草胺水分散粒剂盆栽土壤处理，亩用量 30 g，药后 15 d，植株矮化、黄化更加严重，部分植株无真叶

80% 唑嘧磺草胺水分散粒剂盆栽土壤处理，亩用量 10~30 g，药后 30 d，植株极度矮化黄化，叶片变细、变小呈柳叶状，部分下部叶片有红褐色斑点或叶脉变成红褐色（图①、图③为亩用量 20 g，图②为亩用量 10 g，图④为亩用量 30 g）

甘　薯

80% 唑嘧磺草胺水分散粒剂盆栽土壤处理，亩用量 10 g，药后 15 d，部分新叶失绿黄化

80% 唑嘧磺草胺水分散粒剂盆栽土壤处理，亩用量 10~30 g，药后 25 d，叶片黄化严重，甚至脱落，植株矮小（图①为亩用量 30 g，图②为亩用量 20 g）

80% 唑嘧磺草胺水分散粒剂田间茎叶处理，在小麦上喷施（亩用量 5 g）无明显药害症状，一切生长正常。在油菜上喷施（亩用量 1.67 g）植株整体发红发紫，生长停滞，叶片干枯萎蔫，心叶黄化。

五氟磺草胺

萝　卜

2.5% 五氟磺草胺可分散油悬浮剂田间茎叶处理，亩用量 40 ml，药后 2 d 叶片出现斑驳现象，药后 3 d 叶片逐渐变黄，药后 5 d 叶片发黄卷曲，随后叶片黄化加重并开始干枯，最后全部干枯死亡（图为药后 3 d 症状）

白　菜

2.5% 五氟磺草胺可分散油悬浮剂田间茎叶处理，亩用量 40 ml，药后 2 d 叶片轻微发黄

2.5% 五氟磺草胺可分散油悬浮剂田间茎叶处理，亩用量 40 ml，药后 5 d 叶片逐渐变黄卷曲，从心部叶片开始干枯，直至死亡

第四节　嘧啶水杨酸类

嘧啶水杨酸类除草剂主要是通过抑制植物的支链氨基酸（缬氨酸、亮氨酸和异亮氨酸）的生物合成而达到除草目的的，属 ALS 或乙酰羧酸合成酶（AHAS）抑制剂。该类除草剂具有除草活性高，用量低（1 070 g/ hm^2），杀草谱广，土壤残留期短，不伤害后茬作物，对动物和环境安全等特点。当前该类除草剂主要有嘧草硫醚、双草醚、嘧草醚、环酯草醚和嘧啶肟草醚等 5 个商品化品种。4,6- 二甲氧基 -2- 甲磺酰嘧啶简称 dMSP，其是生产嘧啶水杨酸类除草剂的重要中间体之一，关于4,6- 二甲氧基 -2- 甲磺酰嘧啶的合成长期以来一直受到农药生产企业及科研人员的广泛关注。

嘧啶水杨酸类除草剂是日本组合化学公司首先开发的新型除草剂。该药剂对稻田中大范围的禾本科杂草和阔叶杂草具有显著效果。其最大的商业潜力是能选择性地防除稗草，且用量极低，应用范围广，从而越来越引起人们的重视。

嘧啶水杨酸类除草剂可使敏感杂草停止生长，随后失绿坏死直至枯萎。如 KIH2023 对稻田幼苗的生长抑制在同时处理 3 个支链氨基酸的情况下被减缓，这个结果暗示了嘧啶水杨酸类除草剂抑制了在支链氨基酸的生物合成环节，特别是对 ALS 的抑制。嘧啶水杨酸类除草剂对多种植物的 ALS 有强烈的抑制作用。尽管 KIH2031 对棉花及 KIH2023 对水稻有高选择性，但 ALS 对 KIH2031 在棉花和其他作物及对 KIH2023 在水稻及其他作物的敏感性方面没有什么不同，由此认为其选择性一定由其他因素所致。其解毒过程及对化合物的吸收可能会对这种选择性给出一定的解释。

除此之外，在嘧啶水杨酸系列除草剂化学结构中游离羧基对其生物活性起着必不可少的作用，其中甲酯系列中化合物之一 KIH6127 几乎与游离酸结构的化合物有相同的除草活性。原因为其容易被各种植物中产生的酯酶水解，而几乎不抑制豌豆幼苗中 ALS 的活性。但是将豌豆幼苗与 ALS 隔离，再加入反应混合物中时，这个化合物与它的游离酸形式的抑制剂一样有效。这个酯化合物的有效成分为它们的游离酸形式，这一点与咪唑啉酮类除草剂类似。所以有人将嘧啶水杨酸类除草剂看作磺酰脲类和咪唑啉酮类除草剂的混合体。

嘧啶水杨酸类除草剂的结构式为：

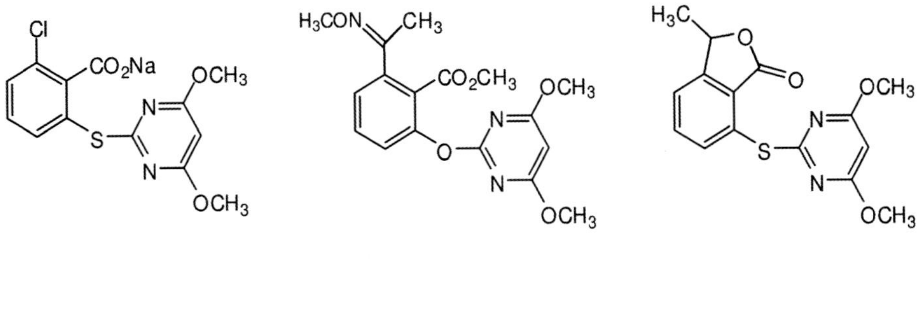

该类除草剂主要品种介绍见表 2-4。

表 2-4　嘧啶水杨酸类除草剂主要品种

通用名称	其他信息		结构式	适用作物	使用量（有效成分，g / 亩）	防除对象	施药方法
双草醚 bispyribac-sodium	分子式	$C_{19}H_{17}N_4NaO_8$	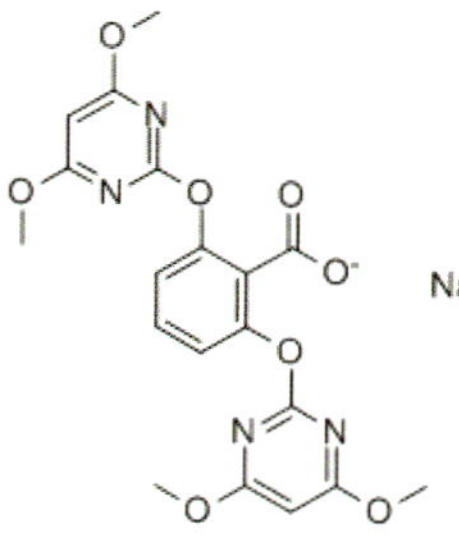	水稻直播田（南方）	（1.5 ~ 2）+（0.03% ~ 0.1%展着剂）	稗草、莎草及阔叶杂草	茎叶喷雾
	分子量	452.35					
	CAS 登录号	125401-92-5		直播田水稻（北方）	（2 ~ 2.5）+（0.03% ~ 0.1%展着剂）		

该除草剂在离体条件下用酶测定其活性较低，但通过茎叶吸收，在植株体代谢后，产生药效佳的代谢物，并经内吸传导，使杂草停止生长，而后枯死。

双草醚

玉　米

20% 双草醚可湿性粉剂田间茎叶处理，亩用量 10 g，药后 3 d，部分叶片沿叶脉失绿黄化

20% 双草醚可湿性粉剂田间茎叶处理，亩用量 10 g，药后 10 d，除下部老叶外，叶片已枯死，植株矮小

谷　子

20% 双草醚可湿性粉剂田间茎叶处理，亩用量 10 g，药后 3 d，心叶周围叶片不同程度失绿

花　生

20%双草醚可湿性粉剂田间茎叶处理，亩用量10 g，药后3 d，心叶发黄；药后26 d，生长正常

芝　麻

20%双草醚可湿性粉剂田间茎叶处理，亩用量10 g，药后10 d，完全枯死

棉　花

20%双草醚可湿性粉剂田间茎叶处理，亩用量10 g，药后10 d，心叶黄化皱缩，植株矮小

绿　豆

20% 双草醚可湿性粉剂田间茎叶处理，亩用量 10 g，药后 3 d，叶片黄化皱缩，生长严重受抑制，植株矮小；药后 10 d，除植株矮小外其他正常（图为药后 3 d 症状）

萝　卜

20% 双草醚可湿性粉剂田间茎叶处理，亩用量 10 g，药后 2 d 叶片出现斑驳现象；施药后 3 d 叶片变黄、卷曲，随后叶片逐渐变黄干枯，最后全部枯死（图为药后 3 d 症状）

白　菜

20% 双草醚可湿性粉剂田间茎叶处理，亩用量 10 g，药后 5 d 叶片轻微发黄，有叶片斑驳，叶片逐渐变黄干枯，直至死亡

菜 心

20% 双草醚可湿性粉剂盆栽茎叶处理，亩用量 30 g，药后 4 d 心叶及芽发黄

20% 双草醚可湿性粉剂盆栽茎叶处理，亩用量 30 g，药后 7 d 逐渐坏死

辣 椒

20% 双草醚可湿性粉剂盆栽茎叶处理，亩用量 30 g，药后 11 d 叶色偏黄，心叶畸变

茄　子

20% 双草醚可湿性粉剂盆栽茎叶处理，亩用量 30 g，药后 11 d 叶色发黄

20% 双草醚可湿性粉剂盆栽茎叶处理，亩用量 30 g，药后 40 d 重新移栽茄子幼苗，不长新根，生长缓慢（残留药害）

番　茄

20% 双草醚可湿性粉剂田间茎叶处理，亩用量 30 g，药后 3 d 发黄，失水枯死

黄 瓜

20% 双草醚可湿性粉剂田间茎叶处理，亩用量 30 g，药后 14 d 心叶发黄，生长受抑制

豆 角

20% 双草醚可湿性粉剂盆栽茎叶处理，亩用量 30 g，药后 3 d 幼叶卷曲变黄（图②为图①局部放大）

20% 双草醚可湿性粉剂田间茎叶处理，亩用量 30 g，药后 5 d，叶片失水萎蔫，叶缘卷曲

20% 双草醚可湿性粉剂盆栽茎叶处理，亩用量 30 g，药后 12 d 芽坏死，植株停止生长

20% 双草醚可湿性粉剂田间茎叶处理，亩用量 30 g，药后 10 d，全株几乎枯死

甜玉米

20% 双草醚可湿性粉剂田间茎叶处理，亩用量 30 g，药后 6 d 近叶鞘端失绿发白

20% 双草醚可湿性粉剂田间茎叶处理，亩用量 30 g，药后 10 d 生长受抑制，心叶发黄，不长花序

20% 双草醚可湿性粉剂田间茎叶处理，在小麦上喷施（亩用量 10 g），小麦略发黄；在油菜上喷施（亩用量 10 g），油菜整体几乎完全死亡。

第五节　吡啶硫代苯唑类

吡啶硫代苯唑类除草剂的主要品种之一为嘧啶肟草醚，嘧啶肟草醚为 ALS 抑制剂。嘧啶肟草醚可被植物的茎叶吸收，在体内传导，抑制敏感植物氨基酸的合成。敏感杂草吸收药剂后，幼芽和根停止生长，幼嫩组织如心叶发黄，随后整株枯死。一年生杂草吸收药剂至死亡一般 5 ~ 15 d，多年生杂草时间要长一些。

主要品种介绍见表 2-5。

表 2-5　吡啶硫代苯唑类除草剂主要品种

通用名称	其他信息		结构式	适用作物	使用量（有效成分，g/亩）	防除对象	施药方法
嘧啶肟草醚 pyribenzoxim	分子式	$C_{32}H_{27}N_5O_8$	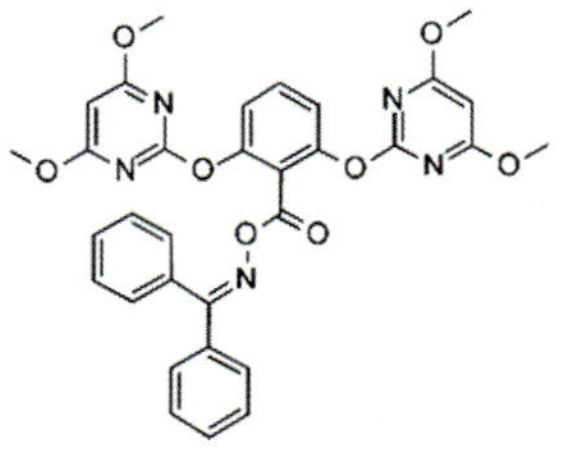	水稻直播田（北方）	2 ~ 3	稗草、莎草及阔叶杂草	茎叶喷雾
	分子量	609.59		水稻直播田（南方）	2 ~ 2.03		
				水稻移栽田（北方）	2 ~ 3		
	CAS 登录号	168088-61-7		水稻移栽田（南方）	2 ~ 2.03		
嘧草醚 pyriminobac-methyl	分子式	$C_{17}H_{19}N_3O_6$	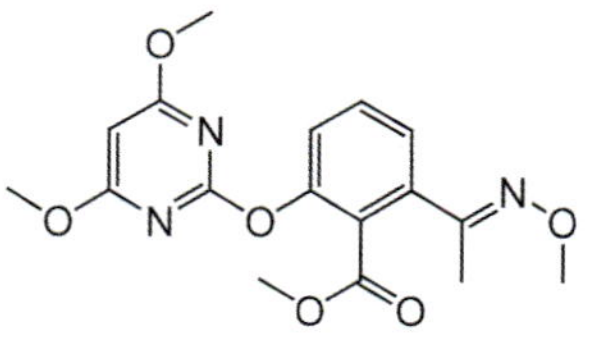	水稻直播田	2 ~ 3	稗草	药土法
	分子量	361.35		水稻移栽田			
	CAS 登录号	147411-69-6					
环酯草醚 pyriftalid	分子式	$C_{15}H_{14}N_2O_4S$	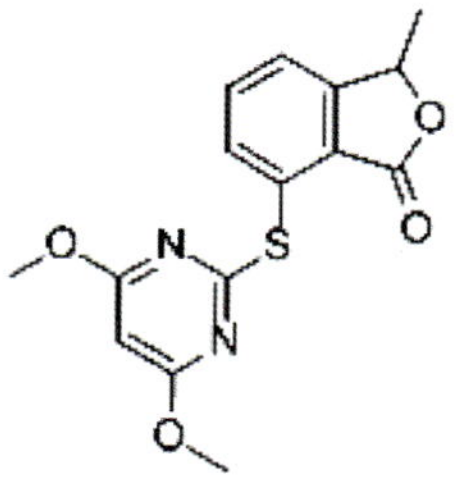	水稻移栽田	12.5 ~ 20	一年生禾本科、莎草科及部分阔叶杂草	茎叶喷雾
	分子量	318.35					
	CAS 登录号	135186-78-6					

第三章　光合作用光系统Ⅱ抑制剂

光合作用是植物获取能量的重要途径，也是植物维持正常生命活动的重要生理活动之一，是高等绿色植物特有的重要的生理生化过程，而动物则不具有此作用。从毒性方面考虑，这为这类除草剂的选择性作用提供了坚实有力的生理生化基础，这类除草剂在杀死杂草保护作物的同时，大多对动物尤其对人类几乎不存在毒害。在除草剂的分子设计中，抑制光合作用的除草剂一直受到我们极大的关注，历来为农药学家所重视。随着生物学及 X 射线衍射技术的发展，光合作用的机理逐渐为科学家所揭示，这为以光合作用为靶标的除草剂分子设计提供了广阔的前景。

在除草剂中，光合作用光系统Ⅱ抑制剂是指抑制或阻碍光合作用光系统Ⅱ中电子传递的药剂。它们基本上是作用于同一靶标光系统中质体醌 QB 结合部位。目前认为，它们在这一部位竞争性地替换 D1 蛋白中结合着的质体醌 QB，导致电子传递受阻，从而使水氧化为氧和还原质体醌的过程中断。

光合作用光系统Ⅱ抑制剂作用机理：光系统Ⅱ（PS Ⅱ）抑制剂大部分为人工合成的化合物或病原菌等产生的一些天然物质。近年来通过紫色菌模拟、同位素示踪、分子图形学及有关除草剂抗性机理的研究，已经逐渐弄清光系统Ⅱ反应中心包含两个同系的 32 KDA 蛋白和 34 KDA 蛋白，分别称为 D1 和 D2 多肽。它们在叶绿体的类囊体膜上分别与在光系统Ⅱ电子传递中起重要作用的质体醌 QA 和 QB 相结合。研究表明，光系统Ⅱ抑制剂，凭借其更高的亲和力，竞争性取代 QB 的结合位点，使电子不能传递到细胞色素 b6f，不但可影响供体侧的电子传递，还可抑制通过细胞色素的 b6f 复合物的电子传递，从而阻碍电子由 QA 向 QB 的正常传递。

紫色菌结构简单并具有光合作用系统。在 20 世纪 80 年代，H. Michael、J. Deisen horfer 和 R. Huber 第一次得到紫色菌的光合作用中心膜蛋白的晶体，并用 X 射线衍射进行了结构分析。但此蛋白与高等植物的光合作用中心蛋白毕竟还有不同之处，如该光合作用细菌的反应中心并非像绿色植物的光合作用那样由水中获得电子，而是由硫化氢和有机物中得到电子。不过，其所含蛋白质与绿色植物的 32 KDA 蛋白质相似，由此，用计算机模拟了 32 KDA 蛋白的立体结构。这一成果使基于受体结构的新型光合作用抑制剂开发研究呈现出广阔的前景。三嗪酮除草剂与氰基丙烯酸酯类除草剂是应用最广泛也是最具代表性的。

此类除草剂多数具有较强的选择性，要根据适用作物和适宜的施药时期用药，不抑制发芽、出苗，在植物出苗见光后才产生中毒症状，根都不会死。植株中毒后从叶尖、叶脉开始失绿、干枯、死亡。主要药害症状为叶片出现失绿枯斑，最终完全干枯死亡。

第一节　三氮苯类

三氮苯类除草剂是 1950 年以后开发出来的一类除草剂，此类除草剂发展迅速，品种众多，杀草谱和适用范围广，选择性强，是现代除草剂最重要的类型之一。

三氮苯类除草剂均是选择性内吸传导型除草剂，土壤处理时药剂被植物根系吸收，由蒸腾作用沿木质部迅速向上传导，随着用药量的增加，吸收速度加快；随着时间的延长，吸收速度变慢。茎叶处理时，植物叶面吸收 , 活性与除草剂品种的水溶度显著相关；在植物体内从叶部向其他部位及向下甚少；加入表面活性剂可提高吸收速度，在干旱条件下药效稳定。

三氮苯类除草剂是典型的光合作用抑制剂，主要抑制光合作用中的希尔反应，其作用部位是光合过程中糖类形成之前能量的光化学转变的早期阶段。干扰光合系统Ⅱ第二个电子受体的电子传递，其作用靶标是 QB 蛋白，由于 QB 蛋白与质体醌结合，结果抑制电子从 QA 向 QB 的传递。由于这类除草剂的抑制作用是在光合作用中糖类形成之前发生的，所以补给糖类可以缓解其抑制作用，因此在生产实践中加强作物营养，特别是喷施叶面肥料补充速效营养，可减轻或抑制其药害。低浓度的三氮苯类除草剂对一些植物有促进生长的作用，可刺激幼芽和根的生长，也促进叶面积加大，茎加粗。

三氮苯类除草剂主要防治一年生杂草和种子繁殖的多年生杂草。在一年生杂草中，它们防治阔叶杂草的药效好于禾本科杂草；对多年生杂草的作用差，甚至无效。这类除草剂不影响杂草种子发芽，主要防治杂草幼芽，施药应在杂草萌芽前、作物播种前、播种后苗前进行，最好播种后随即施药，苗后应在杂草幼龄阶段大多数杂草出齐时进行。为了扩大杀草谱、缩短或延长持效期，控制敏感性杂草产生抗性，三氮苯类除草剂品种之间以及与其他类型的除草剂混用比较普遍。如玉米田莠去津与特丁津混用可降低莠去津用药量，减轻莠去津对后茬作物的影响。莠去津与扑草净混用（2:1 混合），对稗草的活性比莠去津强，而且在干旱条件下药效稳定。由于各自用量减少，既消除了扑草净对玉米的药害，又缩短了莠去津的持效期，用药当年可安全种植冬谷物，第二年可种春谷物、马铃薯、豌豆等。

三氮苯类除草剂最主要

的是抑制光合作用，影响同化产物合成。如扑灭津、扑灭通和扑草净对菜豆几种主要代谢过程抑制程度的顺序是光合作用、类脂合成、RNA 合成及蛋白质合成。叶绿素可能是三氮苯类除草剂发生毒害作用的主要色素，毒性大小与光照度成正比，在暗处除草剂不起作用。波长为 428 nm 与 658 nm 时致毒作用最强。三氮苯类除草剂阻塞了从水到叶绿素的电子流，使叶绿素发生氧化作用，叶绿体的层状结构渐渐被破坏。另外，通过对光合作用中电子传递系统的抑制而导致叶片内亚硝酸盐积累，促进了对敏感植物的伤害。失绿是本类除草剂药效的主要症状，首先是叶片尖端失绿干枯，然后叶片边缘变黄，最后整株枯死。

该类除草剂的结构式为：

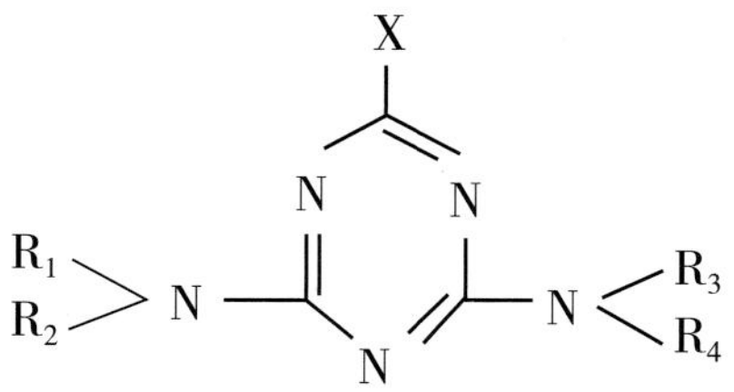

X=Cl，SCH_3，OCH_3 等

R_1，R_2，R_3= H、低级烷基或烯基

R_4= 低级烷基或烯基

该类除草剂主要品种介绍见表 3-1。

表 3-1　三氮苯类除草剂主要品种

通用名称	其他信息		结构式	适用作物	使用量（有效成分，g / 亩）	防除对象	施药方法
莠去津 atrazine	分子式	$C_8H_{14}ClN_5$	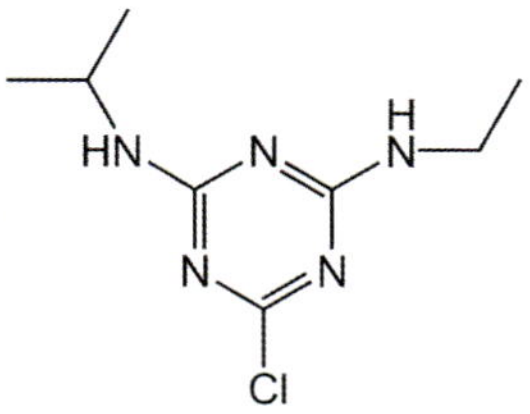	玉米（华北地区）	100	一年生杂草	播后苗前土壤喷雾
				玉米（东北春播）	99 ~ 117		
	分子量	215.68		甘蔗、夏播玉米	90 ~ 99		
	CAS 登录号	102029-43-6		茶园	75 ~ 125		
				苹果树、梨树（东北 12 年以上树龄）	108.33 ~ 125		
				高粱、糜子（东北）	120 ~ 150		
				橡胶林	150 ~ 250		
				铁路、公路、森林等地杂草	530 ~ 1 300		
				红松苗圃	133 ~ 200		
				葡萄	80 ~ 100		
氰草津 cyanazine	分子式	$C_9H_{13}ClN_6$	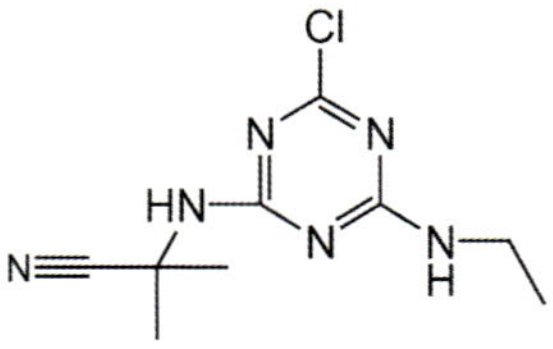	春玉米	120 ~ 156	一年生杂草	土壤喷雾
	分子量	240.69		夏玉米	80 ~ 100		
	CAS 登录号	21725-46-2					

续表

通用名称	其他信息		结构式	适用作物	使用量（有效成分，g/亩）	防除对象	施药方法
莠灭净 ametryn	分子式	$C_9H_{17}N_5S$	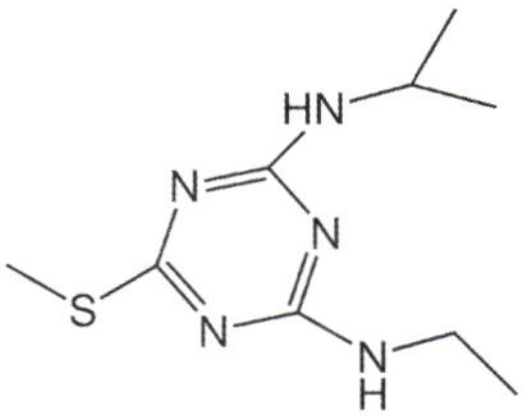	甘蔗	104 ~ 160	一年生杂草	土壤或定向喷雾
	分子量	227.33		玉米	104 ~ 160		
	CAS 登录号	834-12-8		菠萝	104 ~ 160		
扑草净 prometryn	分子式	$C_{10}H_{19}N_5S$	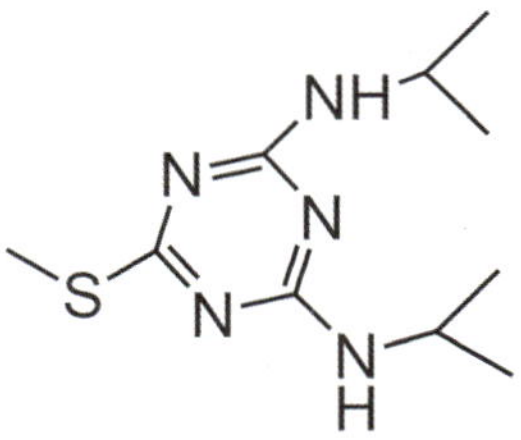	水稻（秧田、本田）	10 ~ 60	阔叶杂草	毒土法或土壤喷雾
	分子量	241.36		棉花、甘蔗、苎麻	50 ~ 75		
	CAS 登录号	7287-19-6		花生、大豆	50 ~ 75		
				谷子	25		
				麦田	30 ~ 50		
				苗圃、茶园、成年果园	125 ~ 200		
西草净 simetryn	分子式	$C_8H_{15}N_5S$	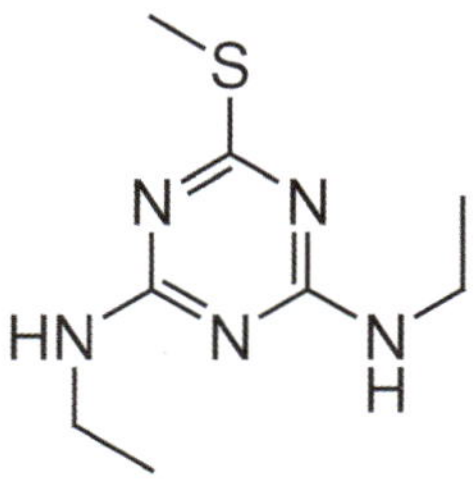	水稻	50 ~ 62.5（东北）	眼子菜、阔叶杂草及一年生杂草	药土法
	分子量	213.3			37.5 ~ 50（南方）		
	CAS 登录号	1014-70-6			25 ~ 37.5（其他）		

续表

通用名称	其他信息		结构式	适用作物	使用量（有效成分，g/亩）	防除对象	施药方法
西玛津 simazine	分子式	$C_7H_{12}ClN_5$	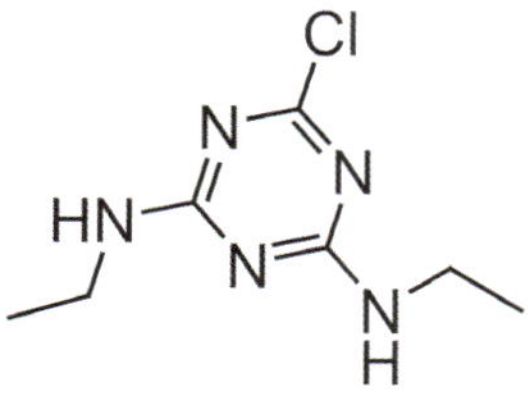	春玉米	144 ~ 180	一年生杂草	土壤喷雾
				夏玉米	108 ~ 144		
	分子量	201.66		茶园、甘蔗	75 ~ 125		
	CAS 登录号	122-34-9		梨、苹果	120 ~ 200		
				公路、铁路、森林防火道等处杂草	533.6 ~ 1334		
				红松苗圃	133.4 ~ 266.8		
特丁津 terbuthylazine	分子式	$C_9H_{16}ClN_5$	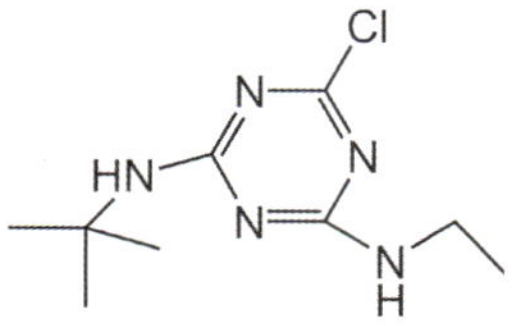	玉米	50 ~ 60	一年生杂草及多年生杂草	播后苗前土壤喷雾
	分子量	229.71					
	CAS 登录号	5915-41-3		柑橘	40 ~ 60		
特丁净 terbutryn（专供出口）	分子式	$C_{10}H_{19}N_5S$	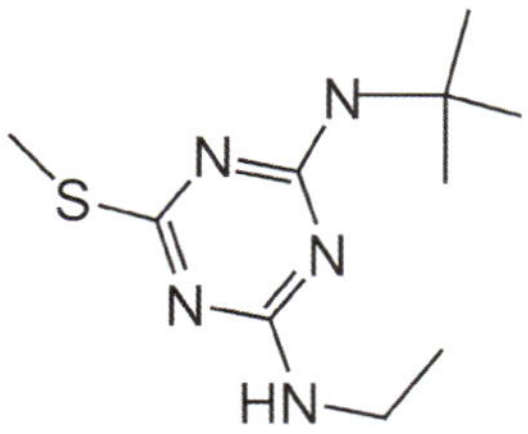	冬小麦	80 ~ 120	一年生杂草	土壤喷雾
	分子量	241.36					
	CAS 登录号	886-50-0					

该类除草剂主要药害症状为叶片出现失绿枯斑，最终枯死。先是叶缘和叶片尖端失绿、干枯，然后叶片边缘褪色，逐步扩展至整个叶片失绿，生长停止，最后整株枯死，在一些阔叶杂草叶片上有时出现不规则的坏死斑点，随即扩大而死亡。

莠去津

玉　米

90%莠去津水分散粒剂田间茎叶处理，亩用量200 g，药后2 d叶尖和叶缘失绿变黄变干枯

90%莠去津水分散粒剂田间茎叶处理，亩用量200 g，药后12 d生长已恢复，无明显药害现象；药后18 d植株生长正常（因为药后12 d症状）

谷　子

90%莠去津水分散粒剂田间茎叶处理，亩用量90 g，药后12 d无明显症状；药后18 d植株生长正常（图为药后12 d症状）

花　生

90%莠去津水分散粒剂田间茎叶处理，亩用量90 g，药后3 d无明显症状

90%莠去津水分散粒剂田间茎叶处理，亩用量90 g，药后6 d心叶及周围叶片失绿黄化，有白化之势，部分叶片叶缘干枯

90% 莠去津水分散粒剂田间茎叶处理，亩用量 90 g，药后 9 d 药害重者整株枯死

90% 莠去津水分散粒剂田间茎叶处理，亩用量 90 g，药后 13 d 整体叶片黄化，下部叶片多枯死，心叶皱缩

90% 莠去津水分散粒剂田间茎叶处理，亩用量 90 g，药后 16 d 黄化加剧，植株大部分叶片已枯死

绿　豆

90% 莠去津水分散粒剂田间茎叶处理，亩用量 90 g，药后 2 d 着药叶片干枯内卷，整片植株的上部叶片几乎枯死；药后 9 d 植株整体枯死（图为药后 2 d 症状）

棉　花

90% 莠去津水分散粒剂田间茎叶处理，亩用量 90 g，药后 3 d 无明显症状

芝　麻

90% 莠去津水分散粒剂田间茎叶处理，亩用量 90 g，药后 2 d 叶片失绿，分布有连片干枯药害斑，叶片内卷，植株矮小；药后 4 d 植株多枯死（图①、图②、图③均为药后 2 d 症状）

小　麦

90% 莠去津水分散粒剂盆栽土壤处理，亩用量 90 g，药后 15 d 无明显药害症状，药后 23 d 植株叶片完全萎蔫倒伏于地面，且较对照发黄瘦弱（图为药后 23 d 症状）

油　菜

90% 莠去津水分散粒剂盆栽土壤处理，亩用量 90 g，药后 6 d，无明显症状；药后 16 d，植株矮小，生长严重受抑制，两片子叶失水萎蔫

90% 莠去津水分散粒剂盆栽土壤处理，亩用量 90 g，药后 23 d，生长停滞，濒临死亡

萝　卜

90% 莠去津水分散粒剂播后苗前土壤处理，亩用量 90 g，药后苗期叶片渐渐变黄，多数叶片变黄后开始干枯至整株干枯，植株少并且偏小（图①为药后 5 d 症状，图②为药后 14 d 症状）

白　菜

90% 莠去津水分散粒剂播后苗前土壤处理，亩用量 90 g，药后苗期叶片渐渐变黄，一部分叶片变黄后开始干枯至整株干枯，植株少并且小，叶片黄，边缘干枯（图①为药后 5 d 症状，图②为药后 10 d 症状）

大　豆

38% 莠去津悬浮剂盆栽土壤处理，亩用量 395 ml，药后 10 d，幼苗细弱，叶片小，叶片边缘明显黄化失绿，部分叶片有褐色枯斑

38% 莠去津悬浮剂盆栽土壤处理，亩用量 395 ml，药后 20 d，部分叶片边缘干枯，植株生长缓慢、矮小。

38% 莠去津悬浮剂盆栽土壤处理，亩用量 1 975 ml，药后 20 d，大部分植株死亡

甘　薯

38% 莠去津悬浮剂盆栽土壤处理，亩用量 790 ml，药后 5 d，大部分叶片不均匀失绿黄化，部分叶片边缘或整个叶片呈烧焦状干枯

38% 莠去津悬浮剂盆栽土壤处理，亩用量 395 ml，药后 15 d，几乎所有的植株死亡

38% 莠去津悬浮剂盆栽土壤处理，亩用量 395 ml，药后 30 d，残存的个别植株极度矮小

菜　心

90% 莠去津水分散粒剂盆栽茎叶处理，亩用量 30 g，药后 4 d 枯死

黄　瓜

90% 莠去津水分散粒剂盆栽茎叶处理，亩用量 30 g，药后 4 d 枯死

豆　角

90% 莠去津水分散粒剂盆栽茎叶处理，亩用量 30 g，药后 3 d 出现枯斑

90% 莠去津水分散粒剂盆栽茎叶处理，亩用量 30 g，药后 6 d 枯斑扩大，高浓度亩用量 100 g 时，直接致死（图①亩用量 30 g，图②、图③亩用量 100 g）

氰草津

玉　米

80% 氰草津可湿性粉剂田间茎叶处理，亩用量 250 g，药后 2 d 着药叶片从叶尖开始沿叶脉出现失绿白色干枯条纹

80% 氰草津可湿性粉剂田间茎叶处理，亩用量 250 g，药后 6 d 由叶尖向基部干枯状加剧，叶缘干枯内卷

80% 氰草津可湿性粉剂田间茎叶处理，亩用量 250 g，药后 11 d 叶片尖端完全干枯，且布满黑斑

80% 氰草津可湿性粉剂田间茎叶处理，亩用量 250 g，药后 16 d 生长基本恢复正常

谷　子

80% 氰草津可湿性粉剂田间茎叶处理，亩用量 100 g，药后 3 d 叶片由叶缘向中心失绿干枯

80% 氰草津可湿性粉剂田间茎叶处理，亩用量 100 g，药后 6 d 叶片前半部分基本干枯

80% 氰草津可湿性粉剂田间茎叶处理，亩用量 100 g，药后 10 d 下部老叶完全干枯，其余叶片正常生长；药后 16 d 生长基本正常，正常结实（图为药后 10 d 症状）

花　生

80% 氰草津可湿性粉剂田间茎叶处理，亩用量 100 g，药后 18 d 部分叶片失绿黄化

80% 氰草津可湿性粉剂田间茎叶处理，亩用量 100 g，药后 21 d 叶片黄化

80%氰草津可湿性粉剂田间茎叶处理，亩用量 100 g，药后 27 d 除个别叶片黄化外，生长基本正常

绿　豆

80%氰草津可湿性粉剂田间茎叶处理，亩用量 100 g，药后 2 d 叶片失绿，叶面分布红褐色斑点，叶缘干枯内卷

80%氰草津可湿性粉剂田间茎叶处理，亩用量 100 g，药后 6 d 部分叶片已完全枯死，部分叶片失绿黄化逐步发褐干枯

80%氰草津可湿性粉剂田间茎叶处理，亩用量 100 g，药后 14 d 部分叶片皱缩变形，叶面分布大量枯斑，下部老叶正常

棉　花

80%氰草津可湿性粉剂田间茎叶处理，亩用量100 g，药后8 d无明显症状；药后11 d生长基本正常，植株较矮小（图为药后11 d症状）

80%氰草津可湿性粉剂田间茎叶处理，亩用量100 g，药后14 d叶片上出现花纹状失绿斑

80%氰草津可湿性粉剂田间茎叶处理，亩用量100 g，药后21 d除失绿白斑外，叶面上还分布着不同程度锈斑

芝　麻

80%氰草津可湿性粉剂田间茎叶处理，亩用量100 g，药后2 d着药叶片叶缘干枯内卷，由叶尖向基部，从叶缘向中心扩展

80%氰草津可湿性粉剂田间茎叶处理，亩用量100 g，药后6 d下部老叶已完全枯死，新叶从叶缘开始失绿黄化

80% 氰草津可湿性粉剂田间茎叶处理，亩用量 100g，药后 11 d 上部叶片由叶缘开始失绿黄化

80% 氰草津可湿性粉剂田间茎叶处理，亩用量 100 g，药后 16 d 生长正常

小　麦

30% 氰草津悬浮剂播后苗前盆栽土壤处理，亩用量 288 ml，药后 15 d 略发黄，无明显药害

30% 氰草津悬浮剂播后苗前盆栽土壤处理，亩用量 288 ml，药后 23 d 整体失水萎蔫倒于地面

油　菜

30% 氰草津悬浮剂播后苗前盆栽土壤处理，亩用量 288 ml，药后 6 d 无明显症状；药后 16 d，植株矮小，生长严重受抑制，两片子叶失水萎蔫（图为药后 16 d 症状）

30% 氰草津悬浮剂播后苗前盆栽土壤处理，亩用量 288 ml，药后 23 d，生长停滞，濒临死亡

萝　卜

40%氰草津可湿性粉剂播后苗前土壤处理，亩用量215 g，药后7 d出苗较好，苗期叶片黄

40%氰草津可湿性粉剂播后苗前土壤处理，亩用量215 g，药后10 d幼苗逐渐干枯，大多数植株死亡，剩余极少数植株生长缓慢

白　菜

40%氰草津可湿性粉剂播后苗前土壤处理，亩用量215 g，药后7 d出苗较好，苗期叶片黄，逐渐干枯，多数植株死亡，剩余植株生长缓慢

大　豆

97.1%氰草津原药（乙醇100 ml，0.1%吐温80）盆栽土壤处理，亩用量51.5 g，药后5 d，出苗基本正常；药后7 d，叶片黄化，部分真叶叶缘干枯皱缩呈勺状（图为药后7 d症状）

97.1% 氰草津原药（乙醇 100 ml，0.1% 吐温 80）盆栽土壤处理，亩用量 51.5 g、123.58 g，药后药后 10~15 d，叶片黄化干枯或脱落，中高剂量植株全部死亡；药后 30 d，残存植株矮化细弱（图①、图③为亩用量 51.5 g，药后 10 d、15 d 症状；图②为亩用量 123.58 g，药后 10 d 症状）

甘　薯

97.1% 氰草津原药（乙醇 100 ml，0.1% 吐温 80）盆栽土壤处理，亩用量 51.49 g、123.58 g，药后 10 d，植株叶片黄化或边缘干枯（图①、图③为亩用量 123.58 g，图②为亩用量 51.49 g）

97.1%氰草津原药(乙醇100 ml,0.1%吐温80)盆栽土壤处理,亩用量247.17 g,药后15~20 d,叶片边缘或整个叶片干枯,植株矮化、细弱(图①为药后15 d症状,图②为药后20 d症状)

97.1%氰草津原药(乙醇100 ml,0.1%吐温80)盆栽土壤处理,亩用量51.49 g,药后30 d,大部分植株死亡,残存植株矮小

扑草净

玉 米

40% 扑草净可湿性粉剂田间茎叶处理，亩用量 45 g，药后 8 d 心叶发黄，周围叶片内卷，叶片中脉呈紫红色，叶片基部变红

40% 扑草净可湿性粉剂田间茎叶处理，亩用量 45 g，药后 12 d 从老叶开始干枯，心叶及周围叶片严重畸形，内卷包裹在一起，已干枯叶片上密布黑色斑点

40% 扑草净可湿性粉剂田间茎叶处理，亩用量 45 g，药后 18 d，药害重者整株枯死，相对轻者下部叶片干枯，上部叶片从叶尖开始干枯逐步向基部扩展

花 生

40% 扑草净可湿性粉剂田间茎叶处理，亩用量 225 g，药后 2 d 心叶发黄

40% 扑草净可湿性粉剂田间茎叶处理，亩用量 225 g，药后 6 d 茎部褐化肿大，叶片黄化，叶柄向地面弯曲

40% 扑草净可湿性粉剂田间茎叶处理，亩用量 225 g，药后 9 d 植株大部分干枯，接近死亡

40% 扑草净可湿性粉剂田间茎叶处理，亩用量 225 g，药后 13 d 完全干枯死

绿　豆

40% 扑草净可湿性粉剂田间茎叶处理，亩用量 225 g，药后 1 d 植株扭曲变形，倒向地面，叶片干枯内卷

40% 扑草净可湿性粉剂田间茎叶处理，亩用量 225 g，药后 8 d 大部分植株已死；药后 12 d 几乎所有植株枯死（图为药后 8 d 症状）

棉　花

40% 扑草净可湿性粉剂田间茎叶处理，亩用量 225 g，药后 2 d 着药叶片失绿，现白斑，叶片失水卷曲

40% 扑草净可湿性粉剂田间茎叶处理，亩用量 225 g，药后 6 d 叶柄、茎部变红弯向地面，叶片失水干枯，叶面发红

40% 扑草净可湿性粉剂田间茎叶处理，亩用量 225 g，药后 9 d 叶柄、茎部完全变化，叶面发红干枯，心叶及周围叶片干枯

40% 扑草净可湿性粉剂田间茎叶处理，亩用量 225 g，药后 13 d 叶柄、茎部由红变黑，大部分叶片已枯死，其余叶片部分或完全变红；药后 22 d 植株枯死（图为药后 13 d 症状）

芝　麻

40% 扑草净可湿性粉剂田间茎叶处理，亩用量 225 g，药后 2 d 整株叶片发黄，茎弯曲向下

40% 扑草净可湿性粉剂田间茎叶处理，亩用量 225 g，药后 4 d 叶片失水皱缩严重；药后 8 d 植株干枯（图为药后 14 d 症状）

小　麦

25% 扑草净可湿性粉剂播后苗前盆栽土壤处理，亩用量 300 g，药后 6~10 d，显著影响出苗率，长势迟缓

油　菜

25% 扑草净可湿性粉剂播后苗前盆栽土壤处理，亩用量 100 g，药后 6 d，两片子叶未张开

25% 扑草净可湿性粉剂播后苗前盆栽土壤处理，亩用量 100 g，药后 16 d，植株矮小，生长严重受抑制，叶片颜色发黄

25% 扑草净可湿性粉剂播后苗前盆栽土壤处理，亩用量 100 g，药后 23 d，幼苗几乎完全枯死

萝　卜

25% 扑草净可湿性粉剂播后苗前土壤处理，亩用量 200 g，药 7 d 后出苗较好，苗期叶片黄，部分苗枯死，新叶片有畸形，部分植株生长缓慢

白　菜

25% 扑草净可湿性粉剂播后苗前土壤处理，亩用量 200 g，药后 5 d 出苗很少，苗期叶片黄，最后全部枯死

大　豆

40% 扑草净可湿性粉剂盆栽土壤处理，亩用量 188 g，药后 10 d，幼苗细弱，叶片小，部分真叶失绿，叶边缘干枯卷曲

40% 扑草净可湿性粉剂盆栽土壤处理，亩用量 188 g，药后 20 d，部分植株新出叶片基本正常，药害有所缓解，下部叶片有较大枯斑，部分幼苗死亡

40% 扑草净可湿性粉剂盆栽土壤处理，亩用量 188 g，药后 30 d，植株比对照明显矮化、细弱，叶片小

40% 扑草净可湿性粉剂盆栽土壤处理，亩用量 376 g，药后 10 d，叶片明显变小，全部真叶失绿黄化，部分叶片边缘卷曲或整个叶片变枯

40% 扑草净可湿性粉剂盆栽土壤处理，亩用量 376 g，药后 20 d，幼苗全部死亡。

甘 薯

40% 扑草净可湿性粉剂盆栽土壤处理，亩用量 188 g，药后 7 d，叶片失绿黄化，边缘或整个叶片呈烧焦状干枯

40% 扑草净可湿性粉剂盆栽土壤处理，亩用量 188 g，药后 15 d，叶片黄化，干枯脱落，部分植株死亡

40% 扑草净可湿性粉剂盆栽土壤处理，亩用量 376 g，药后 30 d，存活植株略矮化

菜　心

50% 扑草净可湿性粉剂盆栽茎叶处理，亩用量 40 g，药后 4 d 枯死

辣　椒

50% 扑草净可湿性粉剂盆栽茎叶处理，亩用量 40 g，药后 8 d 幼叶畸形卷缩，叶色发黄，生长受抑制

茄　子

50% 扑草净可湿性粉剂盆栽茎叶处理，亩用量 40 g，药后 2 d 逐渐枯死

番 茄

50%扑草净可湿性粉剂盆栽茎叶处理，亩用量 40 g，药后 3~6 d 叶失水萎蔫枯死，只剩茎秆（图①、图②为药后 3 d 症状，图③为药后 6 d 症状）

黄 瓜

50%扑草净可湿性粉剂盆栽茎叶处理，亩用量 40 g，药后 3~6 d 叶失水萎蔫枯死（图①、图②为药后 3 d 症状，图③为药后 6 d 症状）

豆　角

50% 扑草净可湿性粉剂盆栽茎叶处理，亩用量 40 g，药后 6 d 叶片黄化，从叶缘开始干枯

甜玉米

50% 扑草净可湿性粉剂盆栽茎叶处理，亩用量 40 g，药后 7 d 分生组织坏死，倒伏

40% 扑草净可湿性粉剂田间茎叶处理，在谷子上喷施（亩用量 90 g）无明显药害症状，生长正常。

莠灭净

油 菜

80% 莠灭净可湿性粉剂茎叶处理，亩用量 120 g，药后 11 d 枯死

萝 卜

80% 莠灭净可湿性粉剂播前土壤处理，亩用量 150 g，药后 5 d 苗期叶片黄，有极少数干枯，随着植株生长无明显症状

白 菜

80% 莠灭净可湿性粉剂播前土壤处理，亩用量 150 g，药后 5 d 苗期叶片黄，有极少数干枯，随着植株生长无明显症状

辣　椒

80% 莠灭净可湿性粉剂盆栽茎叶处理，亩用量 120 g，药后 4 d 快速枯死（图①、图②为药后 2 d 症状，图③、图④为药后 4 d 症状）

茄　子

80% 莠灭净可湿性粉剂盆栽茎叶处理，亩用量 120 g，药后 2~4 d 快速枯死（图①、图②为药后 2 d 症状，图③为药后 4 d 症状）

黄　瓜

80% 莠灭净可湿性粉剂盆栽茎叶处理，亩用量 120 g，药后 4 d 快速枯死

豆　角

80% 莠灭净可湿性粉剂盆栽茎叶处理，亩用量 120 g，药后 2~4 d 快速枯死（图①为药后 2 d 症状，图②为药后 4 d 症状）

花　生

80% 莠灭净可湿性粉剂盆栽茎叶处理，亩用量 120 g，药后 2 d 嫩叶失绿、黄化

80% 莠灭净可湿性粉剂盆栽茎叶处理，亩用量 120 g，药后 10 d 植株失水枯死

80% 莠灭净可湿性粉剂土壤处理，在小麦上喷施（亩用量 120 g），小麦略发黄，植株较瘦弱；在番茄上喷施（亩用量 120 g），无明显药害症状。

第二节　三嗪酮类

三嗪酮类农药是20世纪70年代由德国拜耳公司、美国杜邦公司等开发的一类新型农药。在所有的三嗪酮类化合物中，1,3,5- 三嗪 -2,4- 二酮和 1,2,4- 三嗪 -5- 酮具有除草活性。其中 1,2,4- 三嗪 -5- 酮是一类重要的杂环化合物，广泛应用于制药和农业生产中，在除草、干燥、脱叶、植物生长调节剂等农业领域中表现出良好的活性。

三嗪酮类除草剂的作用机理主要是通过抑制植物的光合作用，造成植物死亡。以环嗪酮为例，植物的根系和叶面都能吸收环嗪酮，通过木质部传导，使代谢紊乱，导致死亡。草本植物在温暖潮湿条件下，施药后 2 周死亡；木本植物通过根系吸收向上传导到叶片，阻碍叶片光合作用，造成植株死亡，一般情况下 3 周左右显示药效。

该类除草剂主要品种介绍见表 3–2。

表 3–2　三嗪酮类除草剂主要品种

<table>
<tr><th>通用名称</th><th colspan="2">其他信息</th><th>结构式</th><th>适用作物</th><th>使用量（有效成分，g / 亩）</th><th>防除对象</th><th>施药方法</th></tr>
<tr><td rowspan="3">环嗪酮
hexazinone</td><td>分子式</td><td>$C_{12}H_{20}N_4O_2$</td><td rowspan="3">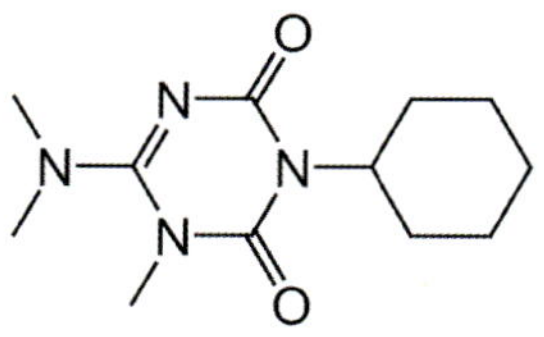</td><td rowspan="3">森林、森林防火道等处杂草</td><td>83.5 ～ 125</td><td rowspan="3">一年生禾本科和阔叶杂草、杂灌木</td><td>茎叶喷雾</td></tr>
<tr><td>分子量</td><td>252.31</td><td rowspan="2">120 ～ 150</td><td rowspan="2">直接撒施</td></tr>
<tr><td>CAS 登录号</td><td>51235–04–2</td></tr>
<tr><td rowspan="3">苯嗪草酮
metamitron</td><td>分子式</td><td>$C_{10}H_{10}N_4O$</td><td rowspan="3">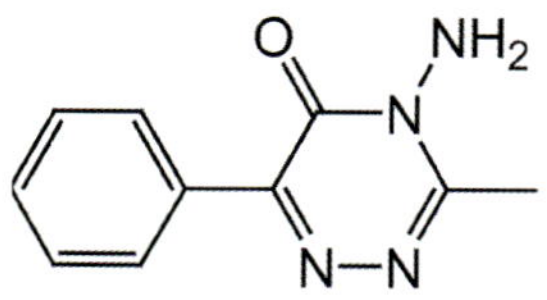</td><td rowspan="3">甜菜</td><td rowspan="3">315 ～ 350</td><td rowspan="3">一年生阔叶杂草</td><td rowspan="3">土壤喷雾</td></tr>
<tr><td>分子量</td><td>202.21</td></tr>
<tr><td>CAS 登录号</td><td>41394–05–2</td></tr>
</table>

续表

通用名称	其他信息		结构式	适用作物	使用量（有效成分，g/亩）	防除对象	施药方法
嗪草酮 metribuzin	分子式	$C_8H_{14}N_4OS$	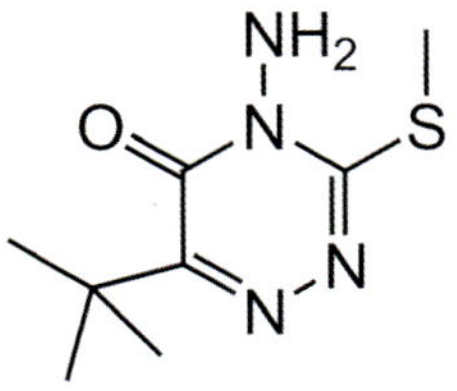	春大豆	35 ~ 50	一年生阔叶杂草	播后苗前土壤喷雾
	分子量	214.29		夏大豆	24.5 ~ 38.5		
	CAS 登录号	21087-64-9		马铃薯	26.4 ~ 39.6		

嗪草酮

大　豆

70% 嗪草酮水分散粒剂盆栽土壤处理，亩用量 75.71 g，药后 5~7 d，出苗基本正常，叶片略黄化，部分真叶叶缘干枯，叶片皱缩呈勺状（图①为药后 5 d 症状，图②、图③均为药后 7 d 症状）

70% 嗪草酮水分散粒剂盆栽土壤处理，亩用量 75.71~302.84 g，药后 10 d，叶片黄化、干枯或青枯，植株严重矮化（图①为亩用量 75.71 g，图②为亩用量 302.84 g）

70% 嗪草酮水分散粒剂盆栽土壤处理，亩用量 16.43~302.84 g，药后 15 d，子叶上有大量黑褐色斑点，叶片严重黄化、干枯，植株全部死亡（图①、图②为亩用量 16.43 g，图③为亩用量 302.84 g）

甘 薯

70% 嗪草酮水分散粒剂盆栽土壤处理，亩用量 454.29 g，药后 10 d，植株叶片黄化，部分叶片干枯脱落

70% 嗪草酮水分散粒剂盆栽土壤处理，亩用量 151.43 g，药后 15 d，叶片黄化更加严重，边缘干枯呈焦煳状，植株生长受到严重抑制，明显矮化细弱

70%嗪草酮水分散粒剂盆栽土壤处理，亩用量151.43 g，药后20 d，植株死亡

辣 椒

75%嗪草酮水分散粒剂盆栽茎叶处理，亩用量50 g，药后2 d叶失水脱落

75%嗪草酮水分散粒剂盆栽茎叶处理，亩用量50 g，药后12 d逐渐枯死

茄　子

75% 嗪草酮水分散粒剂盆栽茎叶处理，亩用量 50 g，药后 2 d 叶片失水

75% 嗪草酮水分散粒剂盆栽茎叶处理，亩用量 50 g，药后 12 d 逐渐枯死

黄　瓜

75% 嗪草酮水分散粒剂盆栽茎叶处理，亩用量 50 g，药后 4 d 花败落

75% 嗪草酮水分散粒剂盆栽茎叶处理，亩用量 50 g，药后 8 d 逐渐枯死

豆　角

75% 嗪草酮水分散粒剂盆栽茎叶处理，亩用量 50 g，药后 2~4 d 迅速枯死（图①为药后 2 d 症状，图②为药后 4 d 症状）

花　生

75% 嗪草酮水分散粒剂盆栽茎叶处理，亩用量 50 g，药后 2 d 未见药害，药后 10 d 叶片出现黄斑，药后 15 d 整株枯死（图①为药后 10 d 症状，图②为药后 15 d 症状）

第三节　苯基氨基甲酸酯类

苯基氨基甲酸酯类除草剂的主要代表品种有甜菜宁、甜菜安。甜菜宁为选择性苗后茎叶处理除草剂，是光合作用抑制剂，能够通过杂草的茎叶吸收，传导到各个部位，对多种阔叶杂草有很好的防治效果，对甜菜安全。

该类除草剂主要品种介绍见表 3-3。

表 3-3　苯基氨基甲酸酯类除草剂主要品种

通用名称	其他信息		结构式	适用作物	使用量（有效成分，g/亩）	防除对象	施药方法
甜菜安 desmedipham	分子式	$C_{16}H_{16}N_2O_4$	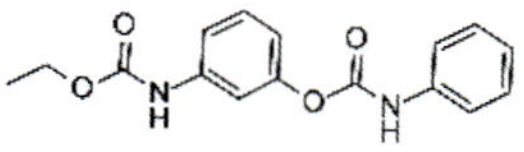	甜菜	59.2 ~ 64	一年生阔叶杂草	茎叶喷雾
	分子量	300.31					
	CAS 登录号	13684-56-5					
甜菜宁 phenmedipham	分子式	$C_{16}H_{16}N_2O_4$	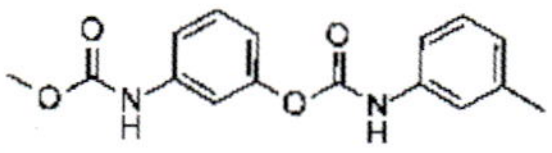	甜菜	59.2 ~ 64	一年生阔叶杂草	土壤喷雾
	分子量	300.31					
	CAS 登录号	13684-63-4					

第四节　取代脲类

1951 年美国杜邦公司阐述了第一个品种灭草隆的除草特性，其后开发了非草隆、敌草隆与丁敌隆等品种，此类除草剂在近代化学除草中起着重要的作用。在取代脲类除草剂的基础上，通过化学结构改造或修饰，开发出活性超高的磺酰脲类除草剂。

取代脲类除草剂的吸收、传导、代谢与作用机理不仅决定于化合物的特性，而且也决定于施用后的环境条件。通常，所有品种都易于通过根系从土壤溶液中被植物吸收，通过蒸腾作用，迅速向茎叶传导，一般通过皮层细胞壁从根的表面向木质部移动，内皮层似乎未显著阻碍其进入木质部导管；所有土壤处理的品种都是非共质体传导，吸收与传导速度因植物种类、品种特性及环境条件而异。茎叶喷雾时，吸收比较缓慢，难以进入韧皮部，因此，绝大多数取代脲类除草剂品种都是土壤处理剂。除环己隆等极少数品种外，其他品种都是典型的光合作用抑制剂，抑制光系统Ⅱ还原部位的电子流，与光系统Ⅱ反应中心复合物 32 KDa 蛋白质结合，阻碍电子从束缚性质体醌 QA 向第二个质体醌 QB 传递，导致光合作用停止，使叶片失绿而最终植株死亡。它们主要进行苗前土壤处理，因此除草效果与土壤含水量的关系很大。

温度和土壤含水量显著影响取代脲类除草剂的活性和除草效果。取代脲类除草剂水溶性低，干旱时很难发挥作用，低温会降低此类除草剂的防治效果。取代脲类除草剂通常在作物播种后、出苗前应用，防治一年生杂草幼苗，它们对阔叶杂草的防治效果优于禾本科杂草；取代脲类是可混性比较强的一类除草剂，适宜与多种类型除草剂混用，以扩大杀草谱，减轻气候条件对活性的不良影响。由于此类除草剂主要防治阔叶杂草，所以要考虑将它们与合适的防治禾本科杂草的除草剂品种混用。

取代脲类除草剂的特点：

（1）大多数品种水溶性低，脂溶性差，因而加工剂型多为可湿性粉剂、悬浮剂。

（2）不抑制种子发芽，主要被植物根吸收，通过木质部导管随蒸腾流向上运输，防治杂草幼苗，芽前土壤处理最重要。除草效果与土壤含水量密切相关，含水量高，除草效果好。药剂从茎叶进入杂草体的能力差，但加入润湿剂，能促进吸收，提高茎叶处理的杀草效果。

（3）对杂草的主要作用部位在叶片，当叶片受害后自叶尖起发生失绿，然后呈水浸状，最后坏死。该类大多数品种杀草原理是抑制光合作用，光照强有利于药效的发挥。

（4）适用作物范围较广。大多数品种主要防除一年生禾本科杂草及某些阔叶杂草。可与多种类型的除草剂复配以提高药效、扩大杀草谱。

（5）因其水溶性低，不易淋溶，抗光解，不挥发，能较长时期地存留在土壤表层，因而可以通过位差选择，增加这类药剂的选择性。

取代脲类除草剂具有内吸传导作用和一定触杀作用。药剂被植物根系或叶片吸收后抑制光合作用，致使叶片失绿，叶尖和边缘褪色，导致植株因缺乏营养而死亡。

取代脲类和三嗪类除草剂具有同样的作用机理，取代脲类除草剂抑制光合作用光系统Ⅱ的电子传递，从而抑制光合作用，杂草吸收后最初表现失绿，然后停止生长而逐渐死亡。作物和杂草间吸收、传导和降解取代脲类除草剂能力的差异是这类除草剂选择性的原因之一，但作物和杂草根部的位差，也是这类除草剂选择性的一个重要的方面。大多数取代脲类除草剂主要作为苗前土壤处理剂，防除一年生禾本科杂草和阔叶杂草，对阔叶杂草的活性高于对禾本科杂草的活性；敌草隆和绿麦隆在土壤湿度大的条件下，苗后早期也有一定的效果；异丙隆则可作为苗前和苗后处理剂，在杂草 2~5 叶期施用仍有效；莎扑隆主要用于防除一年生和多年生莎草，对其他杂草活性极低；敌草隆可防治眼子菜。

取代脲类除草剂主要品种见表 3-4。

表 3-4　取代脲类除草剂主要品种

通用名称	其他信息		结构式	适用作物	使用量（有效成分，g / 亩）	防除对象	施药方法
敌草隆 diuron	分子式	$C_9H_{10}Cl_2N_2O$	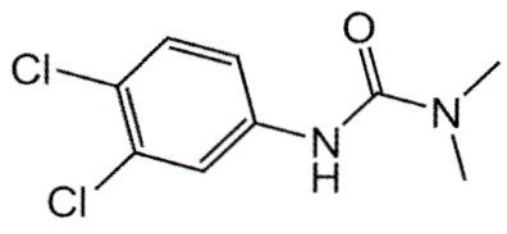	棉花	50 ~ 75	一年生杂草	土壤喷雾或定向茎叶喷雾
	分子量	233.09		甘蔗	100 ~ 160		
	CAS 登录号	330-54-1		非耕地杂草	300 ~ 533		
异丙隆 isoproturon	分子式	$C_{12}H_{18}N_2O$	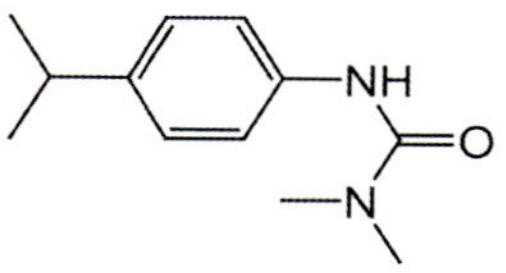	小麦	60 ~ 70	一年生单、双子叶杂草	茎叶喷雾或药土撒施
	分子量	206.28					
	CAS 登录号	34123-59-6					
绿麦隆 clorotoluron	分子式	$C_{10}H_{13}ClN_2O$	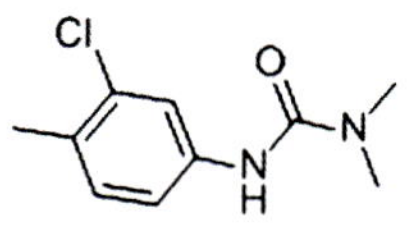	玉米、大麦	100 ~ 200（北方） 40 ~ 100（南方）	一年生杂草	播后苗前或苗期喷雾
	分子量	212.68		春小麦	150 ~ 200		土壤或茎叶喷雾
	CAS 登录号	15545-48-9		冬小麦	75 ~ 150		
利谷隆 linuron（专供出口）	分子式	$C_9H_{10}Cl_2N_2O_2$	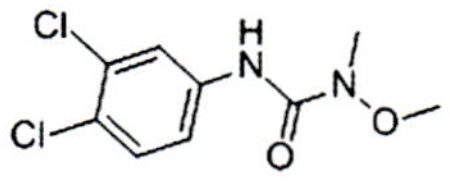	春玉米	100 ~ 125	一年生杂草	土壤喷雾
	分子量	249.09					
	CAS 登录号	330-55-2		夏玉米	75 ~ 100		
丁噻隆 tebuthiuron（专供出口）	分子式	$C_9H_{16}N_4OS$	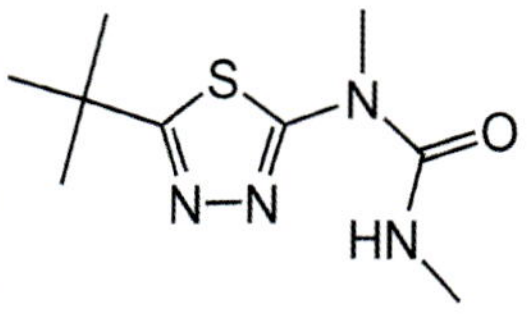	森林防火通道杂草	42.5 ~ 52.5	一年生杂草	茎叶喷雾
	分子量	228.31					
	CAS 登录号	34014-18-1					

此类除草剂的药害症状表现为叶缘和叶尖失绿、干枯，进而叶肉失绿、干枯，生长停止，最后全株枯死。

敌草隆

绿　豆

80%敌草隆水分散粒剂土壤处理，亩用量100 g，药后3 d，心叶发黄，下部叶片正常；药后10 d，生长恢复正常（图为药后3 d症状）

小　麦

80%敌草隆水分散粒剂盆栽土壤处理，亩用量130 g，药后15 d，植株整体发黄，长势不受影响

80%敌草隆水分散粒剂盆栽土壤处理，亩用量130 g，药后23 d，失水萎蔫倒于地面

油 菜

80% 敌草隆水分散粒剂盆栽土壤处理，亩用量 130 g，药后 16 d，生长停滞，叶片黄化且失水萎蔫

80% 敌草隆水分散粒剂盆栽土壤处理，亩用量 130 g，药后 23 d，整体完全死亡

大 豆

80% 敌草隆可湿性粉剂盆栽土壤处理，亩用量 660~1 320 g，药后 7~10 d，植株矮小，新出叶片边缘卷曲，伸展不良或卷曲叶片边缘破损，部分叶片失绿黄化，高剂量大部分真叶小或无真叶（图①为亩用量 660 g，药后 10 d 症状；图②为亩用量 1 320 g，药后 7 d 症状；图③、图④为亩用量 1 320 g，药后 10 d 症状）

80% 敌草隆可湿性粉剂盆栽土壤处理，亩用量 660 g，药后 15~30 d，植株枯死（图①为药后 15 d 症状，图②为药后 30 d 症状）

甘　薯

80% 敌草隆可湿性粉剂盆栽土壤处理，亩用量 165~1 320 g，药后 5~7 d，无明显药害症状；药后 10 d，部分叶片失绿黄化（图①为亩用量 165 g，图②为亩用量 660 g，图③为亩用量 1 320 g）

80% 敌草隆可湿性粉剂盆栽土壤处理，亩用量 165~1 320 g，药后 15 d，植株严重黄化或死亡（图①为亩用量 165 g，图②为亩用量 1 320 g）

80% 敌草隆可湿性粉剂盆栽土壤处理，亩用量 1 320 g，30 d 全部植株枯死

80% 敌草隆水分散粒剂土壤处理，在玉米（亩用量 100 g）、谷子（亩用量 100 g）、花生（亩用量 100 g）、芝麻（亩用量 100 g）上喷施均无明显药害症状，在棉花上喷施（亩用量 100 g）心叶略发黄。

异丙隆

大　豆

50% 异丙隆可湿性粉剂盆栽土壤处理，亩用量 50 g，药后 5 d，出苗明显减少，幼苗顶芽小、边缘干枯或死亡

50% 异丙隆可湿性粉剂盆栽土壤处理，亩用量 12.5~300 g，药后 7~10 d，大部分真叶小而黄化，叶缘干枯，叶片皱缩呈勺状，或叶缘干枯脱落造成叶片破损边缘不整齐（图①、图②为亩用量 12.5 g，药后 7 d、10 d 症状；图③、图④为亩用量 300 g，药后 10 d 症状）

50% 异丙隆可湿性粉剂盆栽土壤处理，亩用量 300 g，药后 15~30 d，植株细弱矮化，新出叶片黄化（图①为药后 15 d 症状，图②为药后 30 d 症状）

甘　薯

50% 异丙隆可湿性粉剂盆栽土壤处理，亩用量 750~1 500 g，药后 7~10 d，叶片黄化或有失绿斑，边缘干枯（图①为亩用量 750 g，药后 10 d 症状；图②为亩用量 1 500 g，药后 7 d 症状）

50% 异丙隆可湿性粉剂盆栽土壤处理，亩用量 1 500 g，药后 15 d，部分叶片干枯脱落，茎基部变黄，植株细弱矮化

50% 异丙隆可湿性粉剂盆栽土壤处理，亩用量 450 g，药后 30 d，叶片黄化严重，部分干枯脱落，植株矮小

辣 椒

50% 异丙隆可湿性粉剂盆栽茎叶处理，亩用量 100 g，药后 2~4 d 后植株逐渐枯死（图①为药后 2 d 症状，图②为药后 4 d 症状）

黄 瓜

50% 异丙隆可湿性粉剂盆栽茎叶处理，亩用量 100 g，药后 4 d 花败落

50% 异丙隆可湿性粉剂盆栽茎叶处理，亩用量 100 g，药后 8 d 逐渐枯死

豆　角

50% 异丙隆可湿性粉剂盆栽茎叶处理，亩用量 100 g，药后 4 d 快速枯死

萝　卜

50% 异丙隆可湿性粉剂田间土壤处理，亩用量 100 g，药后 14 d 苗期叶片黄，有的干枯，部分植株小，随着植株生长无明显药害症状

白　菜

50% 异丙隆可湿性粉剂田间土壤处理，亩用量 100 g，药后 7 d 苗期叶片黄，有的干枯，还有的畸形、弱小，随着植株生长，有个别植株较小

甜玉米

50% 异丙隆可湿性粉剂盆栽茎叶处理，亩用量 150 g，药后 7 d 玉米中心叶近鞘端出现白斑

第五节　酰胺类

酰胺类除草剂在除草剂类型中是一类重要的除草剂，按处理方式可分为两大类：一类是土壤处理剂，如甲草胺、异丙甲草胺、乙草胺、丁草胺、丙草胺等；另一类是茎叶处理剂，如敌稗、新燕灵、甲氟胺、氟草胺等。

敌稗属于高度选择性触杀性除草剂，在水稻体内芳基羧基酰胺酶水解成3，4-二氯丙胺和丙酸而解毒。稗草由于体内缺乏此种解毒机能，细胞膜最先受到破坏，导致水分代谢失调，很快失水枯死。敌稗遇到土壤后分解失效，仅用于茎叶处理。

该类除草剂主要品种介绍见表3-5。

表3-5　酰胺类除草剂主要品种

通用名称	其他信息		结构式	适用作物	使用量（有效成分，g/亩）	防除对象	施药方法
敌稗 propanil	分子式	$C_9h_9Cl_2NO$	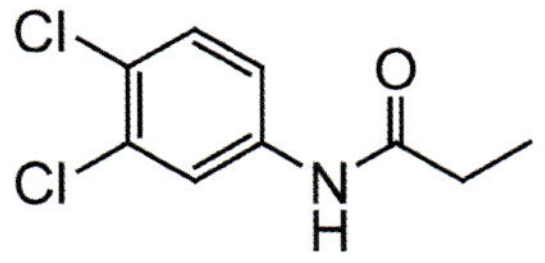	水稻	200 ~ 300	稗草等一年生杂草	茎叶喷雾
	分子量	218.08					
	CAS登录号	709-98-8					

第六节　腈类

腈类除草剂是触杀性茎叶处理剂，能被植物吸收与传导，触杀作用迅速，气孔是其进入植物体内的主要途径。在小麦田喷药后，碘苯腈与溴苯腈主要停留于被处理叶片，向下传导有限，根吸收后传导作用也很差。它们影响植物体内一系列生理与生物化学过程，碘苯腈与溴苯腈是高活性的氧化磷酸化解偶联剂和叶绿体光还原与光合磷酸化反应的抑制剂；影响一系列需能过程，如RNA、蛋白质与脂类合成以及蛋白质水解的激素调控与淀粉酶的活性等。与碘苯腈及溴苯腈不同的是，敌草腈主要作用于生长点与根尖，是分生组织的强烈抑制剂，通过对种子发芽及幼芽生长的抑制作用而防治单子叶杂草与双子叶杂草，它主要通过根吸收并快速向地上部传导，在土壤中能够通过微生物降解而消失。

敌草腈防治一年生禾本科与阔叶杂草幼芽以及水生杂草，适用于移栽水稻、棉花、苜蓿、冬小麦、柑橘、葡萄园、森林苗圃等。碘苯腈与溴苯腈均为苗后茎叶喷施防除阔叶杂草，适用于小麦、大麦、黑麦、亚麻、甘蔗、葱、韭菜、蒜、草坪、禾本科牧草以及水稻等。腈类除草剂可混性强，可与2，4-滴、2甲4氯、2，4-滴丙酸、2甲4氯丙酸、莠去津、异丙隆、麦草畏、禾草灵、异丙隆等混用。

腈可以看作氢氰酸（hCN）的氢原子被烃基取代而生成的化合物。某些高级腈存在于植物精油中，例如，苯乙腈存在于独行菜、苦橙和铃兰花油中，苯丙腈存在于水田芥中，乙烯基乙腈也存在于多种植物中。

最简单的腈是乙腈，它能溶于水，丙腈在水中溶解度也很大，高级的腈一般只微溶于水，低级腈多是无色液体，C_{14} 以上的腈则多是结晶型的固体。腈的沸点一般略高于相应的脂肪酸。腈有芳香气味，一般都很稳定。

腈可进行两大类反应：①在腈基上的反应，例如在酸或碱性溶液中水解成酰胺或羧酸，与格利雅试剂加成、水解生成酮，还原成一级胺等；② α 活泼氢的反应，例如在碱作用下进行烃基取代，或与羰基化合物缩合等。

该类除草剂主要品种介绍见表 3-6。

表 3-6　腈类除草剂主要品种

通用名称	其他信息		结构式	适用作物	使用量（有效成分，g/亩）	防除对象	施药方法
辛酰溴苯腈 bromoxynil-octanoate	分子式	$C_{15}h_{17}Br_2NO_2$	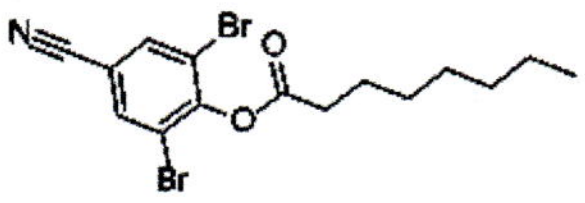	冬小麦	25 ~ 37.5	一年生阔叶杂草	茎叶喷雾
				夏玉米	25 ~ 37.5		
	分子量	403.11		春小麦	30 ~ 37.5		
	CAS 登录号	1689-99-2		春玉米	30 ~ 37.5		
				大蒜	22.5 ~ 27		
溴苯腈 bromoxynil	分子式	$C_7h_3Br_2NO$	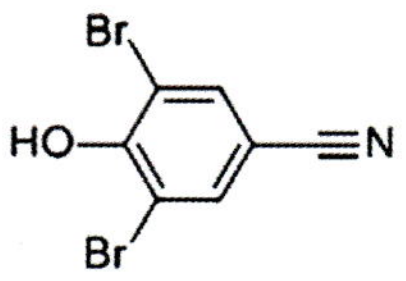	小麦	24 ~ 32	多种一年生阔叶杂草	茎叶喷雾
	分子量	276.91		玉米	32 ~ 40		
	CAS 登录号	1689-84-5					

此类除草剂典型的药害症状是接触药液的叶片产生大面积药害斑，先呈水浸状后枯萎，变灰绿色或黄褐色，最后整株死亡。

辛酰溴苯腈

花　生

30% 辛酰溴苯腈乳油田间茎叶处理，亩用量 75 ml，药后 14 d 整体叶片发黄

30% 辛酰溴苯腈乳油田间茎叶处理，亩用量 75 ml，药后 18 d 部分叶片完全失绿黄化，大部分叶片正常；药后 27 d 生长一切正常（图为药后 18 d 症状）

绿　豆

30% 辛酰溴苯腈乳油田间茎叶处理，亩用量 75 ml，药后 2 d 着药叶片干枯内卷，重者已枯死

30% 辛酰溴苯腈乳油田间茎叶处理，亩用量 75 ml，药后 6 d 叶片大量枯死或叶面现大量枯斑

30% 辛酰溴苯腈乳油田间茎叶处理，亩用量 75 ml，药后 14 d 药害叶片严重皱缩，失绿黄化或干枯

棉 花

30% 辛酰溴苯腈乳油田间茎叶处理，亩用量 75 ml，药后 8 d 着药叶片失绿枯死，轻者叶面上分布大量枯斑

30% 辛酰溴苯腈乳油田间茎叶处理，亩用量 75 ml，药后 11 d 药害重者几乎整株枯死

30% 辛酰溴苯腈乳油田间茎叶处理，亩用量 75 ml，药后 14 d 植株枯死

芝 麻

30% 辛酰溴苯腈乳油田间茎叶处理，亩用量 75 ml，药后 2 d 着药叶片叶面现大量枯斑，叶缘干枯内卷

30% 辛酰溴苯腈乳油田间茎叶处理，亩用量 75 ml，药后 6 d 心叶及周围叶片叶缘失绿黄化，下部叶片正常；药后 11 d 生长正常（图为药后 6 d 症状）

油 菜

30% 辛酰溴苯腈乳油田间茎叶处理，亩用量 75 ml，药后 7 d 下部老叶枯死

萝 卜

30% 辛酰溴苯腈乳油田间茎叶处理，亩用量 75 ml，药后 1 d 叶片部分失绿，失绿部分渐渐干枯卷曲

30% 辛酰溴苯腈乳油田间茎叶处理，亩用量 75 ml，药后 2 d 多数植株整株干枯

30% 辛酰溴苯腈乳油田间茎叶处理，亩用量 75 ml，药后 2 d 其他植株叶片有干枯斑

30% 辛酰溴苯腈乳油田间茎叶处理，亩用量 75 ml，药后 7 d 生长渐渐恢复正常

白　菜

30% 辛酰溴苯腈乳油田间茎叶处理，亩用量 75 ml，药后 1 d 叶片部分失绿，失绿部分渐渐干枯卷曲

30% 辛酰溴苯腈乳油田间茎叶处理，亩用量 75 ml，药后 2 d 多数植株整株干枯

30% 辛酰溴苯腈乳油田间茎叶处理，亩用量 75 ml，药后 2 d 残存植株叶片有干枯斑

30% 辛酰溴苯腈乳油田间茎叶处理，亩用量 75 ml，药后 7 d 渐渐恢复正常生长

大　豆

25% 辛酰溴苯腈乳油盆栽茎叶处理，亩用量 50~300 ml，药后 3 d，叶片边缘或整个叶片萎蔫、卷曲，叶片有浸润性青斑，高剂量植株全部青枯死亡（图①、图②为亩用量 50 ml，图③为亩用量 150 ml）

25% 辛酰溴苯腈乳油盆栽茎叶处理，亩用量 50 ml，药后 7 d 症状加重，叶面部分药害斑处叶肉脱落仅留表皮，植株明显矮化甚至青枯死亡

25% 辛酰溴苯腈乳油盆栽茎叶处理，亩用量 50 ml，药后 15 d，叶片脱落，茎尖干枯，几乎所有植株死亡

甘 薯

25% 辛酰溴苯腈乳油盆栽茎叶处理，亩用量 50 ml，药后 1 d，叶片边缘萎蔫卷曲，叶面上有浸润性青斑或不同程度青枯

25% 辛酰溴苯腈乳油盆栽茎叶处理，亩用量 50~150 ml，药后 3 d，药害症状更加明显，大部分叶片呈烧焦状干枯（图①为亩用量 50 ml，图②为亩用量 150 ml）

25% 辛酰溴苯腈乳油盆栽茎叶处理，亩用量 50~150 ml，药后 7 d，叶片干枯加重，大部分植株死亡（图①为亩用量 50 ml，图②为亩用量 150 ml）

25% 辛酰溴苯腈乳油盆栽茎叶处理，亩用量 50 ml，药后 30 d，残存的植株从基部长出新枝，但长势黄弱

菜　心

30% 辛酰溴苯腈乳油盆栽茎叶处理，亩用量 75 ml，药后 2~4 d 叶片枯死，生长受抑制（图①为药后 2 d 症状，图②为药后 4 d 症状）

辣　椒

30% 辛酰溴苯腈乳油盆栽茎叶处理，亩用量 75 ml，药后 4~8 d 植株从嫩叶开始逐渐枯死（图①为药后 4 d 症状，图②为药后 8 d 症状）

茄 子

30% 辛酰溴苯腈乳油盆栽茎叶处理，亩用量 75 ml，药后 2~4 d 从嫩叶开始迅速枯死（图①为药后 2 d 症状，图②为药后 4 d 症状）

豆 角

30% 辛酰溴苯腈乳油盆栽茎叶处理，亩用量 75 ml，药后 4 d 叶枯死

30% 辛酰溴苯腈乳油盆栽茎叶处理，亩用量 75 ml，药后 7 d 茎再萌芽

30% 辛酰溴苯腈乳油田间茎叶处理，在玉米（亩用量 75 ml）、谷子（亩用量 75 ml）、小麦（亩用量 75 ml）、黄瓜（亩用量 75 ml）、甜玉米（亩用量 75 ml）上喷施均无明显药害症状。

第七节　苯噻二嗪类

苯噻二嗪类除草剂以灭草松为代表，其为选择性触杀性苗后处理除草剂，用于苗后茎叶处理，通过叶片接触而起作用。旱田作物，通过叶面渗透传导到叶绿体内抑制光合作用；水田作物，既能通过叶面渗透又能通过根部吸收，传导到茎叶，强烈阻碍杂草光合作用和水分代谢，造成营养饥饿，使杂草生理机能失调而致死。有效成分在耐性作物体内向活性弱的糖轭合物代谢而解毒，对作物安全。施药后 8 ~ 16 周灭草松在土壤中可被微生物分解。

该类除草剂主要品种介绍见表 3-7。

表 3-7　苯噻二嗪类除草剂主要品种

通用名称	其他信息		结构式	适用作物	使用量（有效成分，g/亩）	防除对象	施药方法
灭草松 bentazone	分子式	$C_{10}H_{12}N_2O_3S$	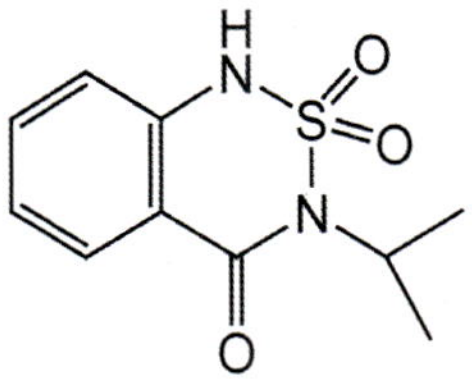	大豆、花生、甘薯、马铃薯、茶园	50 ~ 100	莎草科杂草及阔叶杂草	喷雾
				水稻	64 ~ 96		
	分子量	240.28		水稻（移栽田、直播田）	72 ~ 100		
	CAS 登录号	25057-89-0		草原牧场	100 ~ 125		

灭草松

绿　豆

48% 灭草松水剂田间茎叶处理，亩用量 400 ml，药后 3 d，着药叶片已枯死，植株矮小

棉　花

48% 灭草松水剂田间茎叶处理，亩用量150 ml，药后3 d，部分叶片失水干枯；药后10 d，老叶多枯死，新叶生长正常（图为药后3 d症状）

芝　麻

48% 灭草松水剂田间茎叶处理，亩用量150 ml，药后3 d，叶片失水干枯；药后10 d，老叶多枯死，新叶生长正常（图为药后3 d症状）

油　菜

48% 灭草松水剂盆栽茎叶处理，亩用量150 ml，药后8 d，心叶萎蔫，植株矮小

48% 灭草松水剂田间茎叶处理，亩用量 150 ml，药后 15 d，植株失水萎蔫，濒临死亡

大　豆

48% 灭草松水剂田间茎叶处理，亩用量 100 ml，药后 3 d，少量叶片有褐色斑点，部分叶片沿叶脉失绿

48% 灭草松水剂田间茎叶处理，亩用量 200~400 ml，药后 3~7 d，部分叶片有密集的锈色斑点或黄白色枯斑，严重时病斑处干枯（图①、图②为亩用量 200 ml，药后 3 d、7 d 症状；图③、图④为亩用量 400 ml，药后 3 d、7 d 症状）

48% 灭草松水剂田间茎叶处理，亩用量 200 ml，药后 40 d，新出叶片无药害症状，部分植株矮化，长势弱

甘 薯

48% 灭草松水剂盆栽茎叶处理，亩用量 200 ml，药后 3~5 d，少量叶片上有明显的黑褐色斑点，大部分叶片失绿，边缘干枯（图①为药后 3 d 症状，图②为药后 5 d 症状）

48% 灭草松水剂盆栽茎叶处理，亩用量 200~400 ml，药后 15 d，植株明显矮化，大部分植株叶片干枯，脱落严重，部分植株死亡（图①为亩用量 200 ml，图②为亩用量 400 ml）

48% 灭草松水剂盆栽茎叶处理，亩用量 200 ml，药后 30 d，植株明显矮化，大部分植株叶片脱落，未死亡的植株叶腋长出新芽

菜　心

48% 灭草松水剂盆栽茎叶处理，亩用量 200 ml，药后 4 d 枯死

辣　椒

48% 灭草松水剂盆栽茎叶处理，亩用量 200 ml，药后 4 d 叶片出现枯死斑，整体药害不严重

茄　子

48% 灭草松水剂田间茎叶处理，亩用量 300 ml，药后 1 d 叶出现焦枯斑

48% 灭草松水剂田间茎叶处理，亩用量 300 ml，药后 14 d 生长受抑制，叶片残缺不全

48% 灭草松水剂盆栽茎叶处理，亩用量 200 ml，药后 4 d 从叶缘开始逐渐枯死

豆　角

48% 灭草松水剂盆栽茎叶处理，亩用量 200 ml，药后 4 d 叶片出现枯斑

甜玉米

48% 灭草松水剂盆栽茎叶处理，亩用量 200 ml，药后 4 d 叶发黄，逐渐枯死

48% 灭草松水剂田间茎叶处理，在花生（亩用量 400 ml）、玉米（亩用量 150 ml）、谷子（亩用量 150 ml）、小麦（亩用量 150 ml）、番茄（亩用量 200 ml）、黄瓜（亩用量 200 ml）上喷施均无明显药害症状。

第四章　原卟啉氧化酶抑制剂

原卟啉氧化酶抑制剂类除草剂是一种触杀性除草剂，通过植物细胞中原卟啉氧化酶积累而发挥药效。茎叶处理后，可被迅速吸收到敏感植物或杂草组织中使植株迅速坏死，或在阳光照射下使茎叶脱水干枯而死。原卟啉氧化酶抑制剂的化学结构式主要有六类：二苯醚类、三唑啉酮类、吡唑类、酰亚胺类、环状亚胺类、尿嘧啶类。该类除草剂主要会抑制植物生长，造成体内叶绿素降解，其中以噁草酮、乙羧氟草醚为主要代表。

原卟啉氧化酶抑制剂是目前化学农药最活跃的研究领域之一，它的开发成功使除草剂进入了一个崭新的时代。其作用方式分为：①经过茎叶处理后，在抑制叶绿素生物合成过程中，引起原卟啉积累，使细胞膜质过氧化作用增强，从而造成敏感杂草的细胞膜结构和组织功能不可逆损害。即其可被迅速吸收到植物组织中，使茎叶迅速脱水、干枯，最终导致植物迅速死亡。②土壤表皮经过处理后，药剂被土壤粒子吸收，在土壤表面形成处理层，杂草发芽时，幼苗一接触到药剂处理层就会枯死。

从噁草酮问世开始，已开发出 20 多个原卟啉氧化酶抑制剂品种。该类除草剂的最大特点是在保持现有高活性、对环境友好的前提下，不仅对作物相对安全，而且对后茬作物无影响。由于此类化合物以植物细胞的叶绿素为作用点，确保了动植物之间的选择毒性，具有超高效、低毒的特点，成为新型除草剂开发的热点。

原卟啉氧化酶抑制剂类除草剂一般在苗后使用，有作用快、对下茬作物药害小的特点，同时对水生动物毒性较低，对地下水污染很小。典型药害症状为着药叶片失绿干枯，叶缘内卷，一周左右几乎整株枯死。

第一节　二苯醚类

二苯醚类除草剂是 20 世纪 60 年代初期美国罗门哈斯公司开发的一类除草剂。二苯醚类除草剂中的大多数品种都是触杀性品种，可被植物迅速吸收，但传导性能较差；土壤处理的品种由于水溶度低，故易于被土壤胶体吸附，在土壤中不易移动，主要防治一年生阔叶杂草幼芽；茎叶处理的品种主要起触杀作用；目前生产中应用的都是邻位置换的品种，它们必须在光照条件下才能产生除草活性。由于二苯醚类除草剂基本上属于触杀性除草剂，所以在生产中应用时，作物的药害也都是局部性药害，三氟羧草醚、乳氟禾草灵、氟磺胺草醚等在喷药后，一般都会产生不同程度的药害。二苯醚类除草剂在土壤中的降解作用是醚键水解与硝基还原，无残留药害。

二苯醚类除草剂的作用靶标是植物体内的原卟啉氧化酶，它以尿卟啉原 I 与类卟啉原 I 作为基质，由于原卟啉氧化酶受抑制，造成原卟啉原 IX 积累，在光与分子氧存在的条件下，原卟啉原 IX 产生单线态氧，使脂膜过氧化，最终造成细胞死亡。

大多数二苯醚类除草剂品种都是触杀性药剂，因而只能防治一年生杂草与种子繁殖的多年生杂草，防治阔叶杂草的效果优于防治禾本科杂草。此类除草剂的可混性较强，因而适宜与防治禾本科杂草的除草剂混用，以扩大杀草谱，如用于稻田的草枯醚、甲羧醚、乙氧醚等可与丁草胺混用，用于大豆田的三氟羧草醚、氟磺胺草醚、乳氟禾草灵与精吡氟禾草灵、精喹禾灵及高效氟吡甲禾灵等混用。

二苯醚类除草剂的主要特性：①部分品种是土壤封闭处理剂，部分品种为茎叶处理剂，施入土壤中无效。②土壤封闭处理剂主要防治一年生杂草幼芽，而且防治阔叶杂草的效果优于禾本科杂草，应在杂草萌芽前施用；茎叶处理剂可以有效防除一年生和多年生阔叶杂草，但对多年生阔叶杂草仅能杀死杂草的地上部分。该类除草剂水溶性低，被土壤胶体强烈吸附，因而淋溶性小，在土壤中不易移动，持效期中等。③二苯醚类除草剂对植物主要起触杀作用，受害植物产生坏死褐斑，特别是对幼龄分生组织的毒害作用较大。生产应用时防除低龄杂草效果好，施药时应喷施均匀。④对作物易产生药害，但这种药害是触杀性药害，一般经 5~10 d 即可恢复正常，不会造成作物减产。⑤对鱼、贝类低毒。

二苯醚类除草剂的作用机理：①对原卟啉氧化酶的抑制。邻位取代的二苯醚类除草剂是二苯醚类除草剂的主要类群，它们的作用靶标主要是植物体内的原卟啉氧化酶。此种酶与植物细胞内的线粒体及叶绿体膜缔合，催化原卟啉 IX 氧化为血红素与叶绿素生物合成中的最后一种中间产物原卟啉 IX。由于原卟啉氧化酶受抑制，造成原卟啉 IX 积累，在光和分子氧存在的条件下，原卟啉 IX 产生单态氧，使脂膜过氧化，最终造成细胞死亡。②对细胞的影响。研究证明，用乙羧氟草醚处理马齿苋后，叶片保卫细胞对溶质的透性增强，渗透梯度破坏，保卫细胞萎蔫，气孔关闭，蒸腾作用下降，乙烯形成增强，最终造成叶片脱落。③对光合作用的影响。三氟羧草醚、乙羧氟草醚、氟磺胺草醚等邻位取代二苯醚类除草剂，主要作为叶绿体非循环电子传递以及偶联光合磷酸化作用的抑制剂而起作用，主要作用点是光合系统 Ⅱ 和氧的释放途径。由于二苯醚类除草剂抑制氧化磷酸化与光合磷酸化这两个主要过程（在此过程中，叶绿素机体形成 ATP，ATP 在细胞代谢中起重要作用），因此抑制 ATP 形成至少是二苯醚类除草剂除草作用的生物化学机理之一。

二苯醚类除草剂的化学结构通式：

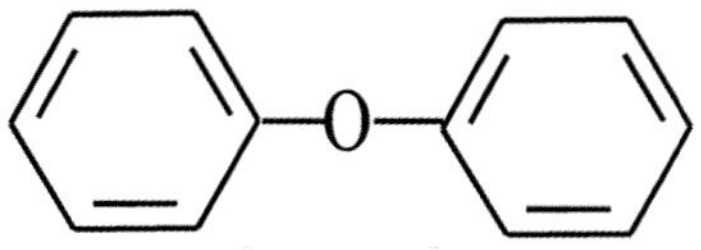

该类除草剂主要品种介绍见表 4-1：

表 4-1　二苯醚类除草剂主要品种

通用名称	其他信息		结构式	适用作物	使用量（有效成分，g/亩）	防除对象	施药方法
乙羧氟草醚 fluoroglycofen	分子式	$C_{16}H_9ClF_3NO_7$	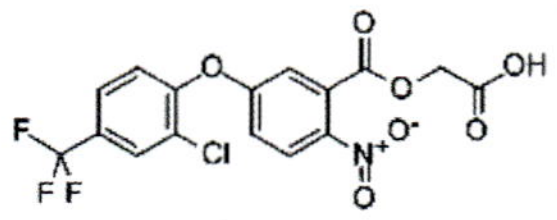	春大豆	5 ~ 6	一年生阔叶杂草	茎叶喷雾
	分子量	419.69		夏大豆	5 ~ 6		
	CAS 登录号	77501-60-1		棉花	3 ~ 4		
				花生	2 ~ 3		
氟磺胺草醚 fomesafen	分子式	$C_{15}H_{10}ClF_3N_2O_6S$	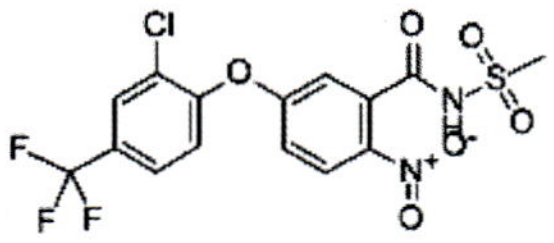	春大豆	15 ~ 25	一年生阔叶杂草	茎叶喷雾
	分子量	438.76					
	CAS 登录号	72178-02-0		夏大豆	12.5 ~ 15		
				花生	7 ~ 10		
乳氟禾草灵 lactofen	分子式	$C_{19}H_{15}ClF_3NO_7$	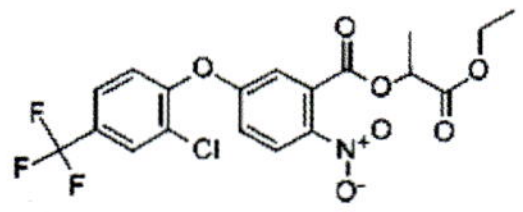	春大豆	7.2 ~ 9.6	一年生阔叶杂草	茎叶喷雾
	分子量	461.77		夏大豆	7.2 ~ 9.6		
	CAS 登录号	77501-63-4		花生	3.6 ~ 7.2		
乙氧氟草醚 oxyfluorfen	分子式	$C_{15}H_{11}ClF_3NO_4$	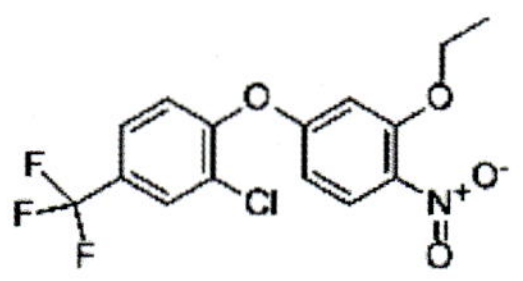	水稻	2.4 ~ 5	一年生阔叶杂草	茎叶喷雾
	分子量	361.7		大豆	24 ~ 32		
	CAS 登录号	42874-03-3					
三氟羧草醚 acifluorfene	分子式	$C_{14}H_7ClF_3NO_5$	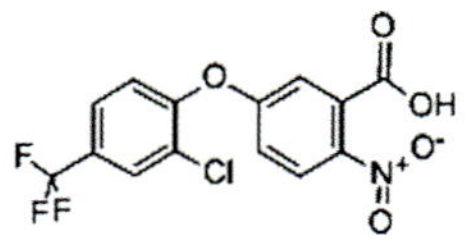	大豆	23.8 ~ 32.2	一年生阔叶杂草	茎叶喷雾
	分子量	361.66					
	CAS 登录号	50594-66-6					

续表

通用名称	其他信息		结构式	适用作物	使用量（有效成分，g / 亩）	防除对象	施药方法
甲羧除草醚 bifenox（专供出口）	分子式	$C_{14}H_9Cl_2NO_5$	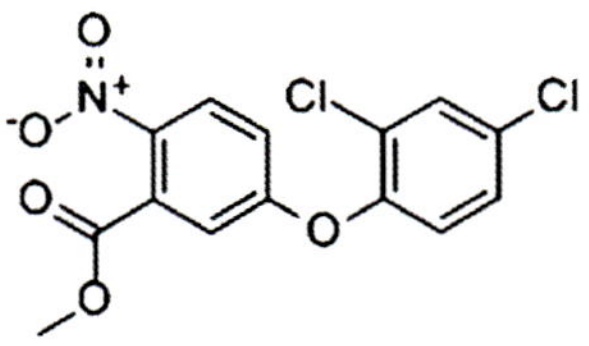	大豆	60 ～ 70	单双子叶杂草	土壤喷雾
	分子量	342.13					
	CAS 登录号	42576-02-3					
吡草醚 pyraflufen-ethyl	分子式	$C_{15}H_{13}Cl_2F_3N_2O_4$	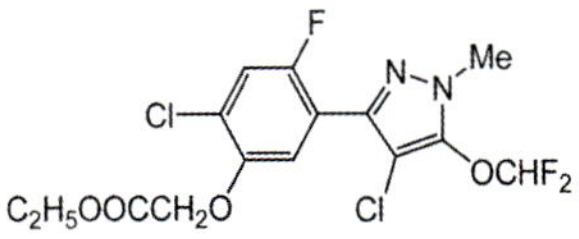	小麦	0.6 ～ 0.8	猪殃殃为主的阔叶杂草	茎叶喷雾
	分子量	413.2					
	CAS 登录号	129630-19-9					

此类除草剂典型的药害症状表现为叶片出现灼烧斑，褐色斑点，严重时整个叶片干枯，最后全株枯死。

乙羧氟草醚

玉　米

20% 乙羧氟草醚乳油田间茎叶处理，亩用量 20 ml，药后 2 d 心叶基部失绿沿叶脉发白、干枯

20%乙羧氟草醚乳油田间茎叶处理，亩用量20 ml，药后6 d心叶周围叶片中部干枯，有从中部断裂之势

20%乙羧氟草醚乳油田间茎叶处理，亩用量20 ml，药后11 d叶片中部完全干枯现大量黑色枯斑，叶片由叶缘向中心皱缩

20%乙羧氟草醚乳油田间茎叶处理，亩用量20 ml，药后16 d着药叶片沿叶脉逐步失绿黄化直至干枯

20%乙羧氟草醚乳油田间茎叶处理，亩用量20 ml，药后21 d干枯面积加大，叶片严重皱缩，其余叶片正常

谷 子

20%乙羧氟草醚乳油田间茎叶处理，亩用量20 ml，药后2 d心叶由叶尖向基部逐步干枯，弯向地面

20%乙羧氟草醚乳油田间茎叶处理，亩用量20 ml，药后6 d心叶叶尖端干枯，其余叶片正常

20% 乙羧氟草醚乳油田间茎叶处理，亩用量 20 ml，药后 10 d 生长恢复正常

花　生

20% 乙羧氟草醚乳油田间茎叶处理，亩用量 60 ml，药后 6 d 着药叶片现大量枯斑或枯死

20% 乙羧氟草醚乳油田间茎叶处理，亩用量 60 ml，药后 11 d 叶柄发褐呈干枯状，心叶皱缩，大部分叶片现大量枯斑

20% 乙羧氟草醚乳油田间茎叶处理，亩用量 60 ml，药后 14 d 生长基本恢复，心叶仍皱缩

20% 乙羧氟草醚乳油田间茎叶处理，亩用量 60 ml，药后 21 d 生长已恢复正常

绿 豆

20% 乙羧氟草醚乳油田间茎叶处理，亩用量 60 ml，药后 2 d 心叶叶缘干枯内卷

20% 乙羧氟草醚乳油田间茎叶处理，亩用量 60 ml，药后 6 d 心叶皱缩干枯，其余叶片生长正常

20% 乙羧氟草醚乳油田间茎叶处理，亩用量 60 ml，药后 11 d 植株生长正常

棉　花

20% 乙羧氟草醚乳油田间茎叶处理，亩用量 20 ml，药后 6 d 叶片完全失绿干枯，失水内卷

20% 乙羧氟草醚乳油田间茎叶处理，亩用量 20 ml，药后 11 d 几乎整株枯死

20% 乙羧氟草醚乳油田间茎叶处理，亩用量 20 ml，药后 18 d 部分植株死亡，部分植株茎部、叶柄全部变为红褐色，叶片颜色发黄

20% 乙羧氟草醚乳油田间茎叶处理，亩用量 20 ml，药后 27 d 恢复过来的植株生长正常，但植株矮小

芝　麻

20% 乙羧氟草醚乳油田间茎叶处理，亩用量 20 ml，药后 2 d 叶片多干枯或现大量枯斑，植株接近死亡

20% 乙羧氟草醚乳油田间茎叶处理，亩用量 20 ml，药后 6 d 部分植株枯死；药后 11 d 未枯死植株逐渐恢复正常生长，但较矮小；药后 16 d 已恢复植株生长正常（图为药后 6 d 症状）

小 麦

20%乙羧氟草醚乳油田间茎叶处理，亩用量30 ml，药后5 d，着药叶片呈现程度不一的药害斑，部分叶片已完全萎蔫；药后15 d，下部老叶完全黄化干枯，但新生叶片正常（图为药后5 d症状）

油 菜

20%乙羧氟草醚乳油田间茎叶处理，亩用量30 ml，药后3 d，着药叶片密布大量枯斑且叶缘内卷失水干枯

20%乙羧氟草醚乳油田间茎叶处理，亩用量30 ml，药后11 d，下部老叶完全枯死，上部叶片畸形，整体药害严重

20%乙羧氟草醚乳油田间茎叶处理，亩用量30 ml，药后23 d，逐步恢复正常，下部老叶仍存在干枯畸形现象

萝 卜

20%乙羧氟草醚乳油田间茎叶处理，亩用量 30 ml，药后 1 d 叶片出现失绿焦枯现象

20% 乙羧氟草醚乳油田间茎叶处理，亩用量 30 ml，药后 3 d 叶片几乎全部失绿焦枯，少数植株干枯死亡，药后 7 d 多数植株心部慢慢长出叶片，有叶片畸形，慢慢开始生长（图①为药后 3 d 症状，图②为药后 7 d 症状）

白 菜

20% 乙羧氟草醚乳油田间茎叶处理，亩用量 30 ml，药后 1 d 叶片出现失绿焦枯现象

20% 乙羧氟草醚乳油田间茎叶处理，亩用量 30 ml，药后 3 d 叶片几乎全部失绿焦枯，多数植株枯死，少数植株心部慢慢长出叶片开始生长

大　豆

10% 乙羧氟草醚乳油田间茎叶处理，亩用量 60~120 ml，药后 1~7 d，着药叶片产生灰白色或锈褐色斑点，有的叶片主脉及侧脉变为棕褐色，严重者叶片干枯，新出叶片明显皱缩（图①为亩用量 120 ml，药后 1 d 症状；图②为亩用量 60 ml，药后 1 d 症状；图③、图④、图⑤为亩用量 120 ml，药后 7 d 症状）

10% 乙羧氟草醚乳油田间茎叶处理，亩用量 120 ml，药后 15 d，药斑干枯脱落；药后 40 d，新出叶片无药害症状（图为药后 15 d 症状）

甘　薯

10%乙羧氟草醚乳油盆栽茎叶处理，亩用量60 ml，药后2~3 d，叶片明显黄化，顶尖变黑干枯，叶片开始脱落，部分植株干枯（图①、图②为药后2 d症状，图③为药后3 d症状）

10%乙羧氟草醚乳油盆栽茎叶处理，亩用量60~120 ml，药后5~8 d，几乎所有植株枯死（图①为亩用量60 ml，药后5 d症状；图②为亩用量120 ml，药后8 d症状）

菜　心

20% 乙羧氟草醚乳油盆栽茎叶处理，亩用量 20 ml，药后 4 d 叶片失水干枯

20% 乙羧氟草醚乳油盆栽茎叶处理，亩用量 20 ml，药后 14 d 整株彻底枯死

辣　椒

20% 乙羧氟草醚乳油盆栽茎叶处理，亩用量 20 ml，药后 2 d 植株的幼嫩部分枯死

20% 乙羧氟草醚乳油盆栽茎叶处理，亩用量 20 ml，药后 28 d 未枯部分再生长出新枝叶

茄　子

20% 乙羧氟草醚乳油盆栽茎叶处理，亩用量 20 ml，药后 2 d 嫩叶枯死

20% 乙羧氟草醚乳油盆栽茎叶处理，亩用量 20 ml，药后 10 d 抽出新芽

黄　瓜

20% 乙羧氟草醚乳油盆栽茎叶处理，亩用量 20 ml，药后 2 d 植株逐渐失水干枯

20% 乙羧氟草醚乳油盆栽茎叶处理，亩用量 20 ml，药后 8 d 枯死

豆　角

20% 乙羧氟草醚乳油盆栽茎叶处理，亩用量 20 ml，药后 2 d 叶片出现大量枯死斑点，幼叶黄化，畸形

20% 乙羧氟草醚乳油盆栽茎叶处理，亩用量 20 ml，药后 7 d 生长受抑制

氟磺胺草醚

玉 米

25% 氟磺胺草醚水剂田间茎叶处理，亩用量 100 ml，药后 1 d 着药叶片完全失绿干枯内卷

25% 氟磺胺草醚水剂田间茎叶处理，亩用量 100 ml，药后 4 d 着药叶片完全干枯

25% 氟磺胺草醚水剂田间茎叶处理，亩用量 100 ml，药后 8 d 心叶内卷成团从基部向下弯曲，干枯叶片上密布黑褐色斑点

25% 氟磺胺草醚水剂田间茎叶处理，亩用量 100 ml，药后 12 d 大部分植株近枯死，相对较轻者生长严重受抑制，植株矮小

25% 氟磺胺草醚水剂田间茎叶处理，亩用量 100 ml，药后 22 d 植株整体枯死

谷 子

25% 氟磺胺草醚水剂田间茎叶处理，亩用量 100 ml，药后 2 d 叶片完全失绿干枯

25% 氟磺胺草醚水剂田间茎叶处理，亩用量 100 ml，药后 12 d 植株整体枯死

花 生

25% 氟磺胺草醚水剂田间茎叶处理，亩用量 240 ml，药后 1 d 上部着药叶片干枯，下部叶片正常

25% 氟磺胺草醚水剂田间茎叶处理，亩用量 240 ml，药后 3 d 上部叶片上多分布大小不一的枯斑，有的枯斑连成片

25% 氟磺胺草醚水剂田间茎叶处理，亩用量 240 ml，药后 6 d 植株整体叶片上均密布着枯斑，部分叶片已干枯

25% 氟磺胺草醚水剂田间茎叶处理，亩用量 240 ml，药后 9 d 叶柄干枯，叶片多皱缩无法展开或分布大量枯斑

25% 氟磺胺草醚水剂田间茎叶处理，亩用量 240 ml，药后 13 d 部分叶片上分布大小不一的枯斑，其余叶片略发黄

25% 氟磺胺草醚水剂田间茎叶处理，亩用量 240 ml，药后 22 d 植株已恢复正常生长

绿　豆

25% 氟磺胺草醚水剂田间茎叶处理，亩用量 240 ml，药后 2 d 无明显症状；药后 4 d 偶有部分畸形叶，整体生长正常（图为药后 4 d 症状）

25% 氟磺胺草醚水剂田间茎叶处理，亩用量 240 ml，药后 8 d 畸形叶内卷，整体仍生长正常

25% 氟磺胺草醚水剂田间茎叶处理，亩用量 240 ml，药后 12 d 无明显症状；药后 18 d 生长正常（图为药后 12 d 症状）

棉　花

25% 氟磺胺草醚水剂田间茎叶处理，亩用量 100 ml，药后 1 d 叶片失绿，严重失水干枯内卷

25% 氟磺胺草醚水剂田间茎叶处理，亩用量 100 ml，药后 3 d 上部叶片多已干枯，下部叶片开始出现失绿枯斑

25% 氟磺胺草醚水剂田间茎叶处理，亩用量 100 ml，药后 6 d 植株多数叶片干枯脱落，心叶皱缩有干枯之势，叶柄、茎部发褐

25% 氟磺胺草醚水剂田间茎叶处理，亩用量 100 ml，药后 9 d 叶柄、茎部干枯，大部分叶片干枯

25% 氟磺胺草醚水剂田间茎叶处理，亩用量 100 ml，药后 13 d 植株茎部褐化干枯，上部叶片发黄

25% 氟磺胺草醚水剂田间茎叶处理，亩用量 100 ml，药后 22 d 植株恢复正常生长，但矮小，生长受抑制

芝　麻

25% 氟磺胺草醚水剂田间茎叶处理，亩用量 100 ml，药后 1 d 受害植株整体近枯死

25% 氟磺胺草醚水剂田间茎叶处理，亩用量 100 ml，药后 2 d 整株枯死

小　麦

25% 氟磺胺草醚水剂田间茎叶处理，亩用量 100 ml，药后 7 d，着药叶片密布大量失绿药斑

25% 氟磺胺草醚水剂田间茎叶处理，亩用量 100 ml，药后 15 d，下部老叶仍存在药斑，但新生叶片正常

油　菜

25% 氟磺胺草醚水剂田间茎叶处理，亩用量 100 ml，药后 3 d，叶片呈现水浸状枯斑，叶缘内卷

25% 氟磺胺草醚水剂田间茎叶处理，亩用量 100 ml，药后 7 d，整体现失水干枯状

25% 氟磺胺草醚水剂田间茎叶处理，亩用量 100 ml，药后 11 d，几乎枯死；药后 23 d，彻底枯死（图为药后 11 d 症状）

萝　卜

25% 氟磺胺草醚水剂田间茎叶处理，亩用量 100 ml，药后 1 d 叶片渐渐萎蔫失绿至全部失绿

25% 氟磺胺草醚水剂田间茎叶处理，亩用量 100 ml，药后 4 d 植株全部枯死

白　菜

25%氟磺胺草醚水剂田间茎叶处理，亩用量100 ml，药后1 d叶片渐渐失绿至全部失绿

25%氟磺胺草醚水剂田间茎叶处理，亩用量100 ml，药后4 d全部枯死

大　豆

25%氟磺胺草醚水剂田间茎叶处理，亩用量266 ml，药后1~7 d，着药叶片有褐色枯斑，部分幼嫩叶片叶缘干枯，皱缩（图①为药后1 d症状，图②、图③为药后7 d症状）

25%氟磺胺草醚水剂田间茎叶处理，亩用量266 ml，药后15 d，枯斑脱落，叶片破损

25%氟磺胺草醚水剂田间茎叶处理，亩用量133 ml，药后40 d，个别叶片边缘黄化，新出叶片正常

甘　薯

25%氟磺胺草醚水剂盆栽茎叶处理，亩用量133~266 ml，药后2~3 d，叶片明显黄化，部分叶片上有大量黑褐色斑点，顶尖变黑变褐干枯，叶片开始脱落，部分植株枯死；药后5 d，所有植株枯死（图①为亩用量133 ml，药后2 d症状；图②为亩用量266 ml，药后2 d症状；图③为亩用量133 ml，药后3 d症状）

辣　椒

25%氟磺胺草醚水剂盆栽茎叶处理，亩用量80 ml，药后2~4 d植株幼叶和芽枯死（图①、图②均为药后2 d症状，图③为药后4 d症状）

茄　子

25% 氟磺胺草醚水剂盆栽茎叶处理，亩用量 80 ml，药后 2~4 d 植株嫩叶干枯（图①、图②均为药后 2 d 症状，图③为药后 4 d 症状）

黄　瓜

25% 氟磺胺草醚水剂盆栽茎叶处理，亩用量 80 ml，药后 4 d 植株逐渐枯死

25% 氟磺胺草醚水剂盆栽茎叶处理，亩用量 80 ml，施药后 30 d 再播黄瓜，出苗后子叶和真叶都出现白斑，生长缓慢（残留药害）

豆 角

25% 氟磺胺草醚水剂盆栽茎叶处理，亩用量 80 ml，药后 2~4 d 叶畸形或枯死，茎基部出现明显环状坏死区（图①、图③为药后 2 d 症状，图②、图④为药后 4 d 症状）

25% 氟磺胺草醚水剂盆栽茎叶处理，亩用量 80 ml，施药后 30 d 再播种豆角，子叶不能正常展开，生长受到抑制（残留药害）

乙氧氟草醚

小 麦

20% 乙氧氟草醚乳油播后苗前盆栽土壤处理，亩用量 40 ml，药后 6 d，出苗率正常，但新出的苗即黄化

20% 乙氧氟草醚乳油播后苗前盆栽土壤处理，亩用量 40 ml，药后 11 d 苗多从叶尖开始完全失水失绿发黄发白，呈现严重的药害症状

20% 乙氧氟草醚乳油播后苗前盆栽土壤处理，亩用量 40 ml，药后 23 d，植株矮小瘦弱，完全萎蔫接近死亡

油 菜

20% 乙氧氟草醚乳油播后苗前盆栽土壤处理，亩用量 40 ml，药后 6 d，无明显症状；药后 16 d，生长受限，植株矮小，叶片及茎失水萎蔫

20% 乙氧氟草醚乳油播后苗前盆栽土壤处理，亩用量 40 ml，药后 23 d，植株濒临死亡

萝 卜

20% 乙氧氟草醚乳油播后苗前土壤处理，亩用量 40 ml，药后 5 d 苗期叶片有黄白斑

20% 乙氧氟草醚乳油播后苗前土壤处理，亩用量 40 ml，药后 7 d 叶片向外卷曲

20% 乙氧氟草醚乳油播后苗前土壤处理，亩用量 40 ml，药后 7 d 叶片边沿有萎蔫干枯，叶片畸形

20% 乙氧氟草醚乳油播后苗前土壤处理，亩用量 40 ml，药后 20 d 随着植株生长无明显症状，植株稍小

白 菜

20% 乙氧氟草醚乳油播后苗前土壤处理，亩用量 40 ml，药后 5 d 苗期叶片有黄白斑，叶片黄

20% 乙氧氟草醚乳油播后苗前土壤处理，亩用量 40 ml，药后 15 d 随着植株生长无明显症状，植株小

大 豆

24% 乙氧氟草醚乳油盆栽土壤处理，亩用量 60~240 ml，药后 5 d，大部分子叶及茎具黄褐色药斑，苗弱，高剂量出苗明显减少（图①为亩用量 60 ml，图②为亩用量 240 ml）

24% 乙氧氟草醚乳油盆栽土壤处理，亩用量 60~240 ml，药后 7~10 d，新出叶片黄化或白化，部分真叶叶缘黄化或干枯皱缩呈勺状，大部分植株顶尖停止生长，植株矮小（图①为亩用量 120 ml，药后 5 d 症状；图②、图③、图④为亩用量 60 ml，药后 10 d 症状；图⑤为亩用量 120 ml，药后 10 d 症状）

24% 乙氧氟草醚乳油盆栽土壤处理，亩用量 120 ml，药后 15 d，药斑扩大、变白或干枯，植株严重细弱矮化

24% 乙氧氟草醚乳油盆栽土壤处理，亩用量 120~240 ml，药后 30 d，存活植株明显矮化细弱（图①为亩用量 120 ml，图②为亩用量 240 ml）

甘　薯

24% 乙氧氟草醚乳油盆栽土壤处理，亩用量 120~360 ml，药后 7~10 d，叶片有黑褐色或黄褐色斑点，边缘干枯，严重的叶片黄化干枯脱落（图①为亩用量 120 ml，药后 10 d 症状；图②为亩用量 240 ml，药后 10 d 症状；图③、图⑤为亩用量 120 ml，药后 7 d 症状；图④为亩用量 360 ml，药后 7 d 症状）

24% 乙氧氟草醚乳油盆栽土壤处理，亩用量 360 ml，药后 15 d，植株生长受到抑制，矮化细弱

菜　心

20% 乙氧氟草醚乳油盆栽茎叶处理，亩用量 40 ml，药后 1 d 嫩叶枯死

20% 乙氧氟草醚乳油盆栽茎叶处理，亩用量 40 ml，药后 7 d 老叶与茎残存

辣　椒

20% 乙氧氟草醚乳油播后苗前盆栽土壤处理，亩用量 40 ml，药后 2 d 嫩叶和芽枯死

20% 乙氧氟草醚乳油播后苗前盆栽土壤处理，亩用量 40 ml，药后 8 d 老叶具枯斑

茄　子

20% 乙氧氟草醚乳油播后苗前盆栽土壤处理，亩用量 40 ml，药后 2 d 嫩叶和芽开始逐渐枯死

黄 瓜

20% 乙氧氟草醚乳油播后苗前盆栽土壤处理，亩用量 40 ml，药后 1 d 整株枯死

豆 角

20% 乙氧氟草醚乳油播后苗前盆栽土壤处理，亩用量 40 ml，药后 2 d 幼嫩的芽和叶片枯死

20% 乙氧氟草醚乳油播后苗前盆栽土壤处理，亩用量 40 ml，药后 8 d 老叶和茎残存

甜玉米

20% 乙氧氟草醚乳油播后苗前盆栽土壤处理，亩用量 40 ml，药后 1 d 叶出现焦枯斑，嫩叶枯死

20% 乙氧氟草醚乳油播后苗前盆栽土壤处理，亩用量 40 ml，药后 7 d 逐渐恢复正常

花　生

20% 乙氧氟草醚乳油播后苗前盆栽土壤处理，亩用量 40 ml，药后 2 d 叶片出现坏死斑

20% 乙氧氟草醚乳油播后苗前盆栽土壤处理，亩用量 40 ml，药后 12 d 长出正常新叶

乳氟禾草灵

萝　卜

24% 乳氟禾草灵乳油田间茎叶处理，亩用量 50 ml，药后 1 d 叶片出现失绿焦枯现象

24% 乳氟禾草灵乳油田间茎叶处理，亩用量 50 ml，药后 3 d 叶片几乎全部失绿焦枯，有部分植株枯死，部分植株心部慢慢长出叶片，叶片畸形，慢慢开始生长

白　菜

24% 乳氟禾草灵乳油田间茎叶处理，亩用量 50 ml，药后 1 d 叶片出现失绿焦枯现象

24% 乳氟禾草灵乳油田间茎叶处理，亩用量 50 ml，药后 3 d 叶片几乎全部失绿焦枯，多数植株死亡，少数植株心部慢慢长出叶片开始生长

大 豆

24% 乳氟禾草灵乳油田间茎叶处理，亩用量 40~80 ml，药后 1~7 d，着药叶片有褐色斑点，严重者形成枯斑，部分叶片叶缘干枯，致使叶片皱缩（图①为亩用量 40 ml，药后 7 d 症状；图②、图③为亩用量 80 ml，药后 1 d、7 d 症状）

24% 乳氟禾草灵乳油田间茎叶处理，亩用量 80 ml，药后 15 d，干枯斑脱落，叶片破损；药后 40 d，个别叶片边缘黄化，新出叶片正常（图①为药后 15 d 症状，图②为药后 40 d 症状）

甘 薯

24% 乳氟禾草灵乳油盆栽茎叶处理，亩用量 80 ml，药后 2~3 d，叶片明显黄化，部分叶片有大量黑色污点，顶尖黑褐色干枯，严重的茎叶腐烂或枯死；药后 5 d，所有植株枯死（图①为药后 2 d 症状，图②为药后 3 d 症状）

第二节　噁二唑类

噁二唑类除草剂的典型代表为噁草酮、丙炔噁草酮。

噁草酮是一种选择性触杀性芽前、芽后土壤处理除草剂，药剂通过杂草幼芽或幼苗与药剂接触、吸收而引起作用。苗后施药，药剂通过杂草地上部分吸收，进入植物体后积累在生长旺盛部位，在有光的条件下，使触药部位的细胞组织及叶绿素遭到破坏，分生组织停止生长，最终致使杂草幼芽死亡。本类除草剂在光照条件下才能发挥杀草作用，但并不影响光合作用的希尔反应。杂草自萌芽至2~3叶期均对该药敏感，以杂草萌芽期施药效果最好，随杂草长大效果降低。噁草酮持效期较长，旱作田可达60 d以上，在土壤中代谢较慢，半衰期为3 ~ 6个月。

丙炔噁草酮(商品名稻思达)是法国罗纳·普朗克公司开发的一种新型噁二唑含氮杂环类除草剂，主要用于水稻、马铃薯、向日葵、甜菜等苗前防除阔叶杂草，还可与多种磺酰脲类除草剂如苄嘧磺隆、吡嘧磺隆复合成制剂，应用领域十分广阔。

该类除草剂主要品种介绍见表4-2。

表4-2　噁二唑类除草剂主要品种

通用名称	其他信息		结构式	适用作物	使用量（有效成分，g/亩）	防除对象	施药方法
噁草酮 oxadiazon	分子式	$C_{15}H_{18}Cl_2N_2O_3$	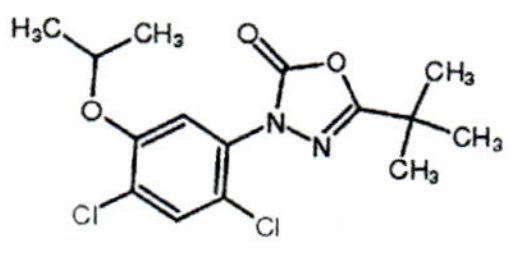	水稻	25 ~ 33	一年生杂草	土壤喷雾
	分子量	345.22		花生	25 ~ 37		
	CAS登录号	19666-30-9		棉花	27.6 ~ 31.2		
				移栽田水稻	23.8 ~ 32.5		
丙炔噁草酮 oxadiargyl	分子式	$C_{15}H_{14}Cl_2N_2O_3$	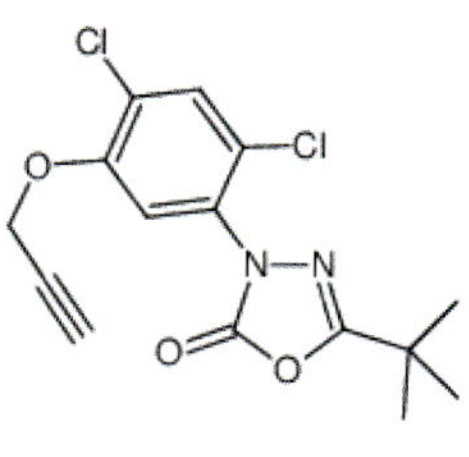	移栽田水稻	15 ~ 20	一年或多年生禾本科稗草、异型莎草	土壤喷雾
	分子量	341.19					
	CAS登录号	39807-15-3					

此类除草剂典型的药害症状：土壤处理时对幼苗有抑制作用，出苗后茎叶会产生失绿斑，一般不扩大，茎叶处理时会产生不规则的失绿斑，先呈水浸状后干枯，枯斑常连成片，整个叶片枯死，严重者生长点萎蔫、枯死。

噁草酮

玉　米

25% 噁草酮乳油田间茎叶处理，亩用量 120 ml，药后 2 d 心叶基部失绿沿叶脉变白色干枯状，逐渐向上扩展，呈白色条纹状

25% 噁草酮乳油田间茎叶处理，亩用量 120 ml，药后 6 d 着药叶片几乎完全干枯

25% 噁草酮乳油田间茎叶处理，亩用量 120 ml，药后 11 d 已干枯叶片上现大量黑色枯斑，其余叶片生长正常

25% 噁草酮乳油田间茎叶处理，亩用量 120 ml，药后 16 d 正常结实

谷 子

25% 噁草酮乳油田间茎叶处理，亩用量 120 ml，药后 2 d 心叶从叶尖端向基部干枯，弯向地面，老叶上多现红褐色斑点

25% 噁草酮乳油田间茎叶处理，亩用量 120 ml，药后 6 d 心叶已枯死，下部老叶密布红褐色斑点，其余叶片正常

25% 噁草酮乳油田间茎叶处理，亩用量 120 ml，药后 10 d 下部老叶药斑布满叶面，垂向地面

25% 噁草酮乳油田间茎叶处理，亩用量 120 ml，药后 16 d 正常结实，生长已恢复

花　生

25% 噁草酮乳油田间茎叶处理，亩用量 400 ml，药后 6 d 着药叶片干枯

25% 噁草酮乳油田间茎叶处理，亩用量 400 ml，药后 11 d 心叶干枯皱缩，叶柄褐化干枯

25% 噁草酮乳油田间茎叶处理，亩用量 400 ml，药后 14 d 心叶已枯死，叶柄多褐化干枯，叶片多皱缩变形

25% 噁草酮乳油田间茎叶处理，亩用量 400 ml，药后 27 d 植株已恢复正常生长

绿　豆

25% 噁草酮乳油田间茎叶处理，亩用量 120 ml，药后 2 d 个别叶片干枯皱缩，整体无明显症状；药后 6 d 生长正常（图为药后 2 d 症状）

棉　花

25% 噁草酮乳油田间茎叶处理，亩用量 120 ml，药后 6 d 着药叶片失水失绿干枯内卷，植株矮小

25% 噁草酮乳油田间茎叶处理，亩用量 120 ml，药后 11 d 新生叶片正常生长，下部老叶干枯

25% 噁草酮乳油田间茎叶处理，亩用量 120 ml，药后 18 d 生长已恢复正常，但生长明显受抑制，植株矮小

芝　麻

25% 噁草酮乳油田间茎叶处理，亩用量 120 ml，药后 2 d 着药叶片从基部到叶尖逐渐干枯内卷

25% 噁草酮乳油田间茎叶处理，亩用量 120 ml，药后 6 d 新生叶片正常，心叶下部叶片从基部失绿干枯

25% 噁草酮乳油田间茎叶处理，亩用量 120 ml，药后 11 d 除下部老叶干枯外，大部分已恢复正常生长

25% 噁草酮乳油田间茎叶处理，亩用量 120 ml，药后 16 d 生长正常

小　麦

25% 噁草酮乳油播后苗前盆栽土壤处理，亩用量 120 ml，药后 11d，整株白化且瘦弱

25% 噁草酮乳油播后苗前盆栽土壤处理，亩用量 120 ml，药后 23 d，植株枯死

油　菜

25% 噁草酮乳油播后苗前盆栽土壤处理，亩用量 120 ml，药后 6 d，较对照植株矮小

25% 噁草酮乳油播后苗前盆栽土壤处理，亩用量 120 ml，药后 16 d，生长已停滞，整体叶片包括大部分茎完全失水萎蔫

25% 噁草酮乳油播后苗前盆栽土壤处理，亩用量 120 ml，药后 23 d，濒临死亡

萝　卜

25% 噁草酮乳油播后苗前土壤处理，亩用量 100 ml，药后 5 d 出苗较好，叶片发白，向内向外卷曲

25% 噁草酮乳油播后苗前土壤处理，亩用量 100 ml，药后 10 d 叶片干枯严重，少数苗枯死，新叶片畸形，有白色干枯斑，植株生长缓慢

白　菜

25% 噁草酮乳油播后苗前土壤处理，亩用量 100 ml，药后 5 d 出苗少，叶片黄、白斑多

25% 噁草酮乳油播后苗前土壤处理，亩用量 100 ml，药后 10 d 有苗枯死，子叶干枯，新叶片黄，有大片白斑，有白斑叶片逐渐干枯，随着植株生长叶片无明显症状，植株生长缓慢

大　豆

25% 噁草酮乳油盆栽土壤处理，亩用量 800 ml，药后 5 d，大部分子叶、茎具黄褐色药斑

25%嗯草酮乳油盆栽土壤处理，亩用量400~800 ml，药后7~10 d，真叶黄化或叶缘干枯，叶片皱缩呈勺状，新出叶片生长受抑制，植株矮化（图①为亩用量400 ml，药后10 d症状；图②、图③为亩用量800 ml，药后7 d症状）

25%嗯草酮乳油盆栽土壤处理，亩用量400~800 ml，药后15 d，药斑扩大、变白或干枯脱落，大部分植株严重矮化、细弱（图①、图②为亩用量400 ml，图③为亩用量800 ml）

25%嗯草酮乳油盆栽土壤处理，亩用量800 ml，药后30 d，植株矮化细弱

甘　薯

25% 噁草酮乳油盆栽土壤处理，亩用量 400~800 ml，药后 7 d，叶片局部黄化，或有黑色斑点，部分上部叶片变黑褐色干枯（图①、图②为亩用量 400 ml，图③、图④为亩用量 800 ml）

25% 噁草酮乳油盆栽土壤处理，亩用量 400~1 200 ml，药后 15 d，叶片边缘药斑干枯凹陷，高剂量叶片药斑干枯脱落，造成叶片皱缩或破损（图①为亩用量 400 ml，图②、图③为亩用量 1 200 ml）

25% 噁草酮乳油盆栽土壤处理，亩用量 800~1 200 ml，药后 25 d，下部叶片黄化脱落，植株矮小（图①为亩用量 800 ml，图②为亩用量 1 200 ml）

辣　椒

25% 噁草酮乳油盆栽茎叶处理，亩用量 120 ml，药后 2 d 植株幼嫩部分枯死

茄　子

25% 噁草酮乳油盆栽茎叶处理，亩用量 120 ml，药后 2 d 从幼嫩部分开始逐渐干枯

25% 噁草酮乳油盆栽茎叶处理，亩用量 120 ml，药后 14 d 基部再生

番　茄

25% 嗯草酮乳油盆栽茎叶处理，亩用量 120 ml，药后 7 d 叶片出现枯死斑，幼叶发生畸形，芽受损害，生长减缓

黄　瓜

25% 嗯草酮乳油盆栽茎叶处理，亩用量 120 ml，药后 1 d 黄瓜叶片出现大面积白斑

25% 嗯草酮乳油盆栽茎叶处理，亩用量 120 ml，药后 4 d 植株枯死

豆　角

25% 嗯草酮乳油盆栽茎叶处理，亩用量 120 ml，药后 1~2 d 幼嫩的茎叶干枯（图①为药后 1 d 症状，图②为药后 2 d 症状）

25% 嗯草酮乳油盆栽茎叶处理，亩用量 120 ml，药后 13 d 茎萌生新芽

第三节　三唑啉酮类

唑草酮是由美国富美实公司开发的三唑啉酮类触杀性选择性除草剂，在有光的条件下，在叶绿素生物合成过程中，通过抑制原卟啉原氧化酶导致有毒中间物的积累，从而破坏杂草的细胞膜，使叶片迅速干枯、死亡。唑草酮在喷药后 15 min 内即被植物叶片吸收，不受降雨影响，3~4 h 后杂草就出现中毒症状，2~4 d 死亡。

唑草酮的药效发挥与光照条件有一定的关系，施药后光照条件好，有利于药效充分发挥，阴天不利于药效正常发挥。气温在 10℃以上时杀草速度快，2~3 d 即见效，低温期施药杀草速度会变慢。

该类除草剂主要品种介绍见表 4-3。

表 4-3　三唑啉酮类除草剂主要品种

通用名称	其他信息		结构式	适用作物	使用量（有效成分，g / 亩）	防除对象	施药方法
唑草酮 carfentrazone-ethyl	分子式	$C_{15}H_{14}Cl_2F_3N_3O_3$	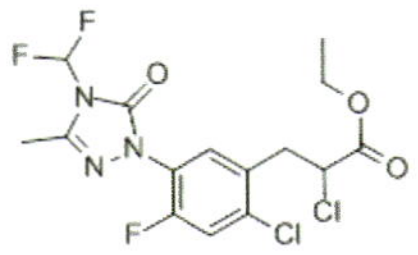	春小麦	2 ~ 2.15	阔叶杂草	茎叶喷雾
	分子量	411.03		冬小麦	1.6 ~ 2		
	CAS 登录号	128639-02-1		移栽田水稻	2 ~ 2.4		
甲磺草胺 sulfentrazone	分子式	$C_{11}H_{10}Cl_2F_2N_4O_3S$	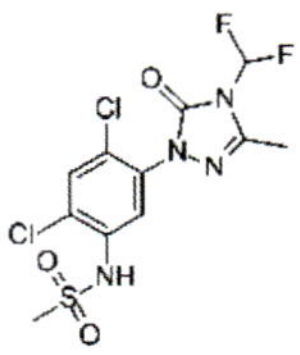	甘蔗	24 ~ 36	一年生杂草	土壤喷雾
	分子量	387.19					
	CAS 登录号	122836-35-5					

唑草酮

谷　子

40% 唑草酮水分散粒剂田间茎叶处理，亩用量 5 g，药后 3 d，叶片上密布药斑，部分植株从基部枯萎

绿　豆

40% 唑草酮水分散粒剂田间茎叶处理，亩用量 5 g，药后 3 d，植株几乎枯死

芝　麻

40% 唑草酮水分散粒剂田间茎叶处理，亩用量 5 g，药后 3 d，全部枯死

大　豆

40% 唑草酮水分散粒剂盆栽茎叶处理，亩用量 2 g，药后 1~3 d，着药叶面有大量黑褐色斑点，少量新叶皱缩干枯（图①、图④为药后 1 d 症状，图②、图③为药后 3 d 症状）

40%唑草酮水分散粒剂盆栽茎叶处理，亩用量2~5 g，药后7~15 d，药斑或叶片边缘干枯皱缩，部分叶片脱落（图①为亩用量4 g，药后7 d症状；图②、图④为亩用量2 g，药后7 d、15 d症状；图③为亩用量5 g，药后7 d症状）

40%唑草酮水分散粒剂盆栽茎叶处理，亩用量4 g，药后30 d，植株细弱

甘　薯

40% 唑草酮水分散粒剂盆栽茎叶处理，亩用量 2~5 g，药后 1~3 d，着药叶面有大量黑色斑点，少量新叶皱缩干枯（图①为亩用量 2 g，药后 3 d 症状；图②为亩用量 4 g，药后 1 d 症状）

40% 唑草酮水分散粒剂盆栽茎叶处理，亩用量 4 g，药后 3 d，症状更加明显，部分叶片严重黄化，呈不均匀鲜黄色，少量叶片脱落

40% 唑草酮水分散粒剂盆栽茎叶处理，亩用量 4 g，药后 7 d，叶片上有黑色或铁锈色斑点，大部分叶片黄化干枯脱落

40% 唑草酮水分散粒剂盆栽茎叶处理，亩用量 4 g，药后 30 d，植株严重矮化，叶色较正常

花　生

40% 唑草酮水分散粒剂盆栽茎叶处理，亩用量 2 g，药后 3 d 嫩叶上出现枯斑

40% 唑草酮水分散粒剂盆栽茎叶处理，亩用量 2 g，药后 10 d 叶片上仍具枯斑

40% 唑草酮水分散粒剂田间茎叶处理，在玉米上喷施（亩用量 5 g）无明显药害症状，生长正常；在棉花上喷施（亩用量 5 g），药后 3 d，棉花全部枯死。

第四节　脲嘧啶类

脲嘧啶类除草剂的开发，最早始于 20 世纪 60 年代，当时杜邦公司在该领域开发了一系列新品种，如 1962 年开发的除草定 (bromacil) 和异草定 (isocil)，1966 年开发的特草定 (terbacil) 等。这些产品曾在杂草防除中发挥了相当大的作用，尤其是特草定曾在甘蔗及果园的除草中发挥了很好的作用，成为一个颇受欢迎的产品。

脲嘧啶类化合物属原卟啉原氧化酶抑制剂类除草剂，该类除草剂要达到其除草效果需要光的存在，一般情况下，施用该类除草剂处理几小时后，杂草就出现叶片卷曲、皱缩、枯黄、坏死等症状，在幼苗上引起的损伤会更大一些。该类除草剂对一年生阔叶类杂草的防效好一些，而对多年生杂草的效果相对差一些。

该类除草剂主要品种介绍见表 4–4。

表 4–4　脲嘧啶类除草剂主要品种

通用名称	其他信息		结构式	适用作物	使用量（有效成分，g/ 亩）	防除对象	施药方法
除草定 bromacil	分子式	$C_9H_{13}BrN_2O_2$	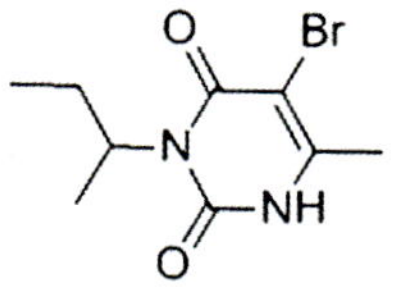	柑橘	100 ~ 232	一年生杂草	定向茎叶喷雾
	分子量	261.12					
	CAS 登录号	314–40–9					
特草定 terbacil（专供出口）	分子式	$C_9H_{13}ClN_2O_2$	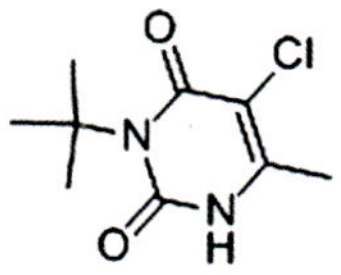	果园	60 ~ 200	一年生或多年生杂草	地表混土
	分子量	216.66					
	CAS 登录号	5902–51–2					

特草定

花　生

70% 特草定可湿性粉剂田间茎叶处理，亩用量 66.7 g，药后 3 d，叶片黄化

70% 特草定可湿性粉剂田间茎叶处理，亩用量 66.7 g，药后 10 d，部分植株枯死

绿　豆

70% 特草定可湿性粉剂田间茎叶处理，亩用量 66.7 g，药后 3 d，部分叶片干枯，植株矮小

棉　花

70% 特草定可湿性粉剂田间茎叶处理，亩用量 66.7 g，药后 3 d，大部分叶片失水干枯

辣　椒

70% 特草定可湿性粉剂盆栽茎叶处理，亩用量 60 g，药后 4 d 叶片失水枯萎脱落

70% 特草定可湿性粉剂盆栽茎叶处理，亩用量 60 g，药后 12 d 植株枯死

70% 特草定可湿性粉剂盆栽茎叶处理，亩用量 60 g，药后 30 d 重新移栽辣椒苗，生长受抑制并且慢慢枯死（残留药害）

茄 子

70% 特草定可湿性粉剂盆栽茎叶处理，亩用量 60 g，药后 4 d 现失水枯斑

70% 特草定可湿性粉剂盆栽茎叶处理，亩用量 60 g，药后 12 d 枯死

黄 瓜

70% 特草定可湿性粉剂盆栽茎叶处理，亩用量 60 g，药后 4 d 失水黄化萎蔫

70% 特草定可湿性粉剂盆栽茎叶处理，亩用量 60 g，药后 8 d 枯死

豆 角

70% 特草定可湿性粉剂盆栽茎叶处理，亩用量 60 g，药后 2 d 叶片坏死

70% 特草定可湿性粉剂盆栽茎叶处理，亩用量 60 g，药后 4 d 枯死

70% 特草定可湿性粉剂盆栽茎叶处理，亩用量 60 g，药后 30 d 重新播种豆角，幼苗在长出子叶后枯死（残留药害）

70% 特草定可湿性粉剂田间茎叶处理，在玉米（亩用量 66.7 g）、谷子（亩用量 66.7 g）上喷施均无明显药害症状；在芝麻上喷施（亩用量 66.7 g），药后 3 d 生长正常，药后 10 d 老叶多枯死，新叶生长正常。

第五节　邻苯二甲酰亚胺类

该类除草剂以丙炔氟草胺、氟烯草酸为代表。丙炔氟草胺是日本住友化学工业株式会社发现、开发的一个 N- 苯基邻氨甲酰亚胺类除草剂。丙炔氟草胺被认为抑制了原卟啉原氧化酶这个在植物叶绿素合成中十分重要的酶。对作用机理的研究发现，用丙炔氟草胺处理后原卟啉在敏感植物的体内聚积，导致了光敏作用和细胞膜脂质的过氧化，这造成了细胞膜功能和结构不可逆的破坏。在大田中，茎叶处理后敏感杂草的茎叶坏死，日光照射后死亡；土壤处理后敏感杂草的芽坏死，在短暂的日光照射后死亡。

丙炔氟草胺为由幼芽和叶片吸收的除草剂，作土壤处理可有效防除一年生阔叶杂草和部分禾本科杂草，在环境中易降解，对后茬作物安全。大豆、花生对其有很好的耐药性，玉米、小麦、大麦、水稻具有中等耐药性。

氟烯草酸为触杀芽后选择性除草剂，叶面吸收迅速。对一年生阔叶杂草有良好防除效果。在土壤中易降解。

该类除草剂主要品种介绍见表 4-5。

表 4-5　邻苯二甲酰亚胺类除草剂主要品种

通用名称	其他信息		结构式	适用作物	使用量（有效成分，g / 亩）	防除对象	施药方法
丙炔氟草胺 flumioxazin	分子式	$C_{19}H_{15}FN_2O_4$	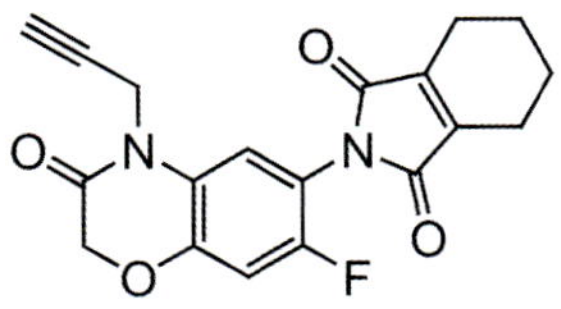	柑橘	26.5 ~ 40	一年生阔叶杂草及禾本科杂草	定向茎叶喷雾
	分子量	354.33		大豆	4 ~ 6		播后苗前土壤处理
	CAS 登录号	103361-09-7		花生	2.7 ~ 4		播后苗前土壤处理
氟烯草酸 flumiclorac-pentyl	分子式	$C_{21}H_{23}ClFNO_5$	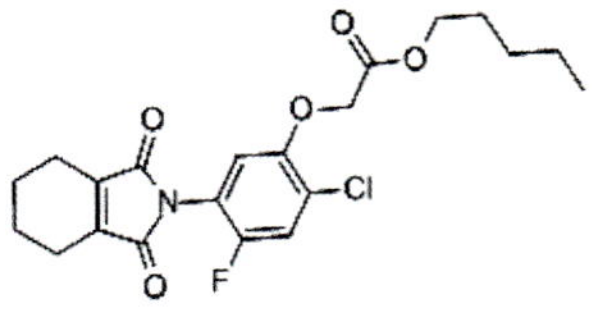	大豆	3 ~ 4.5	阔叶杂草	喷雾
	分子量	423.86					
	CAS 登录号	87546-18-7					

第六节　噻二唑类

噻二唑类除草剂以嗪草酸甲酯为代表，嗪草酸甲酯 (fluthiacet-methyl) 为触杀性茎叶处理除草剂，是日本组合化学公司开发的玉米、大豆田除草剂。嗪草酸甲酯属于原卟啉原氧化酶类抑制剂，在敏感杂草叶面作用迅速，可引起原卟啉原积累，使细胞质过氧化作用加强，从而导致敏感杂草的细胞膜结构和细胞功能不可逆损害。在光条件下，24~48 h 叶面出现枯斑症状，药物活性高，作用速度快。

该类除草剂主要品种介绍见表 4-6。

表 4-6　噻二唑类除草剂主要品种

<table>
<tr><th>通用名称</th><th colspan="2">其他信息</th><th>结构式</th><th>适用作物</th><th>使用量（有效成分，g / 亩）</th><th>防除对象</th><th>施药方法</th></tr>
<tr><td rowspan="3">嗪草酸甲酯 fluthiacet-methyl</td><td>分子式</td><td>$C_{15}H_{15}ClFN_3O_3S_2$</td><td rowspan="3">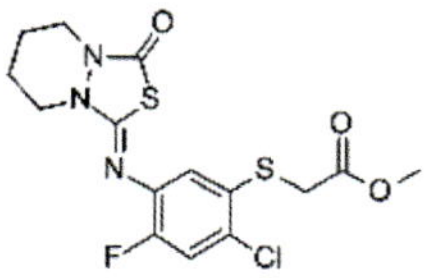</td><td rowspan="2">春玉米、春大豆</td><td rowspan="2">10 ~ 15(东北地区)</td><td rowspan="3">一年生阔叶杂草</td><td rowspan="3">茎叶喷雾</td></tr>
<tr><td>分子量</td><td>403.88</td></tr>
<tr><td>CAS 登录号</td><td>117337-19-6</td><td>夏玉米、夏大豆</td><td>8 ~ 12</td></tr>
</table>

第五章　类胡萝卜素生物合成抑制剂——八氢番茄红素脱氢酶抑制剂

类胡萝卜素生物合成是极佳的除草剂作用靶标，类胡萝卜素生物合成抑制剂又称白化除草剂。经类胡萝卜素生物合成抑制剂处理后的植物最明显的症状是产生白化叶片。植物产生白化叶片的首要原因是类胡萝卜素生物合成被抑制，其次是叶绿素生物合成被抑制，阻断类胡萝卜素生物合成的两种主要酶为八氢番茄红素去饱和酶 (PDS) 以及 F- 胡萝卜素去饱和酶 (ZDS)，而且已合成的叶绿素还会遭到破坏。尽管经药剂处理后植株仍能生长一段时间，但是由于不能产生绿色的光合组织，因此其生长不可能持续下去，随后生长停止，植物死亡。由于此类除草剂以类胡萝卜素生物合成为作用点，确保了动植物之间的选择毒性，具有高效、低毒的特点、成为新型除草剂开发的热点。

八氢番茄红素去饱和酶 ,F- 胡萝卜素去饱和酶抑制剂的作用机理：目前 , 研究最为透彻的类胡萝卜素生物合成抑制剂的作用位点是 PDS 以及 ZDS。A・L・Babili 曾发现如果 PDS 受到抑制 , 植物体内六氢番茄红素以及 F- 胡萝卜素积累程度受到影响 , 最终导致类胡萝卜素积累减少，通过类异戊二烯途径或类萜途径可以得到类胡萝卜素。类胡萝卜素的生成过程是由二甲基丙烯基焦磷酸和异戊烯焦磷酸的浓缩物生成牻牛儿基焦磷酸 , 后者进而缩合得到八氢番茄红素 , 在 PDS 的作用下八氢番茄红素脱氢生成六氢番茄红素 , 六氢番茄红素继续在 PDS 的作用下脱氢生成 F- 胡萝卜素 , 最后 F- 胡萝卜素在 ZDS 作用下脱氢生成番茄红素。类胡萝卜生物合成抑制剂通过对 PDS 以及 ZDS 的抑制 , 造成八氢番茄红素大量积累 , 六氢番茄红素减少 , 导致类胡萝卜素的积累受到抑制 , 最终使植物出现白化症状而死亡。

经类胡萝卜素生物合成抑制剂处理后的植物最明显的症状是产生白化叶片。

第一节　吡啶酰胺类

吡氟酰草胺属于取代吡啶酰苯胺类除草剂，1982 年由拜耳公司申请专利，主要用于玉米、大豆及麦田防除多种一年生禾本科杂草和某些阔叶杂草。该品种为选择性接触和残留除草剂，作用方式为通过对 PDS 的抑制，阻碍类胡萝卜素生物合成。其主要被萌发幼苗的芽所吸收，通常与异丙隆或其他谷物田除草剂复配使用。

该类除草剂主要品种介绍见表 5-1。

表 5-1　吡啶酰胺类除草剂主要品种

通用名称	其他信息		结构式	适用作物	使用量（有效成分，g/亩）	防除对象	施药方法
吡氟酰草胺 diflufenican	分子式	$C_{19}H_{11}F_5N_2O_2$	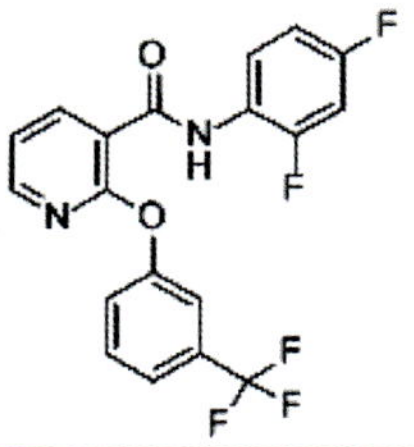	小麦	12.5 ~ 17.5	一年生禾本科杂草及阔叶杂草	茎叶喷雾
	分子量	394.29					
	CAS 登录号	83164-33-4					

第二节　吡咯烷酮类

氟咯草酮属于吡咯烷酮类除草剂，为胡萝卜素合成抑制剂。防除冬小麦和冬黑麦田繁缕、常春藤叶、婆婆纳和堇菜，棉花田反枝苋、马齿苋和龙葵，马铃薯田的猪殃殃、龙葵和波斯水苦菜，每公顷用 500~700 g 有效成分芽前施药，在轻质土中生长的胡萝卜，每公顷用 500 g 有效成分施药，还可增产；也可用于冬小麦、黑麦、棉花、马铃薯等作物苗前处理，防除阔叶杂草。

该类除草剂主要品种介绍见表 5-2。

表 5-2　吡咯烷酮类除草剂主要品种

通用名称	其他信息		结构式	适用作物	使用量（有效成分，g/亩）	防除对象	施药方法
氟咯草酮 fluorochloridone	分子式	$C_{12}H_{10}Cl_2F_3NO$	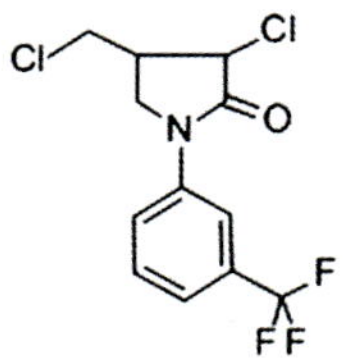	冬小麦	33.3 ~ 50	阔叶杂草	苗前茎叶喷雾
	分子量	312.12					
	CAS 登录号	61213-25-0		马铃薯	33.3 ~ 50		
呋草酮 flurtamone	分子式	$C_{18}H_{14}F_3NO_2$	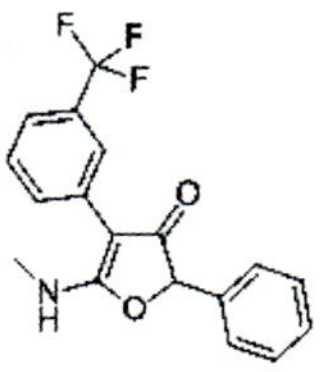	棉花、花生、高粱、向日葵	20 ~ 40	一年生杂草	土壤喷雾
	分子量	333.30					
	CAS 登录号	96525-23-4					

续表

通用名称	其他信息		结构式	适用作物	使用量（有效成分，g / 亩）	防除对象	施药方法
氟啶草酮 fluridone	分子式	$C_{19}H_{14}F_3NO$	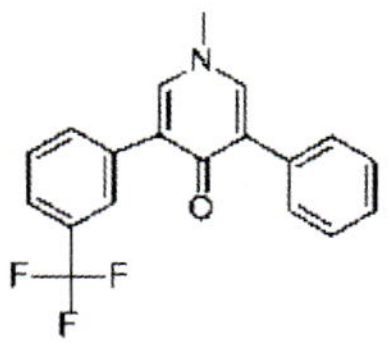	专供出口，不得在国内销售			
	分子量	329.32					
	CAS 登录号	59756-60-4					

氟咯草酮

大　豆

40% 氟咯草酮乳油盆栽土壤处理，亩用量 125~250 ml，药后 5 d，出苗基本正常，子叶边缘黄化或白化（图①亩用量 125 ml，图②亩用量 250 ml）

40% 氟咯草酮乳油盆栽土壤处理，亩用量 125~250 ml，药后 7 d，低剂量真叶逐渐沿叶脉变黄，高剂量大部分真叶黄化、白化，幼苗生长受到明显抑制（图①、图②亩用量 125 ml，图③亩用量 250 ml）

40% 氟咯草酮乳油盆栽土壤处理，亩用量 125~250 ml，药后 10 d，大部分植株极度黄化细弱，严重矮化，甚至死亡（图①、图②亩用量 125 ml，图③、图④亩用量 250 ml）

40% 氟咯草酮乳油盆栽土壤处理，亩用量 125 ml，药后 30 d，植株全部枯死

甘 薯

40% 氟咯草酮乳油盆栽土壤处理，亩用量 125~250 ml，药后 15 d，无明显药害症状；药后 20~25 d，植株略矮，中下部叶片黄化脱落、顶尖畸形；药后 30 d，植株细弱（图①为亩用量 125 ml，药后 25 d 症状；图②、图③、图④为亩用量 250 ml，药后 20 d 症状；图⑤为亩用量 250 ml，药后 25 d 症状）

辣 椒

40% 氟咯草酮乳油盆栽茎叶处理，亩用量 100 ml，药后 4 d 幼嫩的茎叶失绿、发白

40% 氟咯草酮乳油盆栽茎叶处理，亩用量 100 ml，药后 12 d 植株生长受到抑制

40% 氟咯草酮乳油盆栽茎叶处理，亩用量 100 ml，药后 18 d 叶柄叶脉仍然是漂白状

茄　子

40% 氟咯草酮乳油盆栽茎叶处理，亩用量 100 ml，药后 4 d 幼嫩的叶失绿、泛白

40% 氟咯草酮乳油盆栽茎叶处理，亩用量 100 ml，药后 18 d 抽出正常幼叶

黄　瓜

40% 氟咯草酮乳油盆栽茎叶处理，亩用量 100 ml，药后 4 d 幼嫩的茎叶及花朵褪色、发白

豆　角

40% 氟咯草酮乳油盆栽茎叶处理，亩用量 100 ml，药后 4 d 幼嫩的茎叶失绿、发白

40% 氟咯草酮乳油盆栽茎叶处理，亩用量 100 ml，药后 6 d 植株矮小

花　生

40% 氟咯草酮乳油盆栽茎叶处理，亩用量 100 ml，药后 2 d 幼叶发黄

40% 氟咯草酮乳油盆栽茎叶处理，亩用量 100 ml，药后 10 d 幼叶漂白状、枯死

第三节 有机杂环类

异噁草松，又称广灭灵，是有机杂环类选择性苗前除草剂，适用于防除大豆、花生、玉米等作物田的一年生禾本科杂草和阔叶杂草，属于内吸传导型选择性芽前除草剂。其作用机理是通过植物的根、叶吸收，并在植物体内向上传导，选择性是由于其在植物体内代谢差异所致。该化合物能够有效地抑制敏感杂草的光合成色素的生物合成，通过抑制异戊二烯化合物的合成，阻碍胡萝卜素和叶绿素的生物合成，虽然敏感杂草能够出土，但组织失绿，在很短时间内死亡。药剂被大豆吸收后，经过代谢作用，有效杀草物质会转变为无杀草活性的降解物，使大豆植株不受其害。

主要品种介绍见表 5–3。

表 3　有机杂环类除草剂主要品种

<table>
<tr><th>通用名称</th><th colspan="2">其他信息</th><th>结构式</th><th>适用作物</th><th>使用量（有效成分，g / 亩）</th><th>防除对象</th><th>施药方法</th></tr>
<tr><td rowspan="6">异噁草松
clomazone</td><td rowspan="2">分子式</td><td rowspan="2">$C_{12}H_{14}ClNO_2$</td><td rowspan="6">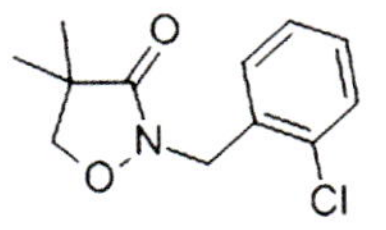</td><td>夏大豆</td><td>25.2 ～ 36</td><td>一年生禾本科及部分阔叶杂草</td><td>喷雾</td></tr>
<tr><td>移栽田油菜</td><td>9.36 ～ 11.88</td><td>一年生杂草</td><td>土壤喷雾</td></tr>
<tr><td rowspan="2">分子量</td><td rowspan="2">239.7</td><td>移栽田水稻、直播田水稻（南方）</td><td>10 ～ 12.6</td><td rowspan="2">千金子、稗草等杂草</td><td>毒土法</td></tr>
<tr><td>直播田水稻（北方）</td><td>12.6 ～ 14.4</td><td>喷雾</td></tr>
<tr><td rowspan="2">CAS 登录号</td><td rowspan="2">81777–89–1</td><td>甘蔗</td><td>53 ～ 67</td><td rowspan="2">一年生杂草</td><td>芽前喷雾</td></tr>
<tr><td>春大豆（东北）</td><td>66.67 ～ 80</td><td>播后苗前土壤喷雾</td></tr>
</table>

异噁草松乳油

大　豆

48% 异噁草松乳油盆栽土壤处理，亩用量 334 ml、668 ml，药后 5 d，幼苗黄化或白化，中高剂量部分幼苗顶尖腐烂（图①亩用量 334 ml，图②亩用量 668 ml）

48% 异噁草松乳油盆栽土壤处理，亩用量 334 ml、668 ml，药后 7 d，植株生长受到严重抑制，叶片黄化、白化或有红褐色斑点，叶片部分干枯脱落造成破损（图①、图②亩用量 334 ml，图③亩用量 668 ml）

48% 异噁草松乳油盆栽土壤处理，亩用量 167 ml、334 ml、668 ml，药后 10~15 d，整叶或边缘白化更加严重，红褐色斑点更加鲜明，中高剂量大部分植株枯死；药后 30 d，残存植株明显细弱（图①为亩用量 334 ml，药后 10 d 症状；图②为亩用量 167 ml，药后 30 d 症状；图③为亩用量 334 ml，药后 15 d 症状）

甘　薯

48% 异噁草松乳油盆栽土壤处理，亩用量 334~668 ml，药后 7 d，新出叶片明显黄化（图①亩用量 334 ml，图②亩用量 668 ml）

48% 异噁草松乳油盆栽土壤处理，亩用量 1 002 ml，药后 10~15 d，上部叶片黄化更加明显，叶肉黄化，叶脉正常（图①、图②均为药后 15 d 症状，图③为药后 10 d 症状）

48% 异噁草松乳油盆栽土壤处理，亩用量 1 002 ml，药后 30 d，植株黄化细弱矮小

异噁草松微囊悬浮剂

大 豆

36% 异噁草松微囊悬浮剂盆栽茎叶处理，亩用量 200 ml、400 ml、600 ml，药后 7 d，上部叶片边缘甚至整个叶片黄化，中高剂量叶片白化（图①亩用量 400 ml，图②亩用量 600 ml）

36% 异噁草松微囊悬浮剂盆栽茎叶处理，亩用量 200 ml、400 ml、600 ml，药后 10~15 d，受害叶片边缘干枯凹陷，萎蔫干枯的叶片类似高温缺水症状（图①、图③为亩用量 200 ml，药后 10 d、15 d 症状，图②、图④为亩用量 600 ml，药后 15 d 症状）

36% 异噁草松微囊悬浮剂盆栽茎叶处理，亩用量 600 ml，药后 30 d，大部分叶片脱落，植株明显细弱矮化

甘　薯

36% 异噁草松微囊悬浮剂盆栽茎叶处理，亩用量 200~600 ml，药后 10 d，新出叶片叶肉黄化，叶脉正常（图①亩用量 200 ml，图②亩用量 600 ml）

36% 异噁草松微囊悬浮剂盆栽茎叶处理，亩用量 400~600 ml，药后 30 d，症状更加明显，植株生长受到抑制，植株黄化细弱矮小（图①、图③亩用量 600 ml，图②亩用量 400 ml）

第六章　4- 羟基苯基丙酮酸加双氧酶抑制剂

4- 羟基苯基丙酮酸加双氧酶（HPPD）是 20 世纪 90 年代确定的除草剂作用新靶标，而 HDDP 抑制剂最早发现源于烯禾啶 (sethoxy dim)，当初发现烯禾啶是一种 ACCase 抑制剂，并具有较好的除草活性，在合成烯禾啶的过程中，发现其邻氯取代系列化合物，具有很强的除草活性，由此发现了三酮类除草剂，在对三酮类化合物展开研究的过程中，首次发现 HDDP 抑制剂是这类除草剂的靶标酶。以三酮类为代表的 HDDP 抑制剂类 HDDP，具有广谱的除草活性，可以在植物发芽前与发芽后使用，同时具有低残留、环境相容性好、使用安全等特点，能同时防除阔叶作物中的阔叶杂草，至今尚未发现有关抗性的报道。目前，HDDP 抑制剂作为靶标已开发出若干不同结构类型的高活性除草剂，有的品种已在农业生产中迅速而广泛地应用，而新的活性化合物仍在继续研究与开发中。

研究发现 HDDP 是一种铁酪氨酸蛋白， 广泛存在于各种有机体中并催化植物体内质体醌与生育酚生物合成的起始反应，即催化对羟苯基丙酮酸转化为尿黑酸的过程，同时有二氧化碳放出。尿黑酸是植物体内芳香族的质体醌和生育酚的前体，可以通过脱羧和烷基化等方式，从而生成光合作用中电子传递所需要的质体醌与生育酚。当对羟苯基丙酮酸转化为尿黑酸的过程被抑制，将导致质体醌与生育酚的合成受阻，并间接地抑制类胡萝卜素的生物合成，使植物分生组织产生白化症状，最终导致植物死亡。

HDDP 抑制剂的作用特点是具有广谱的除草活性，苗前和苗后均可使用，杂草出现白化症状后死亡。虽然此类化合物除草症状与类胡萝卜素生物抑制剂的作用症状极相似，但其化学结构特点（如极性和电离度）与已知的类胡萝卜素生物抑制剂有明显的不同。该类除草剂通过抑制 HDDP 的合成，导致酪氨酸的积累，使质体醌和生育酚的生物合成受阻，进而影响到类胡萝卜素的生物合成。该类化合物不仅对作物安全，而且对环境、生态的相容性和安全性极高，虽然有一些残留活性，但可在生长季节内消失，不会对下茬作物产生不良影响。

目前发现的 HPPD 抑制剂有三酮类、吡唑类和异噁唑酮类。

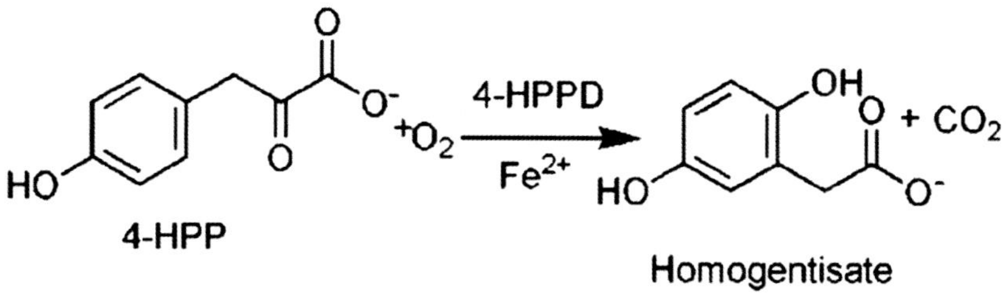

HPPD 催化对羟苯基丙酮酸的反应过程

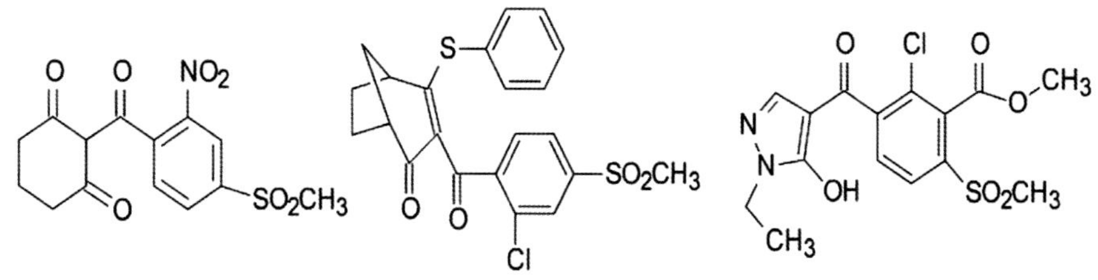

HPPD 抑制剂化学结构

第一节 三酮类

4-羟基苯基丙酮酸加双氧酶是 20 世纪 80 年代发现的新的除草剂作用靶标，HPPD 抑制剂的先导化合物来自澳大利亚的桃金娘科（Myrtaceous）植物的挥发油纤精酮（leptospermone），对若干阔叶与禾本科杂草具有除草活性，敏感杂草产生白化症状，之后缓慢死亡。1982 年合成第一个品种磺草酮（sulcotrione），1991 年开始销售，与此同时，活性更高的化合物硝磺草酮（mesotrione）也迅速开发成功并推广使用。

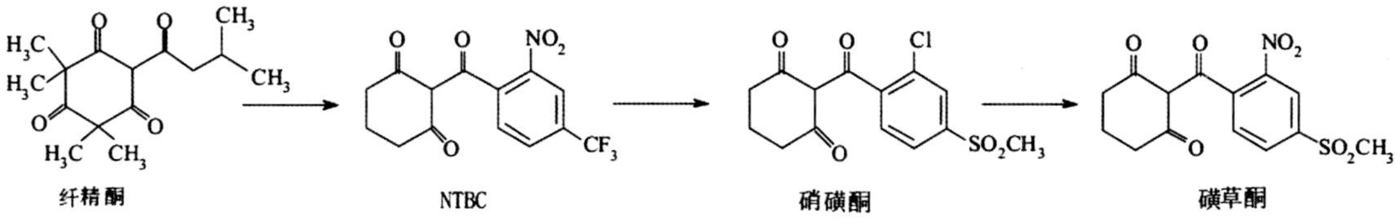

三酮类除草剂的开发过程

三酮类除草剂的合成途径有两种：其一有两步反应，即环己烷二酮与苯甲酰氯反应生成相应的烯醇酯，再经烯醇酯重排，生成苯甲酰环己烷二酮；其二是环己烷二酮与苯酰氰直接酰化制备苯甲酰环己烷二酮。三酮类除草剂的化学结构分为两部分，即苯甲酰与二酮，在苯甲酰部分中，苯环第二位的取代基对于化合物除草活性是绝对需要的，在第四位另有取代基可进一步增进活性。

1985 年发现 HDDP 可能成为除草剂新的作用靶标，1992 年 Lindstedt 等人首次报道三酮类抑制 HPPD。HDDP 存在于不同有机体内并催化植物体内质体醌与生育酚合成的起始反应，作为质体醌与生育酚前体物质尿黑酸的生物合成包括一个脱羧阶段、双氧化作用与丙酮酸侧链重排作用，这种复合反应即由 HPPD 诱导。HPPD 在磷酸缓冲液中的最适 pH 为 7.3，温度从 23℃提高至最适温度 30℃时，活性提高 2 倍。玉米体内 HPPD 的分子质量为 43 Kda，其活性需有还原剂谷胱甘肽或二氯酚与抗坏血酸，当存在坏血酸时，玉米体内此种酶的活性可提高 2 倍。

植物体内 HPPD 是控制质体醌与生育酚生物合成中的一种重要酶，而质体醌则是 PDS 的一种关键辅因子，它的衰竭便造成类胡萝卜素减少而导致白化症状。

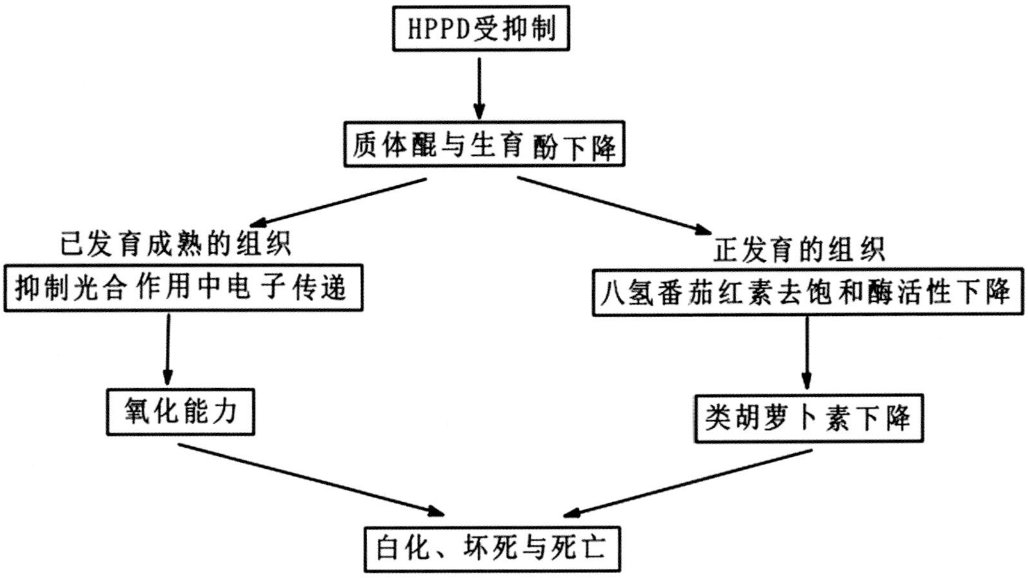

三酮类除草剂对不同发育阶段植物的作用机理

此类除草剂的最终除草效应可能是对光合作用中电子传递间接抑制的结果，试验表明，它引起光合系统Ⅱ量子迅速下降进而类囊体中 2，6- 二氯酚靛酚下降，这说明三酮类除草剂是希尔反应的有效抑制剂。因此，三酮类除草剂的主要除草效应在成熟的绿色组织中是通过质体醌下降而间接抑制光合作用电子传递的结果。

三酮类除草剂的结构式：

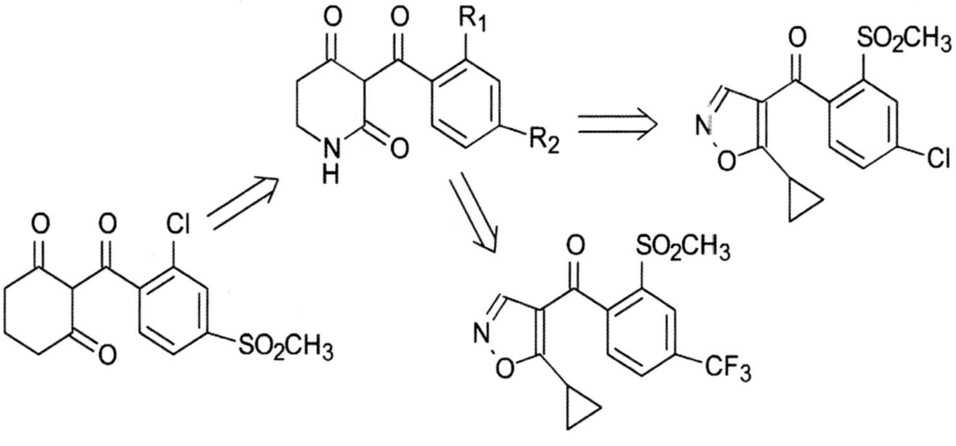

该类除草剂主要品种介绍见表 6-1。

表 6-1 三酮类除草剂常见品种

通用名称	其他信息		结构式	适用作物	使用量（有效成分，g/亩）	防除对象	施药方法
硝磺草酮 mesotrione	分子式	$C_{14}H_{13}NO_7S$	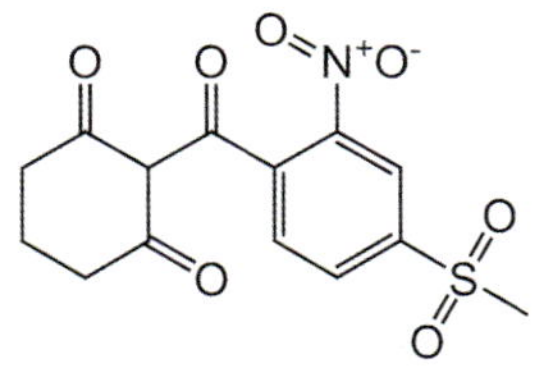	玉米	7.2 ～ 12.7	一年生阔叶杂草	茎叶喷雾
	分子量	339.32		移栽田水稻	4 ～ 5		
	CAS 登录号	104206-82-8		甘蔗	7 ～ 9		
				草坪	8 ～ 16		
苯唑草酮 topramezone	分子式	$C_{16}H_{17}N_3O_5S$	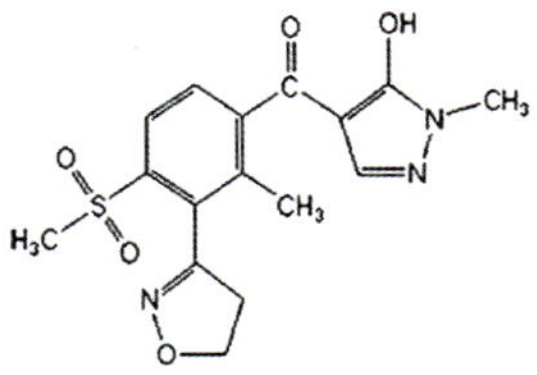	玉米	1.68 ～ 2.01	一年生杂草	茎叶喷雾
	分子量	363.00					
	CAS 登录号	210631-68-8					
磺草酮 sulcotrione	分子式	$C_{14}H_{13}ClO_5S$	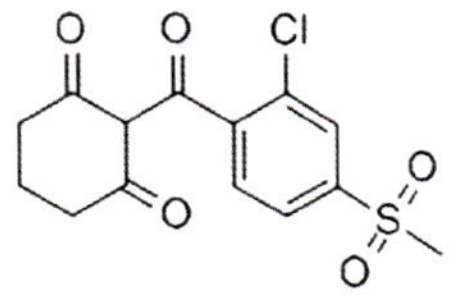	春玉米	65.4 ～ 81.8	一年生杂草	茎叶喷雾
	分子量	328.77		夏玉米	49.1 ～ 65.4		
	CAS 登录号	99105-77-8					

三酮类除草剂引起植物的典型药害症状是白化与坏死，但药害是缓慢发生的，从植株出现受害症状至死亡需要一定时间。

苯唑草酮

谷　子

30% 苯唑草酮悬浮剂田间茎叶处理，亩用量 5 ml，药后 2 d 无明显症状

30% 苯唑草酮悬浮剂田间茎叶处理，亩用量 5 ml，药后 3 d 叶片基部开始失绿变白

30% 苯唑草酮悬浮剂田间茎叶处理，亩用量 5 ml，药后 6 d 心叶及周围叶片完全失绿白化，叶尖干枯

30% 苯唑草酮悬浮剂田间茎叶处理，亩用量 5 ml，药后 10 d 白化叶片逐步枯死

30% 苯唑草酮悬浮剂田间茎叶处理，亩用量 5 ml，药后 16 d，除下部老叶外，其余叶片完全白化干枯逐渐死亡，不能正常结实

30% 苯唑草酮悬浮剂田间茎叶处理，亩用量 5 ml，药后 27 d 植株枯死

花 生

30% 苯唑草酮悬浮剂田间茎叶处理，亩用量 5 ml，药后 11 d 叶片由基部向叶尖失绿白化

30% 苯唑草酮悬浮剂田间茎叶处理，亩用量 5 ml，药后 14 d 白化程度加重，叶面上现大量枯斑

30% 苯唑草酮悬浮剂田间茎叶处理，亩用量 5 ml，药后 18 d 新生叶片正常，部分白化叶片叶尖端干枯

30% 苯唑草酮悬浮剂田间茎叶处理，亩用量 5 ml，药后 27 d 植株生长正常

绿 豆

30% 苯唑草酮悬浮剂田间茎叶处理，亩用量 5 ml，药后 2 d 无明显症状

30% 苯唑草酮悬浮剂田间茎叶处理，亩用量 5 ml，药后 6 d 部分叶片完全失绿白化或呈红褐色

30% 苯唑草酮悬浮剂田间茎叶处理，亩用量 5 ml，药后 11 d 白化叶片多干枯，下部老叶正常

30% 苯唑草酮悬浮剂田间茎叶处理，亩用量 5 ml，药后 16 d 干枯之势蔓延至下部老叶

30% 苯唑草酮悬浮剂田间茎叶处理，亩用量 5 ml，药后 27 d 植株枯死

棉　花

30% 苯唑草酮悬浮剂田间茎叶处理，亩用量 5 ml，药后 8 d 无明显症状

30% 苯唑草酮悬浮剂田间茎叶处理，亩用量 5 ml，药后 11 d 叶片逐渐失绿黄化，有变白之势

30% 苯唑草酮悬浮剂田间茎叶处理，亩用量 5 ml，药后 14 d 叶片由黄最终失绿白化，叶缘干枯，多数叶片皱缩，植株矮小

30% 苯唑草酮悬浮剂田间茎叶处理，亩用量 5 ml，药后 18 d 叶片多呈失绿花斑状

30% 苯唑草酮悬浮剂田间茎叶处理，亩用量 5 ml，药后 21 d 整株叶片皱缩严重，叶面失绿白化且有大量枯斑

30% 苯唑草酮悬浮剂田间茎叶处理，亩用量 5 ml，药后 27 d 植株基本恢复正常生长

芝 麻

30% 苯唑草酮悬浮剂田间茎叶处理，亩用量 5 ml，药后 2 d 心叶发黄

30% 苯唑草酮悬浮剂田间茎叶处理，亩用量 5 ml，药后 6 d 心叶从基部开始失绿白化且叶缘干枯内卷

30% 苯唑草酮悬浮剂田间茎叶处理，亩用量 5 ml，药后 11 d 心叶及周围叶片干枯，后逐步扩展到下部叶片

30% 苯唑草酮悬浮剂田间茎叶处理，亩用量 5 ml，药后 16 d 整株枯死

小　麦

30% 苯唑草酮悬浮剂田间茎叶处理，亩用量 5 ml，药后 7 d 心叶失绿白化

油　菜

30% 苯唑草酮悬浮剂田间茎叶处理，亩用量 5 ml，药后 7 d，叶片现不同程度失绿黄化斑

30% 苯唑草酮悬浮剂田间茎叶处理，亩用量 5 ml，药后 11 d，黄化加剧，心叶周围叶片白化；药后 23 d，逐步恢复正常，除下部老叶部分白化外，新生叶片一切正常（图为药后 11 d 症状）

萝　卜

30% 苯唑草酮悬浮剂田间茎叶处理，亩用量 5 ml，药后 3 d 从心部开始叶片出现黄化现象，逐渐白化，药后 7 d 叶片白化严重，白化叶片逐渐干枯（图①为药后 3 d 症状，图②为药后 7 d 症状）

白　菜

30% 苯唑草酮悬浮剂田间茎叶处理，亩用量 5 ml，药后 3 d 从心部开始叶片出现黄化现象，逐渐白化

30% 苯唑草酮悬浮剂田间茎叶处理，在玉米上喷施（亩用量 12 ml）生长正常，无明显药害症状。

硝磺草酮

玉 米

15% 硝磺草酮悬浮剂田间茎叶处理，亩用量 140 ml，药后 4 d 心叶附近叶片基部失绿、白化

15% 硝磺草酮悬浮剂田间茎叶处理，亩用量 140 ml，药后 8 d 白化由叶基部向叶尖蔓延

15% 硝磺草酮悬浮剂田间茎叶处理，亩用量 140 ml，药后 12 d 白化无进一步蔓延之势，植株生长趋向正常

15% 硝磺草酮悬浮剂田间茎叶处理，亩用量 140 ml，药后 18 d 白化现象较之前减轻，植株逐渐恢复原貌；药后 22 d 生长恢复正常（图为药后 18 d 症状）

谷　子

15% 硝磺草酮悬浮剂田间茎叶处理，亩用量 35 ml，药后 4 d 心叶及附近叶片沿叶基部向叶尖已完全白化，下部老叶正常

15% 硝磺草酮悬浮剂田间茎叶处理，亩用量 35 ml，药后 8 d 大部分叶片失绿白化

15% 硝磺草酮悬浮剂田间茎叶处理，亩用量 35 ml，药后 12 d 叶片白化减轻，逐步恢复原貌

15% 硝磺草酮悬浮剂田间茎叶处理，亩用量 35 ml，药后 18 d 植株几乎完全恢复，偶见叶尖白化

花　生

15% 硝磺草酮悬浮剂田间茎叶处理，亩用量 35 ml，药后 3 d 心叶发黄

15% 硝磺草酮悬浮剂田间茎叶处理，亩用量 35 ml，药后 6 d 上部叶片完全失绿白化，白化之势是从叶基部向叶尖蔓延

15% 硝磺草酮悬浮剂田间茎叶处理，亩用量 35 ml，药后 9 d 白化现象减轻

15% 硝磺草酮悬浮剂田间茎叶处理，亩用量 35 ml，药后 13 d 白化程度进一步减轻，已白化叶片上有大小不一的枯斑

15% 硝磺草酮悬浮剂田间茎叶处理，亩用量 35 ml，药后 16 d 植株生长逐步恢复正常，上部叶片和新生叶片生长正常

绿　豆

15% 硝磺草酮悬浮剂田间茎叶处理，亩用量 35 ml，药后 4 d 植株上部叶片失绿发黄，有白化趋势

15% 硝磺草酮悬浮剂田间茎叶处理，亩用量 35 ml，药后 8 d 上部叶片白化，干枯内卷死亡

15%硝磺草酮悬浮剂田间茎叶处理，亩用量35 ml，药后12 d上部叶片完全白化，有的枯死，下部叶片也呈干枯状

15%硝磺草酮悬浮剂田间茎叶处理，亩用量35 ml，药后18 d整体已恢复，新生叶片正常，但植株矮小，生长受抑制

棉　花

15%硝磺草酮悬浮剂田间茎叶处理，亩用量35 ml，药后3 d无明显症状

15%硝磺草酮悬浮剂田间茎叶处理，亩用量35 ml，药后6 d上部叶片失绿白化，叶缘干枯，心叶皱缩

15% 硝磺草酮悬浮剂田间茎叶处理，亩用量 35 ml，药后 9 d 部分叶片皱缩严重且叶片上分布枯斑，严重的已枯死

15% 硝磺草酮悬浮剂田间茎叶处理，亩用量 35 ml，药后 13 d 白化现象减轻，叶缘干枯，已白化叶片上枯斑大量存在

15% 硝磺草酮悬浮剂田间茎叶处理，亩用量 35 ml，药后 16 d 下部叶片发黄，叶缘干枯，上部叶片生长正常

15% 硝磺草酮悬浮剂田间茎叶处理，亩用量 35 ml，药后 22 d 植株已完全恢复正常生长

芝　麻

15% 硝磺草酮悬浮剂田间茎叶处理，亩用量 35 ml，药后 2 d 心叶发黄，有白化之势

15% 硝磺草酮悬浮剂田间茎叶处理，亩用量 35 ml，药后 4 d 心叶基部发黄发褐，叶缘干枯，叶片内卷

15% 硝磺草酮悬浮剂田间茎叶处理，亩用量 35 ml，药后 8 d 植株大部分叶片干枯

15% 硝磺草酮悬浮剂田间茎叶处理，亩用量 35 ml，药后 12 d 存活的植株已恢复生长，新生叶片正常

小 麦

10% 硝磺草酮悬浮剂田间茎叶处理，亩用量 70 ml，药后 10 d，心叶及周围叶片逐步失绿白化

10% 硝磺草酮悬浮剂田间茎叶处理，亩用量 70 ml，药后 15 d，心叶及周围叶片完全白化；药后 23 d，白化叶片逐步干枯；药后 30 d，症状逐步恢复，结实不受影响（图为药后 15 d 症状）

油 菜

10% 硝磺草酮悬浮剂田间茎叶处理，亩用量 70 ml，药后 7 d，整体颜色发黄，心叶及周围叶片失绿白化

10% 硝磺草酮悬浮剂田间茎叶处理，亩用量 70 ml，药后 11 d，白化叶片叶缘干枯内卷；药后 23 d，植株枯死（图为药后 11 d 症状）

萝 卜

10% 硝磺草酮悬浮剂田间茎叶处理，亩用量 35 ml，药后 2 d，出现白化现象

10% 硝磺草酮悬浮剂田间茎叶处理，亩用量 35 ml，药后 5 d 白化叶片渐渐干枯

10% 硝磺草酮悬浮剂田间茎叶处理，亩用量 35 ml，药后 7 d 多数植株干枯

10% 硝磺草酮悬浮剂田间茎叶处理，亩用量 35 ml，药后 12 d 白化现象较轻的叶片渐渐恢复正常生长，植株很小

白 菜

10% 硝磺草酮悬浮剂田间茎叶处理，亩用量 35 ml，药后 2 d 出现白化现象

10% 硝磺草酮悬浮剂田间茎叶处理，亩用量 35 ml，药后 5 d 白化叶片渐渐干枯

10% 硝磺草酮悬浮剂田间茎叶处理，亩用量 35 ml，药后 10 d 部分植株干枯，白化现象较轻的叶片渐渐恢复正常生长，植株偏小

大　豆

10% 硝磺草酮悬浮剂田间茎叶处理，亩用量 100 ml，药后 1~3 d，叶片有白色或褐色斑点，新叶失绿（图①为药后 1 d 症状，图②为药后 3 d 症状）

10% 硝磺草酮悬浮剂田间茎叶处理，亩用量 35 ml，药后 7~15 d，上部叶片黄化或白化，下部叶片有锈褐色枯斑，部分叶片干枯（图①为药后 7 d 症状，图②为药后 15 d 症状）

10% 硝磺草酮悬浮剂田间茎叶处理，亩用量 70~100 ml，药后 40 d，下部叶片边缘黄化，新出叶片正常，植株矮小（图①亩用量 70 ml，图②亩用量 100 ml）

甘　薯

10% 硝磺草酮悬浮剂盆栽茎叶处理，亩用量 70~100 ml，药后 5 d，叶片失绿黄化，个别叶片脱落，新出叶片明显白化（图①、图②亩用量 70 ml，图③亩用量 100 ml）

10% 硝磺草酮悬浮剂盆栽茎叶处理，亩用量 100 ml，药后 8 d，所有植株生长变缓，叶片黄化，部分叶片干枯脱落，少量顶芽明显白化或变褐干枯

10% 硝磺草酮悬浮剂盆栽茎叶处理，亩用量 100 ml，药后 30 d，株高明显矮化，大部分叶片干枯脱落，部分植株死亡，没有死亡的茎上可长出新芽

菜　心

15% 硝磺草酮悬浮剂盆栽茎叶处理，亩用量 60 ml，药后 2 d 幼叶和芽失绿、白化

15% 硝磺草酮悬浮剂盆栽茎叶处理，亩用量 60 ml，药后 7 d 幼叶仍处于白化状态

辣　椒

15% 硝磺草酮悬浮剂盆栽茎叶处理，亩用量 60 ml，药后 8 d 幼叶失绿发白

15% 硝磺草酮悬浮剂盆栽茎叶处理，亩用量 60 ml，药后 14 d 逐渐枯死

茄 子

15% 硝磺草酮悬浮剂盆栽茎叶处理，亩用量 60 ml，药后 8 d 幼叶失绿发白

15% 硝磺草酮悬浮剂盆栽茎叶处理，亩用量 60 ml，药后 14 d 逐渐枯死

黄　瓜

15% 硝磺草酮悬浮剂盆栽茎叶处理，亩用量 60 ml，药后 4 d 幼叶和芽失绿发白

15% 硝磺草酮悬浮剂盆栽茎叶处理，亩用量 60 ml，药后 7 d 白化叶片逐渐枯死

豆　角

15% 硝磺草酮悬浮剂盆栽茎叶处理，亩用量 60 ml，药后 4 d 幼叶、芽及茎失绿发白

甜玉米

15% 硝磺草酮悬浮剂盆栽茎叶处理，亩用量 60 ml，药后 4 d 叶片出现白斑，近叶鞘端失绿

第二节 吡唑类

最早的吡唑类除草剂为巴斯夫公司 1979 年上市的吡草胺（metazachlor）；1980 年，原美国氰胺公司推出了除草剂野燕枯（ difenzoquat）；同年，日本三共公司以巴斯夫公司的吡草胺为先导，开发并商品化了吡唑特（pyrazolynate）；1985 年，日本石原产业公司也以吡草胺为先导物，开发了同类除草剂苄草唑（pyrazoxyfen）；1987 年，日本三菱油化公司也开发了结构相似的除草剂吡草酮（benzofenap）。

吡草酮属吡唑类除草剂，主要用于水稻田除草，对水稻安全性高，杀草谱广，尤其对一年生及多年生阔叶杂草，如稗草、萤蔺、牛毛毡、水莎草、瓜皮草、窄叶泽泻等有高效。本品是非激素型内吸性除草剂，由杂草的根和基部吸收后，引起白化现象，使其逐渐枯死，其主要作用机理是抑制叶绿素生成，持效期 45~50 d，在土壤中向下移动在 1 cm 以内。使用剂量根据施药地区、防除杂草种类、施药时间而有所变动，一般为 1.2~2.4 kg/hm^2。

主要品种介绍见表 6–2。

表 6-2 吡唑类除草剂常见品种

通用名称	其他信息		结构式	适用作物	使用量（有效成分，g / 亩）	防除对象	施药方法
吡草酮 benzofenap	分子式	$C_{22}H_{20}Cl_7N_2O_3$	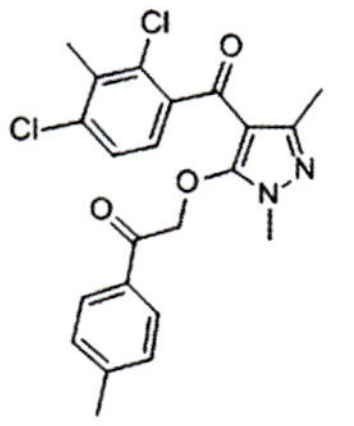	水稻	80~160	一年生及多年生阔叶杂草	茎叶喷雾
	分子量	431.31					
	CAS 登录号	82692–44–2					

第七章　细胞分裂抑制剂

细胞自身具有增殖能力，是生物结构功能的基本单位。细胞在不断地生长，不断地进行 DNA 合成、染色体的复制，从而不断地进行分裂、繁殖。

很多除草剂对细胞分裂产生抑制作用，包括一些直接和间接的抑制过程，如二硝基苯胺类除草剂是直接抑制细胞分裂的一类化合物。二硝基苯胺类除草剂的氟乐灵是抑制微管的典型代表，它们与微管蛋白结合并抑制微管蛋白的聚合作用，造成纺锤体微管丧失，使细胞有丝分裂停留于前期或中期，产生异常多型核。氨基甲酸酯类除草剂作用于微管形成中心，阻碍微管的正常排列，还通过抑制 RNA 的合成从而抑制细胞分裂，同时还具有抑制微管组装的作用。

细胞分裂抑制类除草剂中大多数品种是土壤处理的除草剂，其除草效果和安全性均与土壤特性，特别是有机质含量及土壤质地有密切关系，施药后如遇持续低温及土壤高湿，对作物会产生一定的药害。该类除草剂可以用于多种作物，但对不同作物的安全性差异较大，应用不当易于发生药害。该类除草剂严重抑制细胞的有丝分裂与分化，破坏核分裂，被认为是一种核毒剂。

该类除草剂的作用机理是通过抑制细胞分裂导致植物死亡，主要以土壤封闭处理为主，代表农药有二甲戊灵、乙草胺等。其破坏细胞正常分裂，根尖分生组织内细胞变小或伸长区细胞未明显伸长，特别是皮层薄壁组织中细胞异常增大，胞壁变厚；由于细胞极性丧失，细胞内液泡形成逐渐增强，因而在最大伸长区开始放射性膨大，从而造成根尖呈鳞片状。

细胞分裂抑制类除草剂具体的药害症状是根短而粗，无次生根或次生根稀疏而短，根尖肿胀成棒头状，芽生长受到抑制，下胚轴肿胀，受害植物芽鞘肿胀、接近土表处出现破裂，植物出苗畸形、缓慢或死亡。典型药害症状为作物生长受抑制，植株矮小。

第一节　二硝基苯胺类

二硝基苯胺类除草剂自 1953 年发现以来发展较快，氟乐灵于 1964 年商品化生产，1973 年成为美国 8 个主要农药品种之一，以后相继开发多个品种。目前我国国内登记的有 3 个品种：氟乐灵自 1991 年登记生产，现有原药生产厂家 1 个，制剂生产厂家 8 个；地乐胺自 1991 年登记生产，现有原药生产厂家 11

个，制剂生产厂家22个；二甲戊灵自1998年登记生产，现有原药生产厂家8个，制剂生产厂家9个，复配制剂5个。

二硝基苯胺类除草剂是1960年筛选出具有高度活性和选择性的除草剂，氟乐灵是此类除草剂的第一个品种，之后新品种不断出现，使其成为一类重要的除草剂并在农业生产中发挥作用。

二硝基苯胺类除草剂是通过杂草种子发芽生长穿过土层的过程中被吸收的。主要被禾本科植物的幼芽和阔叶植物的下胚轴吸收，子叶和幼根也能吸收，但出苗后的茎叶不能吸收。小麦、狗尾草的胚芽鞘节是对氟乐灵最敏感的部位，狗尾草的幼芽接触药剂时，芽生长全部被抑制，而根接触药剂则对芽生长没有影响。二硝基苯胺类被植物吸收，从根向芽的传导极其有限。在此类除草剂作用下，根尖与下胚轴受抑制，表现出膨胀及根畸形，根尖组织内细胞变小或伸长区细胞未明显伸长，特别是皮层薄壁组织中细胞异常增大，细胞壁变厚。

二硝基苯胺类除草剂可广泛应用于各种作物，由于它们主要消灭杂草幼芽，所以多在作物播种前或播种后出苗前进行土壤处理。凡具有生理及生化抗性的作物，如棉花、大豆、向日葵、十字花科作物等，即可进行播前施药，药后混土，也可播后苗前使用；而抗性小或不具抗性的作物则往往利用位差选择性原理而使用，因而使用技术要求更为严格。

此类除草剂的大多数品种都是大豆、棉花的优良除草剂，同时也适用于多种作物、蔬菜、果树等。防治对象主要是一年生禾本科杂草，如野燕麦、稗草、狗尾草、金狗尾草、马唐、野黍、牛筋草、千金子、画眉草、早熟禾、雀麦等，对种子出苗的假高粱等多年生禾本科杂草也有效。由于二硝基苯胺类除草剂主要防治一年生禾本科杂草，对阔叶杂草的防效差，所以在生产实践中为了扩大杀草谱，提高防治效果，往往与其他防治阔叶杂草的除草剂混用或分期配合使用。

有关此类除草剂的解毒剂已经进行了研究，甲拌磷、乙拌磷与氟乐灵混用，可促进棉苗生长，在混有氟乐灵土层内生出大量次生根，甲拌磷解毒效应好于乙拌磷，使用浓度至少比氟乐灵高10倍。马拉硫磷可减轻氟乐灵对玉米、小麦、棉花的伤害。将吲哚乙酸、激动素与5 mg/kg氟乐灵混用，可使作物形成次生根。经土壤中施入油酯、D-α-维生素E（生育酚）可防止氟乐灵对大麦幼苗的抑制作用。将氟乐灵与半胱氨酸混合施入土中时，可以消除氟乐灵对玉米次生根的抑制作用，还原剂2，3-d-巯基丙醇和抗坏血酸有同样作用。将氟乐灵与莠去津混用时，氟乐灵还能降低嗪草酮对大豆的药害。

二硝基苯胺类除草剂在作物种植前或出苗前进行土壤处理防止杂草出苗。它们对种子发芽没有抑制作用。其效应是在种子产生幼根或幼芽过程以及幼芽出土过程中发生的。此类除草剂的典型作用特征是抑制次生根生长，而完全抑制次生根形成的剂量对主根却没有影响。除了抑制次生根生长以外，其对幼芽也产生明显的抑制作用，它们对单子叶植物的抑制作用比双子叶植物重。

二硝基苯胺类除草剂的主要特征：①杀草谱广，不仅可以防治一年生禾本科杂草，而且还可以防治部分一年生阔叶杂草。②所有品种都是土壤处理剂，主要防治杂草幼芽，因而多在作物播种前或播种后出苗前施用。其效应是在种子产生幼根或幼芽出土过程中发生的。此类除草剂的典型作用特征是抑制次生根生长，而完全抑制次生根形成的剂量对主根却没有影响。除了抑制次生根生长以外，其对幼芽也产生明显的抑制作用，它们对单子叶植物的抑制作用比双子叶重。③该类除草剂主要是抑制细胞的有丝分裂与分化，破坏核分裂，被认为是一种核毒剂。其破坏细胞正常分裂，使细胞极性丧失，细胞内液泡形成逐渐增强，因而在最大伸长区开始放射性膨大，从而造成通常所看到的根尖呈鳞片状。④易于发挥和光解是此类除草剂的突出特性，因此，在田间喷药后必须尽快进行耙地拌土。⑤除草效果比较稳定，在土壤中挥发的气体也起着重要的杀草作用，因而，在干旱条件下也能发挥较好的除草效应，这是其他除草剂所不具备的特性，故对于干旱现象普遍的我国北方地区是十分有利的。⑥在土壤中的持效期中等或稍长，大多数品种的半衰期为 2~3 个月，正确使用时，对于轮作中绝大多数后茬作物无残留毒害。⑦水溶度低以及被强烈吸附，故在土壤中既不垂直移动，也不横向移动，在土壤含水量高的情况下也难以向下移动，因此不会污染地下水源，多次重复使用时在土壤中也不积累。

该类除草剂化学结构通式：

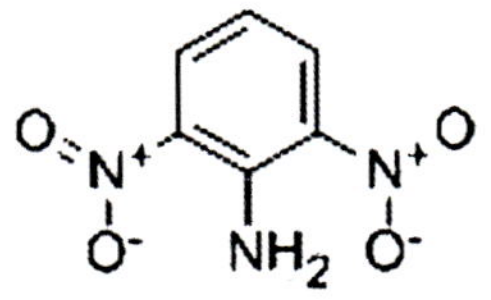

该类除草剂主要品种介绍见表 7-1。

表 7-1　二硝基苯胺类除草剂常见品种

通用名称	其他信息		结构式	适用作物	使用量（有效成分，g/ 亩）	防除对象	施药方法
二甲戊灵 pendimethalin	分子式	$C_{13}H_{19}N_3O_4$	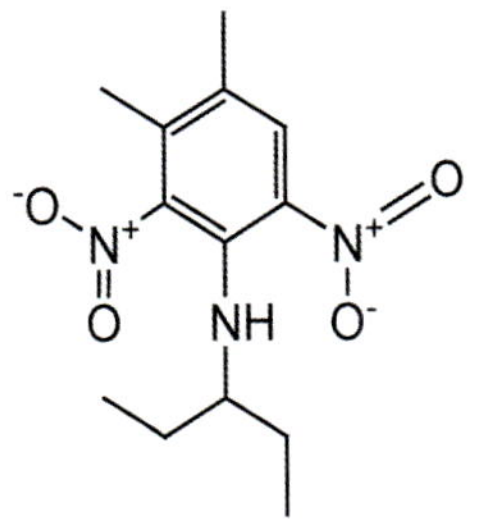	玉米	50 ~ 100	一年生杂草	土壤喷雾
				甘蓝、韭菜	33 ~ 49.5		
	分子量	281.31		棉花(西北)	57.75 ~ 66		
				棉花（其他地区）	49.5 ~ 57.75		
	CAS 登录号	40487-42-1		马铃薯	66 ~ 82.5		
				甘蓝	33 ~ 49.5		
				姜、蒜	42.9 ~ 49.5		
				花生	49.5 ~ 66		
				育秧水稻	50 ~ 60		
				直播水稻	48 ~ 72		
				移栽水稻	32 ~ 60		

续表

通用名称	其他信息		结构式	适用作物	使用量（有效成分，g/亩）	防除对象	施药方法
氟乐灵 trifluralin	分子式	$C_{13}H_{16}F_3N_3O_4$	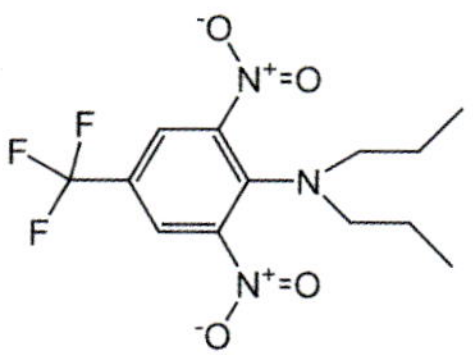	春大豆（东北）	72 ~ 96	一年生禾本科杂草及部分阔叶杂草	土壤喷雾
	分子量	335.28		夏大豆（其他地区）	56.4 ~ 72		
	CAS 登录号	1582-09-8		棉花、辣椒	48 ~ 72		
				春油菜	86.4 ~ 96		
仲丁灵 butralin	分子式	$C_{14}H_{21}N_3O_4$	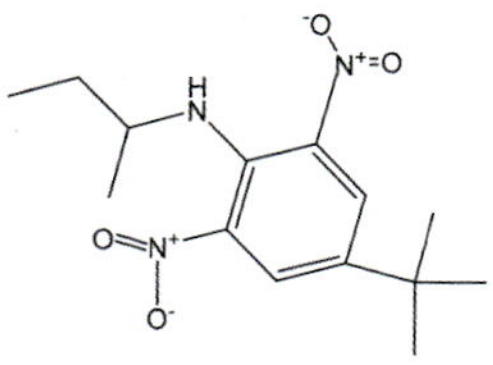	大豆	95 ~ 120	一年生禾本科杂草及部分阔叶杂草	土壤喷雾
	分子量	295.33		烟草	54 ~ 72 毫克 / 株		
	CAS 登录号	33629-47-9		花生	72 ~ 145		
氨氟乐灵 prodiamine	分子式	$C_{13}H_{11}Cl_2NO_2$	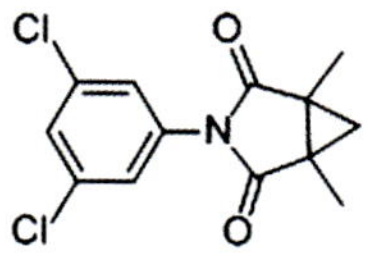	冷季型草坪	52 ~ 78	杂草	土壤喷雾
	分子量	284.14		暖季型草坪			
	CAS 登录号	32809-16-8		非耕地	52 ~ 74.7	一年生杂草	
氨磺乐灵 oryzalin	分子式	$C_{12}H_{18}N_4O_6S$	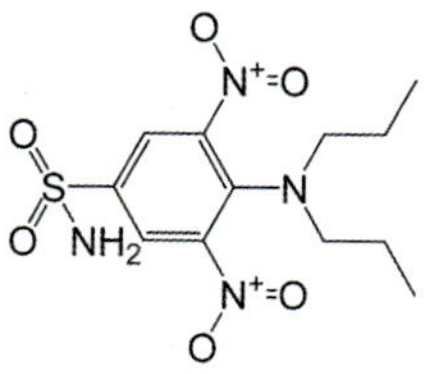	专供出口，不得在国内销售			
	分子量	346.36					
	CAS 登录号	19044-88-3					

二硝基苯胺类除草剂的具体药害症状表现在以下几个方面：①根短而粗，无次生根或次生根稀疏而短，根尖肿胀呈棒头状，芽生长受到抑制，下胚轴肿胀。②受害植物体芽鞘肿胀，接近土表处出现破裂，植物幼苗畸形、生长缓慢或植株变黄死亡。③受害植物矮小，叶片畸形或长不出，根系生长受到严重抑制。④一般作物受害后持续时间较长，轻度药害多数可以恢复，重者缓慢死亡。

二甲戊灵

玉　米

33%二甲戊灵乳油土壤处理，亩用量400 ml，药后2 d第八片叶内卷严重，从叶尖开始内卷成葱状叶

33%二甲戊灵乳油土壤处理，亩用量400 ml，药后6 d葱状叶逐渐干枯，其余叶片正常生长

33%二甲戊灵乳油土壤处理，亩用量400 ml，药后14 d已干枯叶片上现大量黑色枯斑

33%二甲戊灵乳油土壤处理，亩用量400 ml，药后16 d正常结实，生长恢复

花　生

33%二甲戊灵乳油土壤处理，亩用量400 ml，药后14 d叶片（以心叶为主）多皱缩变形

33%二甲戊灵乳油土壤处理，亩用量400 ml，药后18 d植株生长恢复正常

棉 花

33% 二甲戊灵乳油土壤处理，亩用量 400 ml，药后 14 d 植株矮小，生长受抑制，心叶皱缩

33% 二甲戊灵乳油土壤处理，亩用量 400 ml，药后 18 d 生长基本恢复正常

小 麦

33% 二甲戊灵乳油播后苗前盆栽土壤处理，亩用量 100 ml，药后 6 d，无明显药害症状；药后 11 d，整体略显畸形，不够直挺

33% 二甲戊灵乳油播后苗前盆栽土壤处理，亩用量 100 ml，药后 23 d，症状已明显，部分叶片卷曲较严重

油 菜

33% 二甲戊灵乳油播后苗前盆栽土壤处理，亩用量 100 ml，药后 10 d 抑制生长，植株矮小

萝 卜

33% 二甲戊灵乳油播后苗前土壤处理，亩用量 200 ml，药后 5 d 苗期叶片黄

33% 二甲戊灵乳油播后苗前土壤处理，亩用量 200 ml，药后 7 d 有少数叶片萎蔫干枯，叶片稍畸形

33% 二甲戊灵乳油播后苗前土壤处理，亩用量 200 ml，药后 60 d 植株偏小，萝卜畸形

白 菜

33% 二甲戊灵乳油播后苗前土壤处理，亩用量 200 ml，药后 5~10 d 苗期叶片黄，叶缘干枯，叶片畸形，植株小，生长缓慢（图①为药后 5 d 症状，图②为药后 10 d 症状）

大 豆

33% 二甲戊灵乳油盆栽土壤处理，亩用量 606 ml，药后 10 d，幼苗生长严重受抑制，植株矮小，部分幼苗无真叶或真叶很小，叶色浓绿，茎变粗变脆易折断

33% 二甲戊灵乳油盆栽土壤处理，亩用量 606 ml，药后 20 d，大部分幼苗矮小，少量幼苗因折断青枯死亡

33% 二甲戊灵乳油盆栽土壤处理，亩用量 606 ml，药后 30 d，植株几乎全部死亡，存活植株严重矮化。但田间土壤处理，亩用量 303~606 ml，药后 40 d，大部分植株恢复生长，个别植株矮化（图为药后 30 d 症状）

甘　薯

33% 二甲戊灵乳油盆栽土壤处理，亩用量 303 ml，药后 5 d，植株略萎蔫，发黄，部分叶片边缘或整个叶片呈烧焦状干枯

33% 二甲戊灵乳油盆栽土壤处理，亩用量 1 515 ml，药后 15 d，植株叶片黄化，生长缓慢

33% 二甲戊灵乳油盆栽土壤处理，亩用量 1 515 ml，药后 30 d，部分下部叶片脱落，植株明显黄化矮小

豆 角

33% 二甲戊灵乳油盆栽土壤处理，亩用量 400 ml，药后 6 d 初期叶出黄斑

33% 二甲戊灵乳油盆栽土壤处理，亩用量 400 ml，药后 12 d 老叶色深绿

33% 二甲戊灵乳油土壤处理，在谷子（亩用量 150 ml）、绿豆（亩用量 150 ml）、芝麻（亩用量 150 ml）上喷施均无明显药害症状。

氟乐灵

小　麦

48% 氟乐灵乳油盆栽土壤处理，亩用量 75 ml，药后 6 d，无明显症状；药后 11 d，部分苗叶片畸形内卷弯曲

48% 氟乐灵乳油盆栽土壤处理，亩用量 75 ml，药后 23 d，植株整体叶片严重畸形，抑制生长

油　菜

48% 氟乐灵乳油盆栽土壤处理，亩用量 75 ml，药后 10 d 生长受限，植株矮小，叶片颜色略发紫

萝　卜

48% 氟乐灵乳油土壤处理，亩用量 75 ml，药后 7 d 苗期有少数苗叶片黄，干枯死亡，部分苗小，随着植株生长无明显症状

白　菜

48% 氟乐灵乳油土壤处理，亩用量 75 ml，药后 5 d 苗期有少数苗叶片黄，枯死，随着植株生长无明显症状

大　豆

48% 氟乐灵乳油盆栽土壤处理，亩用量 150 ml，药后 10 d，部分植株矮化，个别矮化严重，但真叶基本正常

48% 氟乐灵乳油盆栽土壤处理，亩用量 150 ml，药后 20 d，除部分植株略矮外，其他基本恢复生长

48% 氟乐灵乳油盆栽土壤处理，亩用量 300 ml，药后 10 d，全部植株严重矮化，叶色浓绿，皱缩而小，茎变粗呈棒槌状、变脆易断，甚至死亡

48% 氟乐灵乳油盆栽土壤处理，亩用量 300 ml，药后 20 d，受害轻的植株生长有所恢复，受害重的生长停滞，严重矮化，甚至死亡

48% 氟乐灵乳油盆栽土壤处理，亩用量 750 ml，药后 20 d 几乎所有幼苗生长停滞，部分子叶变黄，真叶不能抽出或很小，甚至死亡

48% 氟乐灵乳油田间土壤处理，亩用量 300 ml，药后 40 d，大部分植株严重矮化，叶片边缘失绿，部分种子不能出苗

甘 薯

48% 氟乐灵乳油盆栽土壤处理，亩用量 150 ml，药后 5 d，部分植株略萎蔫；药后 15~30 d，植株生长基本正常，植株略矮。

48% 氟乐灵乳油盆栽土壤处理，亩用量 750 ml，药后 7 d，大部分植株略萎蔫，部分叶片边缘或整个叶片干枯脱落

48% 氟乐灵乳油盆栽土壤处理，亩用量 750 ml，药后 15 d，下部叶片脱落，植株明显矮小

仲丁灵

小　麦

48% 仲丁灵乳油盆栽土壤处理，亩用量 250 ml，药后 6 d，无明显症状；药后 11 d，叶片卷曲

48% 仲丁灵乳油盆栽土壤处理，亩用量 250 ml，药后 23 d，仍可见部分叶片卷曲，但症状逐步恢复

油　菜

48% 仲丁灵乳油盆栽土壤处理，亩用量 250 ml，药后 10 d 整体生长迟缓，植株相对矮小

萝　卜

48% 仲丁灵乳油土壤处理，亩用量 250 ml，药后 10 d 苗期子叶黄，有干枯，少数苗干枯死亡，生长缓慢，新叶片畸形

48% 仲丁灵乳油土壤处理，亩用量 250 ml，随着植株生长，药后 60 d 少数植株小，萝卜畸形

白　菜

48% 仲丁灵乳油土壤处理，亩用量 250 ml，药后 5 d 出苗较好，苗期子叶黄，有黄斑，干枯严重

48% 仲丁灵乳油土壤处理，亩用量 250 ml，药后 7 d 多数苗枯死，剩余少数植株，有叶片畸形，部分植株生长缓慢

菜　心

48% 仲丁灵乳油盆栽茎叶处理，亩用量 250 ml，药后 4 d 芽畸形，生长受抑制

辣 椒

48% 仲丁灵乳油盆栽茎叶处理，亩用量 250 ml，药后 17 d 叶畸形，开花延迟

茄 子

48% 仲丁灵乳油盆栽茎叶处理，亩用量 250 ml，药后 2 d 幼叶畸形

豆 角

48% 仲丁灵乳油盆栽茎叶处理，亩用量 250 ml，药后 4 d 叶片呈现明显黄斑，生长受抑制

48% 仲丁灵乳油盆栽茎叶处理，在黄瓜上喷施（亩用量 250 ml）无明显药害症状，生长正常。

第二节　哒嗪类

哒嗪类化合物的快速发展始于最早商品化的哒嗪类除草剂抑芽丹（MH）的发现。因其结构简单并具有很高除草活性而受到人们的广泛关注，随后其结构得到进一步修饰和衍生，并发现哒嗪衍生物具有多样的生物活性，如除草、杀菌、杀虫、杀螨、抗病毒、植物生长调节剂等。

哒嗪类除草剂其主要品种为氟硫草定，是孟山都公司开发的芽前除草剂，其用量低，防效高，自 1985 年以来，日本已开发为稻田和草坪除草剂。该除草剂在每公顷水稻田的有效成分推荐施药量为 0.06~0.12 kg，用量低，而且在土壤中的移动性小。可与磺酰脲类除草剂制成混剂，现已开发了几种混剂，并均能发挥其特性，对另一除草剂无拮抗作用。在草坪芽前使用，每公顷有效成分用量为 0.36~0.5 kg，可防除一年生禾本科杂草，如马唐等。

主要品种介绍见表 7–2。

表 7–2　哒嗪类除草剂常见品种

通用名称	其他信息		结构式	适用作物	使用量（有效成分，g / 亩）	防除对象	施药方法
氟硫草定 dithiopyr	分子式	$C_{15}H_{16}F_5NO_2S_2$	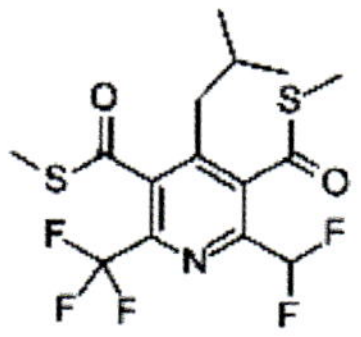	高羊茅和早熟禾草坪	24 ~ 32	一年生单子叶及部分双子叶杂草	芽前喷雾
	分子量	401.42					
	CAS 登录号	97886–45–8					

第三节　氯乙酰胺类

20 世纪 90 年代以来，世界除草剂市场需求总体呈上升趋势，我国除草剂的生产量和使用量增加也很快。自从 1965 年发现烯草胺的活性以后，逐步开创了在近代化学除草剂中起重要作用的一类除草剂——酰胺类除草剂。毒草胺、乙草胺、异丙甲草胺、甲草胺等则属于酰胺类除草剂中别具特色的一个类型——氯乙酰胺类除草剂。目前，乙草胺在我国旱田化学除草剂中占有相当重要的地位，是我国生产量和使用量最多的三大除草剂之一。自 1994 年美国环保局批准乙草胺有条件注册使用以来，乙草胺在美国的使用量迅速增加，到 1996 年成为美国西部用量第三位的玉米除草剂。

氯乙酰胺类除草剂是优良的触杀性禾本科杂草防治剂，是酰胺类除草剂中的一个重要分支，品种较多，主要包括甲草胺、乙草胺、丙草胺、丁草胺、异丙甲草胺、异丙草胺、毒草胺等。其中甲草胺、乙草胺、异丙甲草胺和异丙草胺主要用于防除玉米、棉花、大豆、花生、油菜等旱田作物的一年生禾本科杂草和部分阔叶杂草；丁草胺、丙草胺（加入安全剂后商品名为扫弗特）主要用于稻田稗草的防除。氯乙酰胺类除草剂以其相对高效、低毒、低残留的优点在农药行业中占有重要地位，应用越来越广泛。

氯乙酰胺类除草剂施入表层土壤后，单子叶植物主要通过幼芽吸收，双子叶植物对药剂的主要吸收部位是根系，其次是幼芽。氯乙酰胺类除草剂共同的作用机理是通过抑制细胞分裂使杂草无法生长，同时还破坏植物的光合作用，抑制呼吸作用，干扰核酸与蛋白质合成，损坏植物膜，抑制植物脂类合成等。这些生理过程往往由不同的酶系统所引导，除草剂通过对靶标酶进行抑制而干扰杂草和敏感作物的生理作用。某些氯乙酰胺类除草剂可作为电子传递抑制剂、解偶联剂对植物的光合作用产生抑制，如在叶绿体形成之前，异丙甲草胺可显著抑制小球藻的光合作用。酰胺类化合物主要是通过抑制呼吸作用中含硫基酶的活性，抑制植物的呼吸作用。甲草胺、毒草胺等氯乙酰胺类除草剂还可抑制蛋白质的合成，特别是抑制赤霉酸诱导蛋白酶和 α－淀粉酶的形成。

该类除草剂化学结构通式：

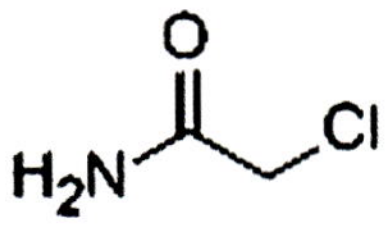

该类除草剂主要品种介绍见表 7-3。

表 7-3 氯乙酰胺类除草剂常见品种

通用名称	其他信息		结构式	适用作物	使用量（有效成分，g/亩）	防除对象	施药方法
乙草胺 acetochlor	分子式	$C_{14}H_{20}ClNO_2$	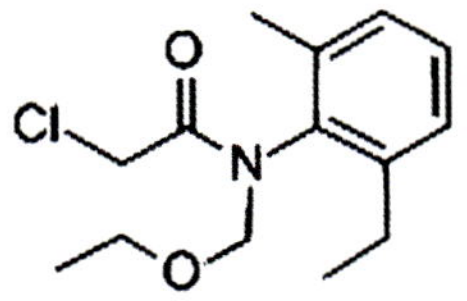	免耕移栽田冬油菜、油菜	40 ~ 50	马唐、稗草、狗尾草、牛筋草等一年生禾本科杂草及苋、马齿苋、荠菜、蓼、双色高粱、香附子、菟丝子等杂草（小粒阔叶杂草	毒土法或播后苗前土壤喷雾
	分子量	269.77		大豆	90 ~ 126（东北）54 ~ 90（其他地区）		
				玉米	90 ~ 108（东北）54 ~ 90（其他地区）		
				水稻	60 ~ 75		
	CAS 登录号	34256-82-1		棉花	72 ~ 90（新疆）54 ~ 72（其他地区）		
				花生	50 ~ 80（覆膜药量酌减）		
				移栽田水稻	7 ~ 10		
				本田水稻	6 ~ 7.5		
				马铃薯	90 ~ 125		

续表

通用名称	其他信息		结构式	适用作物	使用量（有效成分，g/亩）	防除对象	施药方法
甲草胺 alachlor	分子式	$C_{14}H_{20}ClNO_2$	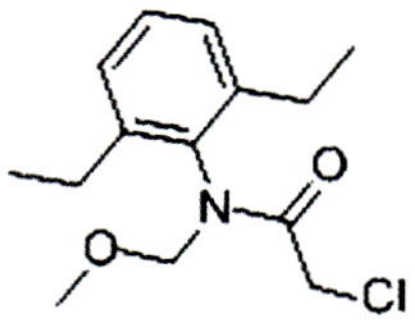	春大豆	168～192，120～144（覆盖地膜）	马唐、稗草、狗尾草等一年生禾本科杂草及苋、马齿苋等阔叶杂草	播后芽前或播前土壤处理
	分子量	269.77		夏大豆、花生、棉花（华北）	120～144，72～96（覆盖地膜）		
	CAS 登录号	15972-60-8		夏大豆、花生、棉花（长江流域）	96～120，60～72（覆盖地膜）		
丁草胺 butachlor	分子式	$C_{17}H_{26}ClNO_2$	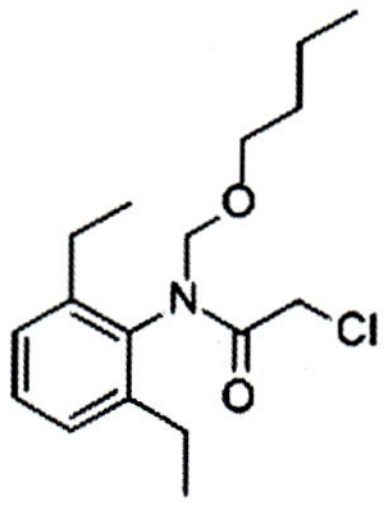	水稻、插秧田水稻	50～85	一年生禾本科杂草及一些莎草科杂草和某些阔叶杂草	毒土法
	分子量	311.85		移栽田水稻	60～90		
	CAS 登录号	23184-66-9		棉、麻、蔬菜	75～100		
异丙甲草胺 metolachlor	分子式	$C_{15}H_{22}ClNO_2$	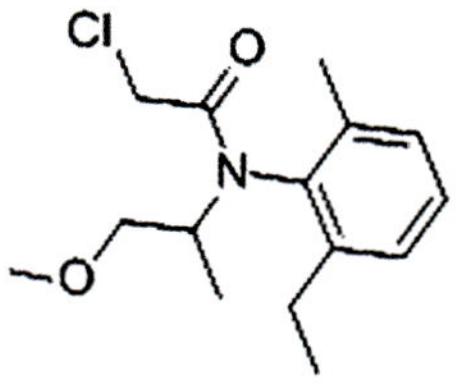	大豆	108～130（东北）72～108（其他地区）	一年生禾本科杂草及部分阔叶杂草	播后苗前土壤处理
	分子量	283.79		甘蔗、花生	92～108		
				春花生	108～144		
	CAS 登录号	51218-45-2		玉米	65～130		
				移栽田水稻	7～14		
				西瓜	72～125		
				烟草	72～108		

续表

通用名称	其他信息		结构式	适用作物	使用量（有效成分，g/亩）	防除对象	施药方法
丙草胺 pretilachlor	分子式	$C_{17}H_{26}ClNO_2$	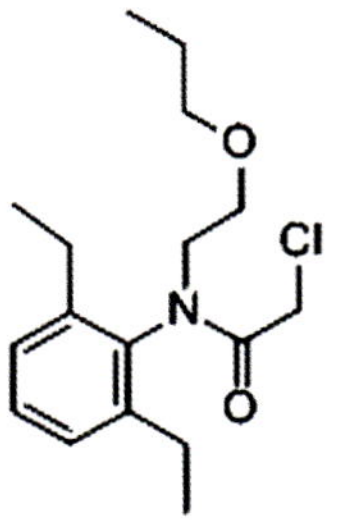	移栽田水稻	30 ~ 35	一年生禾本科杂草、莎草及部分阔叶杂草	土壤喷雾或毒土法
	分子量	311.85		秧田水稻	30 ~ 35		
	CAS 登录号	51218-49-6		直播田水稻	30 ~ 45		
				抛秧田水稻	20 ~ 30		
精异丙甲草胺 S-metolachlor	分子式	$C_{15}H_{22}ClNO_2$	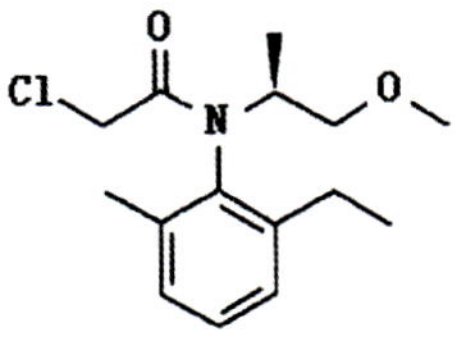	菜豆	62.4 ~ 81.6（东北地区），48 ~ 62.4（其他地区）	一年生杂草和部分阔叶杂草	土壤喷雾
				春大豆	76.8 ~ 115.2		
				春玉米	144 ~ 172.8		
				大蒜	48 ~ 62.4		
				冬油菜	43.2 ~ 57.6		
				番茄地	62.4 ~ 81.6（东北地区），48 ~ 62.4（其他地区）		
				甘蓝	43.2 ~ 52.8		
				花生	43.2 ~ 57.6		
	分子量	283.79		马铃薯	96 ~ 124.8（土壤有机质含量大于 3%），48 ~ 62.4（土壤有机质含量小于 3%）		
				棉花	57.6 ~ 96		
				甜菜	72 ~ 86.4		
				西瓜	38.4 ~ 62.4		
				夏大豆	57.6 ~ 81.6		
	CAS 登录号	178961-20-1		夏玉米	57.6 ~ 81.6		
				向日葵	96 ~ 124.8		
				烟草	38.4 ~ 72		
				芝麻	48 ~ 62.4		

续表

通用名称	其他信息		结构式	适用作物	使用量（有效成分，g/亩）	防除对象	施药方法
异丙草胺 propisochlor	分子式	$C_{15}H_{22}ClNO_2$	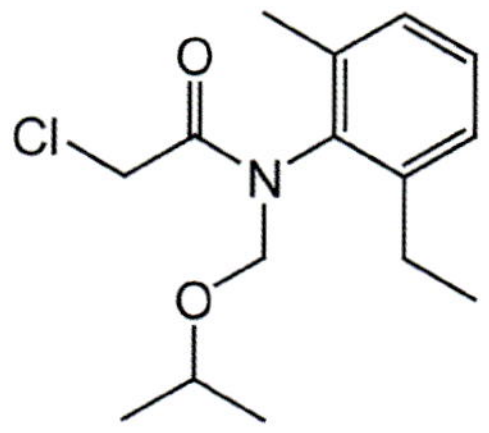	大豆、玉米	72 ~ 96	一年生禾本科杂草及部分阔叶杂草	播后苗前土壤喷雾
	分子量	283.79		移栽田水稻	8.25		
				春大豆（东北）	100 ~ 125		
				夏大豆	72 ~ 108		
				移栽田水稻（南方）	7.5 ~ 10		
	CAS 登录号	86763-47-5		春玉米（东北）	108 ~ 144		
				夏玉米	75 ~ 90		
				春油菜	90 ~ 126		
				甘薯	100 ~ 125		
吡唑草胺 chloroaceto-2,6-xylidide	分子式	$C_{10}H_{12}ClNO$	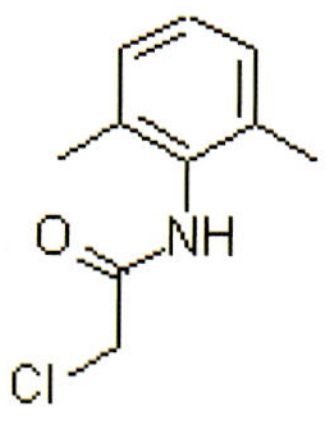	冬油菜田	40 ~ 50	一年生杂草	土壤喷雾
	分子量	197.66					
	CAS 登录号	1131-01-7					
克草胺 ethachlor	分子式	$C_{13}H_{18}ClNO_2$	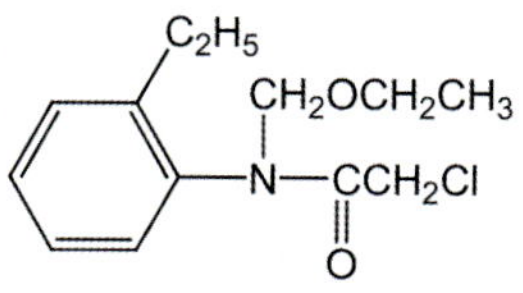	移栽水稻田	35.3 ~ 47(东北)	一年生禾本科杂草、部分阔叶杂草	药土法
	分子量	255.73			23.5 ~ 35.3(其他地区)		
	CAS 登录号	3785-20-4					

此类除草剂典型的药害症状：幼芽与幼叶不能完全展开，玉米叶鞘不能正常抱茎，大豆叶片中脉变短，叶皱缩，粗糙，产生心脏形叶，新叶变黄，叶缘生长受抑制，出现杯状叶，花生叶片变小，出现白色坏死斑。

乙草胺

玉　米

99%乙草胺乳油盆栽土壤处理，亩用量200 ml，药后11 d，植株矮小，生长受抑制

谷　子

99%乙草胺乳油盆栽土壤处理，亩用量80 ml，药后11 d，植株矮小，生长受抑制

小　麦

99%乙草胺乳油盆栽土壤处理，亩用量100 ml，药后10 d，严重抑制出苗

99%乙草胺乳油盆栽土壤处理，亩用量100 ml，药后15 d长势缓慢，而且到后来即使出苗也略畸形

油 菜

99% 乙草胺乳油盆栽土壤处理，亩用量 100 ml，药后 16 d 生长严重受抑制，植株矮小

萝 卜

99% 乙草胺乳油土壤处理，亩用量 100 ml，药后苗期叶片有黄斑点，随着生长无明显症状（图①为药后 10 d 症状，图②为药后 21 d 症状）

白 菜

99% 乙草胺乳油盆栽土壤处理，亩用量 100 ml，药后苗期叶片边缘有干枯，部分植株枯死，剩余植株矮小（图①为药后 5 d 症状，图②为药后 10 d 症状，图③为药后 10 d 症状）

大 豆

50% 乙草胺乳油盆栽土壤处理，亩用量200 ml，药后10 d，植株严重矮化，叶色浓绿，真叶小，叶缘干枯皱缩

50% 乙草胺乳油盆栽土壤处理，亩用量200 ml，药后20 d，大部分植株药害有所缓解，植株略矮，稍细弱，下部叶片变黄，新出叶片基本正常，无死苗

50% 乙草胺乳油盆栽土壤处理，亩用量500 ml，药害更加严重，药后10 d，部分植株真叶不能抽出，子叶变黄、变褐腐烂死亡

50% 乙草胺乳油盆栽土壤处理，亩用量500 ml，药后20 d，成活植株药害有所缓解，但植株矮化、细弱，茎弯曲，下部叶脱落明显

甘 薯

50% 乙草胺乳油盆栽土壤处理，亩用量500 ml，药后5~7 d，大部分植株略萎蔫，部分叶片边缘干枯或整个叶片烧焦状干枯脱落（图①为药后5 d症状，图②为药后7 d症状）

50% 乙草胺乳油盆栽土壤处理，亩用量 500 ml，药后 15~30 d，部分植株生长有所恢复，药害严重的植株下部叶片脱落或顶芽萎缩停止生长，植株矮小（图①为药后 15 d 症状，图②为药后 30 d 症状）

甲草胺

小　麦

43% 甲草胺乳油盆栽土壤处理，亩用量 200 ml，药后 11 d 出苗率降低，苗多畸形

萝　卜

43% 甲草胺乳油土壤处理，亩用量 215 ml，药后 7 d 苗期有叶片黄，部分苗小，随着植株生长无明显症状

白　菜

43% 甲草胺乳油土壤处理，亩用量215 ml，药后7 d苗期有叶片黄，个别植株小，生长缓慢，随着植株生长无明显症状

43% 甲草胺乳油盆栽土壤处理，在油菜上喷施（亩用量 200 ml），油菜生长严重受抑制，植株矮小。

丁草胺

萝　卜

50% 丁草胺乳油土壤处理，亩用量 100 ml，药后苗期有叶片黄，部分苗小，随着植株生长无明显症状

白　菜

50% 丁草胺乳油土壤处理，亩用量 100 ml，药后 14 d 苗期有叶片黄，个别植株小，生长缓慢

菜　心

50% 丁草胺乳油盆栽茎叶处理，亩用量 400 ml，药后 6 d 叶出现枯斑，畸形

黄　瓜

50% 丁草胺乳油盆栽茎叶处理，亩用量 400 ml，药后 7 d 叶出现枯死斑

豆　角

50% 丁草胺乳油盆栽茎叶处理，亩用量 400 ml，药后 6 d 叶色深绿发亮，局部出现枯斑，幼叶畸形

甜玉米

50% 丁草胺乳油盆栽茎叶处理，亩用量 400 ml，药后 4 d 生长受抑制，叶片出现枯死斑

50% 丁草胺乳油土壤处理，在小麦上喷施（亩用量 150 ml），小麦出苗率降低，苗多畸形；在油菜上喷施（亩用量 150 ml），油菜生长严重受抑制，植株矮小；50% 丁草胺乳油盆栽茎叶处理，在辣椒（亩用量 400 ml）、茄子（亩用量 400 ml）上喷施均无明显药害症状。

异丙甲草胺

小 麦

72% 异丙甲草胺乳油土壤处理，亩用量 120 ml，药后 23 d 抑制出苗，生长迟缓，植株矮小，叶片基部发黄

萝 卜

72% 异丙甲草胺乳油土壤处理，亩用量 150 ml，药后苗期叶片边缘萎蔫干枯，中后期无明显症状（图①为药后 7 d 症状，图②为药后 10 d 症状，图③为药后 21 d 症状）

白　菜

72% 异丙甲草胺乳油土壤处理，亩用量 150 ml，药后 14 d 苗期叶片边缘有干枯，叶片稍微发黄，随着生长部分植株小

大　豆

72% 异丙甲草胺乳油盆栽土壤处理，亩用量 150 ml，药后 10 d，大部分植株矮化，真叶小，叶缘干枯致叶片皱缩

72% 异丙甲草胺乳油盆栽土壤处理，亩用量 150 ml，药后 20 d，大部分植株药害缓解，株高略矮，稍细弱

72% 异丙甲草胺乳油盆栽土壤处理，亩用量 750 ml，药后 10 d 药害更加明显，有个别死苗

甘 薯

72% 异丙甲草胺乳油盆栽土壤处理，亩用量 150 ml，药后 7 d，大部分植株叶片失绿黄化，部分叶片边缘或整个叶片干枯

72% 异丙甲草胺乳油盆栽土壤处理，亩用量 150 ml，药后 15 d，下部叶片脱落或顶芽萎缩停止生长，植株明显矮小

72% 异丙甲草胺乳油盆栽土壤处理，亩用量 750 ml，药后 7 d 药害症状更加明显，药后 15 d，出现死苗（图为药后 7 d 症状）

72% 异丙甲草胺乳油盆栽土壤处理，在油菜上喷施（亩用量 320 ml）生长正常，无明显药害症状。

丙草胺

小　麦

30% 丙草胺乳油盆栽土壤处理，亩用量 100 ml，药后 23 d 植株矮小，生长迟缓

萝　卜

30% 丙草胺乳油土壤处理，亩用量 100 ml，药后 14 d 苗期个别植株小，有叶片发黄干枯，随着植株生长无明显症状

白　菜

30% 丙草胺乳油土壤处理，亩用量 100 ml，药后 10 d 苗期叶片黄，随着植株生长无明显症状

30% 丙草胺乳油盆栽土壤处理，在油菜上喷施（亩用量 100 ml），生长正常，无明显药害症状。

异丙草胺

油　菜

50%异丙草胺乳油盆栽土壤处理，亩用量150 ml，药后16 d生长迟缓，植株矮小

50%异丙草胺乳油盆栽土壤处理，在小麦上喷施（亩用量150 ml），抑制出苗，苗后生长迟缓，植株矮小。

精异丙甲草胺

白　菜

96% 精异丙甲草胺乳油土壤处理，亩用量 45 ml，药后 10 d 出苗不好，生长缓慢

菜　心

96% 精异丙甲草胺乳油盆栽茎叶处理，亩用量 300 ml，药后 7 d 叶发黄

辣　椒

96% 精异丙甲草胺乳油盆栽茎叶处理，亩用量 300 ml，药后 11 d 幼叶畸形，卷缩

甜玉米

96% 精异丙甲草胺乳油盆栽土壤处理，亩用量 300 ml，药后 7 d 抑制生长，逐渐枯死

96% 精异丙甲草胺乳油土壤处理，在小麦上喷施（亩用量 45 ml），抑制小麦出苗，生长迟缓，植株矮小；在萝卜上喷施（亩用量 45 ml），有少数植株生长缓慢；在油菜上喷施（亩用量 120 ml）无明显药害症状；96% 精异丙甲草胺乳油田间茎叶处理，在茄子（亩用量 300 ml）、黄瓜（亩用量 300 ml）、豆角（亩用量 300 ml）上喷施均无明显的药害症状。

第四节 乙酰胺类

该类除草剂以敌草胺为主要代表，其主要作用机理为选择性芽前土壤处理剂，杂草根和芽鞘能吸收药液，抑制细胞分裂和蛋白质合成，使根生长受影响，心叶卷曲最后死亡。敌草胺杀草谱较广，能防除稗草、马唐、狗尾草、野燕麦、千金子、看麦娘、早熟禾、雀稗等，也能杀灭许多重要的双子叶杂草，如藜、猪殃殃、繁缕、马齿苋等。

该类除草剂化学结构通式：

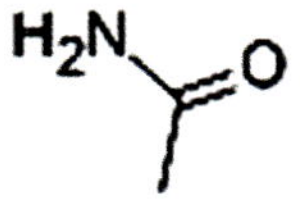

该类除草剂主要品种介绍见表 7-4。

表 7-4 乙酰胺类除草剂常见品种

通用名称	其他信息		结构式	适用作物	使用量（有效成分，g/亩）	防除对象	施药方法
敌草胺 napropamide	分子式	$C_{17}H_{21}NO_2$	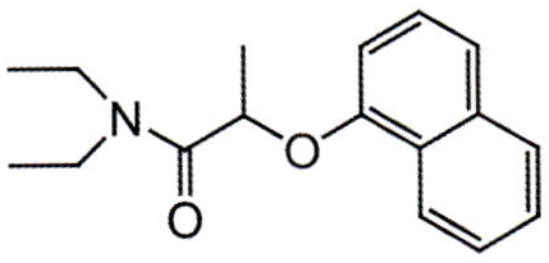	烟草	50 ~ 133	一年生禾本科杂草及部分阔叶杂草	土壤喷雾
	分子量	271.35		油菜	50 ~ 60		
				棉花	75 ~ 125		
				西瓜	75 ~ 125		
	CAS 登录号	15299-99-7		大蒜	60 ~ 100		

敌草胺

玉 米

50% 敌草胺可湿性粉剂土壤处理，亩用量 100 g，药后 5 d，叶片边缘皱缩

50% 敌草胺可湿性粉剂土壤处理，亩用量 100 g，药后 27 d，植株矮小，生长受抑制，叶片发黄且叶缘皱缩

谷 子

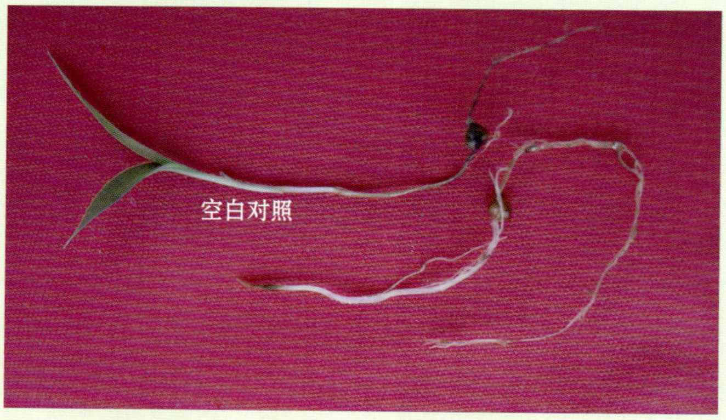

50% 敌草胺可湿性粉剂土壤处理，亩用量 100 g，药后 11 d，植株矮小，生长严重受抑制，叶片发黄

小 麦

50% 敌草胺可湿性粉剂土壤处理，亩用量 100 g，药后 6 d，出苗率不受影响，但苗颜色发红

50% 敌草胺可湿性粉剂土壤处理，亩用量 100 g，药后 13 d，较对照叶片从基部向上失绿白化

50% 敌草胺可湿性粉剂土壤处理，亩用量 100 g，药后 23 d，植株矮小，生长受限，叶片颜色发黄

萝　卜

50% 敌草胺可湿性粉剂土壤处理，亩用量 100 g，苗期叶片有黄斑点，随着生长无明显症状（图①为药后 5 d 症状，图②为药后 10 d 症状，图③为药后 20 d 症状）

大　豆

50% 敌草胺可湿性粉剂盆栽土壤处理，亩用量 100~200 g，药后 5~7 d，出苗基本正常，新出叶片明显黄化，真叶生长缓慢，部分真叶叶缘干枯叶片皱缩呈勺状（图①、图②为亩用量 200 g，药后 5 d 症状；图③为亩用量 100 g，药后 7 d 症状）

50% 敌草胺可湿性粉剂盆栽土壤处理，亩用量 100~200 g，药后 10~15 d，植株新出叶片生长受到抑制，叶片沿叶脉干枯甚至脱落，植株矮化，高剂量大部分植株新出叶片死亡，真叶少甚至无真叶（图①、图②为亩用量 100 g，药后 10 d 症状；图③为亩用量 100 g，药后 15 d 症状；图④、图⑤为亩用量 200 g，药后 15 d 症状）

50% 敌草胺可湿性粉剂盆栽土壤处理，亩用量 200 g，药后 30 d，植株矮化细弱

甘　薯

50% 敌草胺可湿性粉剂盆栽土壤处理，亩用量532 g，药后7 d，新出叶片不同程度地变黑干枯，叶片局部黄化

50% 敌草胺可湿性粉剂盆栽土壤处理，亩用量 1 064 g，药后 15 d，下部叶片黄化脱落，部分上部叶片边缘干枯，严重者新出叶片干枯脱落，植株矮化

50% 敌草胺可湿性粉剂盆栽土壤处理，亩用量 1 596 g，药后 25 d，植株细弱矮小

辣 椒

50% 敌草胺可湿性粉剂盆栽茎叶处理，亩用量 300 g，药后 4 d 幼叶生长受到轻微抑制作用

黄 瓜

50% 敌草胺可湿性粉剂盆栽茎叶处理，亩用量 300 g，药后 4 d 幼叶发黄

50% 敌草胺可湿性粉剂盆栽茎叶处理，亩用量 300 g，药后 8 d 逐渐恢复正常

豆　角

50% 敌草胺可湿性粉剂盆栽茎叶处理，亩用量 300 g，药后 4 d 幼叶出现黄斑

50% 敌草胺可湿性粉剂盆栽茎叶处理，亩用量 300 g，药后 13 d 老叶深绿，生长受抑制

50% 敌草胺可湿性粉剂土壤处理，在油菜上喷施（亩用量 240 g）无明显药害症状，在白菜上喷施（亩用量 100 g），有少数植株生长受抑制，植株矮小。50% 敌草胺可湿性粉剂田间茎叶处理，在茄子上喷施（亩用量 300 g）无明显药害症状。

第五节　氧乙酰胺类

酰胺类除草剂是除草剂中较为重要的一类，从生理活性及化学结构方面考虑，可将其进一步分为酰芳胺类、氯代乙酰胺类和氧乙酰胺类 3 种。其中氧乙酰胺类除草剂的活性要比其他酰胺类除草剂活性高得多。

苯噻酰草胺属氧乙酰胺类除草剂，是细胞生长和分裂抑制剂，对母细胞的分裂有特别强的抑制作用。据观察，该药剂在植物生长点处，于细胞繁殖周期的静止期、代谢期起作用，通过抑制细胞分裂、增大，从而阻碍稗草的生长直至死亡。受药稗草的外观症状是：茎叶部和根部的生长点异常肥大，叶鞘、叶身变浓绿，植株生长受抑制，最终茎叶变黄枯死。稗草枯萎时间随叶龄增大而延长。

该类除草剂主要品种介绍见下表 7-5。

表 7-5　氧乙酰胺类除草剂常见品种

<table>
<tr><th>通用名称</th><th colspan="2">其他信息</th><th>结构式</th><th>适用作物</th><th>使用量（有效成分，g / 亩）</th><th>防除对象</th><th>施药方法</th></tr>
<tr><td rowspan="4">苯噻酰草胺
mefenacet</td><td>分子式</td><td>$C_{16}H_{14}N_2O_2S$</td><td rowspan="4">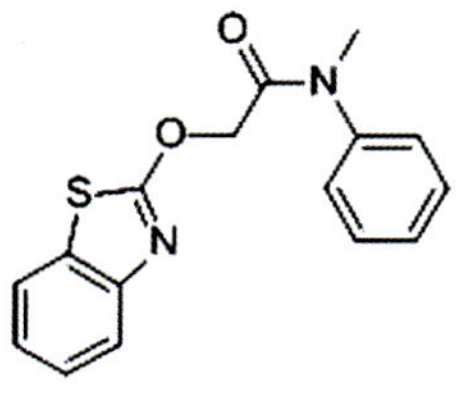</td><td>移栽田水稻（北方）</td><td>30 ~ 40</td><td rowspan="4">稗草、异型莎草等一年生杂草</td><td rowspan="4">毒土法</td></tr>
<tr><td rowspan="2">分子量</td><td rowspan="2">298.36</td><td>移栽田水稻（东北）</td><td>25 ~ 26.7</td></tr>
<tr><td>抛秧田水稻（南方）</td><td>25 ~ 30</td></tr>
<tr><td>CAS 登录号</td><td>73250-68-7</td><td>抛秧田水稻（北方）</td><td>25 ~ 50</td></tr>
</table>

苯噻酰草胺

大　豆

50% 苯噻酰草胺可湿性粉剂田间茎叶处理，亩用量 200 g，药后 2 d，叶面有白色或褐色斑点，少量新叶失绿，叶缘干枯

50% 苯噻酰草胺可湿性粉剂田间茎叶处理，亩用量 200 g，药后 7 d，着药叶片不均匀失绿，部分叶片有褐色枯斑，叶片皱缩

50% 苯噻酰草胺可湿性粉剂田间茎叶处理，亩用量 100 g，药后 15 d，叶片上枯斑脱落致使叶片破损，上部长出新叶

50% 苯噻酰草胺可湿性粉剂田间茎叶处理，亩用量 100 g，药后 30 d，植株新出叶片正常，部分植株明显矮化

甘　薯

50% 苯噻酰草胺可湿性粉剂盆栽茎叶处理，亩用量 200 g，药后 5 d，部分叶片不均匀失绿，叶片不平展

50% 苯噻酰草胺可湿性粉剂盆栽茎叶处理，亩用量 200 g，药后 8 d，叶片黄化严重，部分叶片干枯，植株生长停滞，严重矮化

50% 苯噻酰草胺可湿性粉剂盆栽茎叶处理，亩用量 200 g，药后 15 d，大部分植株枯死

第六节 苯酰胺类

苯酰胺类除草剂以炔苯酰草胺为代表。炔苯酰草胺是一种内吸传导选择性酰胺类除草剂，其作用机理是通过根系吸收传导，干扰杂草细胞的有丝分裂，主要防治单子叶杂草，对阔叶作物安全，在土壤中的持效期可达 60 d 左右，可有效控制杂草的出苗，即使杂草出苗后，仍可通过芽鞘吸收药物而死亡。一般播后芽前比苗后早期用药效果好。

主要品种介绍见表 7-6。

表 7-6 苯酰胺类除草剂常见品种

通用名称	其他信息		结构式	适用作物	使用量（有效成分，g / 亩）	防除对象	施药方法
炔苯酰草胺 propyzamide	分子式	$C_{12}H_{11}Cl_2NO$	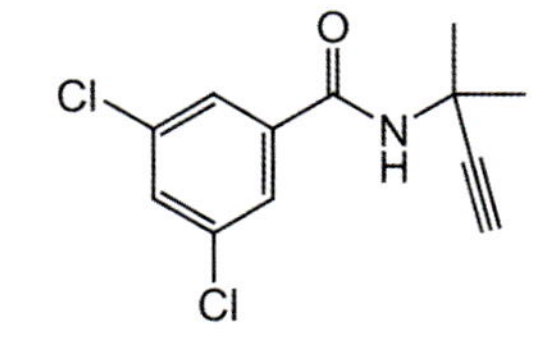	姜田	96 ~ 112	一年生杂草	土壤处理
	分子量	256.13					
	CAS 登录号	23950-58-5		莴苣	100 ~ 133.3	杂草	土壤喷雾

第七节 有机磷类

莎稗磷是有机磷类选择性内吸传导型水稻田除草剂，通过植物的幼芽和地下茎吸收，抑制细胞裂变伸展，使杂草新叶不易抽出，生长停止，最后枯死。莎稗磷可防除稗草（稻稗）、千金子、异型莎草等稻田常见一年生禾本科杂草和莎草，内吸性强，杀稗效果较好。

莎稗磷为内吸传导型广谱土壤处理的选择性除草剂，对正在萌芽的杂草种子、幼苗防效很好，对已长大的杂草防效不理想。莎稗磷使杂草蛋白质合成受干扰导致植株死亡，在土壤中的持效期 20~40 d。

主要品种介绍见下表：

表 7 有机磷类除草剂常见品种

通用名称	其他信息		结构式	适用作物	使用量（有效成分，g/ 亩）	防除对象	施药方法
莎稗磷 anilofos	分子式	$C_{13}H_{19}ClNO_3PS_2$	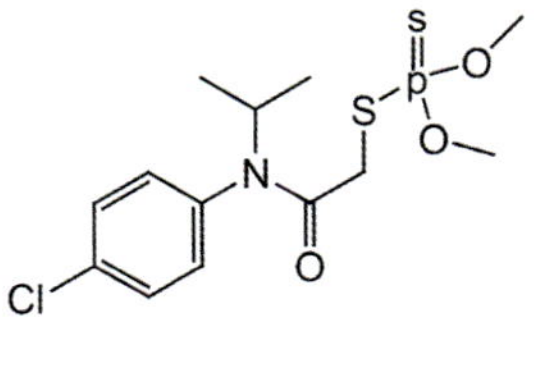	移栽水稻田、水稻抛秧田	18 ~ 24（北方）	稗草、莎草、一年生禾本科杂草	药土法
	分子量	367.85					
	CAS 登录号	64249-01-0			15 ~ 21（南方）		

第八节　有机杂环类

噁嗪草酮是由日本三菱油化株式会社创制，先正达公司开发的新型除草剂。该制剂属于有机杂环类，是内吸传导型水稻田除草剂，主要由杂草的根部和茎叶基部吸收。杂草接触药剂后茎叶部失绿、停止生长，直至枯死。主要用来防除重要的阔叶杂草、莎草科杂草及稗属杂草等，除稗草有特效，也可用于草坪除草。

噁嗪草酮的作用机理尚不清楚，但生化研究结果表明它是以不同于其他除草剂的方式抑制分生细胞生长。施药后稗草症状为新叶部分褪色，叶鞘逐渐变黄，枯败直至死亡，此过程通常需要一周。

主要品种介绍见表 7-8。

表 7-8　有机杂环类除草剂常见品种

通用名称	其他信息		结构式	适用作物	使用量（有效成分，g/ 亩）	防除对象	施药方法
噁嗪草酮 oxaziclomefone	分子式	$C_{20}H_{19}Cl_2NO_2$	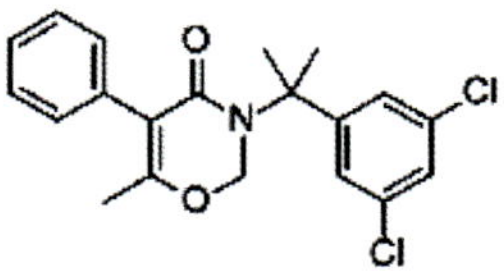	移栽田水稻、直播田水稻、秧田水稻	18 ~ 24（北方）	稗草、莎草、一年生禾本科杂草	药土法
	分子量	376.28			15 ~ 21（南方）		
	CAS 登录号	153197-14-9					

第八章 脂肪合成抑制剂——非乙酰辅酶 A 羧化酶（ACC）抑制剂

该类抑制剂以禾草敌为代表，主要通过抑制脂肪合成来杀死杂草。其中大多数品种是土壤处理的除草剂，除草效果和安全性均与土壤特性，特别是有机质含量及土壤质地有密切关系。施药后如遇持续低温及土壤高湿，对作物会产生一定的药害。该类除草剂可以用于多种作物，但对不同作物的安全性差异很大，应用不当易发生药害。

脂肪合成抑制剂——非乙酰辅酶 A 羧化酶抑制剂典型药害症状：该类除草剂主要抑制根与幼芽生长，造成幼苗矮化与畸形，幼芽和幼叶不能完全展开，玉米叶鞘不能正常抱茎；大豆叶片中脉变短，叶片皱缩、粗糙，产生心脏形叶，心叶变黄，叶缘生长受抑制，出现杯状叶；花生叶片变小，出现白色坏死斑。药害症状出现于作物萌芽与幼苗期，一般情况下随着环境条件改善和作物生长药害可恢复。

第一节 氨基甲酸酯类

氨基甲酸酯与硫代氨基甲酸酯类除草剂是 1945 年开始发展起来的一类重要除草剂。

氨基甲酸酯与硫代氨基甲酸酯类除草剂中，土壤处理的品种主要通过植物的幼根和幼芽吸收，茎叶处理的品种则通过茎叶吸收，不论通过植物何种部位吸收，在植物体内药剂通常向分生组织传导。

该类大部分品种主要抑制细胞分裂，其次是抑制氧化磷酸化作用、核糖核酸合成、蛋白质合成以及光合作用中的希尔反应。通过对信使核糖核酸合成的影响而抑制蛋白质的合成是它们的主要机理。氨基甲酸酯类除草剂在土壤中主要通过微生物降解而失效，在土壤中不积累，所以对后茬作物安全。

燕麦畏、燕麦敌、燕麦敌 2 号、燕麦灵等用于麦田防治野麦。禾草丹、禾草敌、哌草丹用于水稻田防治稗草。甜菜宁、甜菜灵、异丙阔叶宁等用于甜菜防治一年生阔叶杂草。环草特用于甜菜防治一年生禾本科杂草及小粒种子阔叶杂草。灭草猛用于大豆、花生防治一年生禾本科杂草及小粒种子的阔叶杂草。丁草特用于玉米田防治一年生禾本科和小粒种子的阔叶杂草。氨基甲酸酯及硫代氨基甲酸酯类除草剂可与多种除草剂混用。灭草猛在大豆田可与嗪草酮、异噁草酮、氟乐灵、甲羧除草醚、咪草烟等除草剂混用。甜菜宁在甜菜田可与烯禾啶混用。禾草敌、禾草丹、哌草丹在水稻田可与灭草松、麦草畏、2 甲 4 氯、敌稗、苄嘧磺隆混用。丁草特在玉米田可与莠去津、氰草净等混用。

氨基甲酸酯类除草剂的作用机理还不太清楚，有可能与抑制脂肪酸、脂类、蛋白质、类异戊二烯、类黄酮的生物合成有关。杂草和作物间对此类除草剂的降解代谢或轭合作用的差异是其选择性的主要原因，位差、吸收与传导的差异也是此类除草剂选择性的原因之一。

此类除草剂主要用作土壤处理剂，在播前或播后苗前施用。但禾草敌在稗草 3 叶期前均可施用。硫代氨基甲酸酯类除草剂的挥发性强，为了保证药效，旱地施用的除草剂需混土。

该类除草剂主要品种介绍见表 8-1。

表 8-1　氨基甲酸酯类除草剂常见品种

通用名称	其他信息		结构式	适用作物	使用量（有效成分，g / 亩）	防除对象	施药方法
禾草敌 molinate	分子式	$C_9H_{17}NOS$	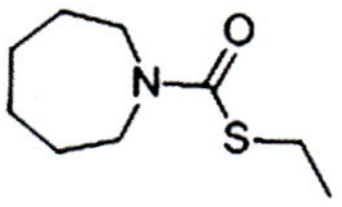	水稻	133 ~ 200	稗草、牛毛草等一年生杂草	喷雾或毒土
	分子量	187.3					
	CAS 登录号	2212-67-1		秧田水稻	136.37 ~ 181.8		
禾草丹 thiobencarb	分子式	$C_{12}H_{16}ClNOS$	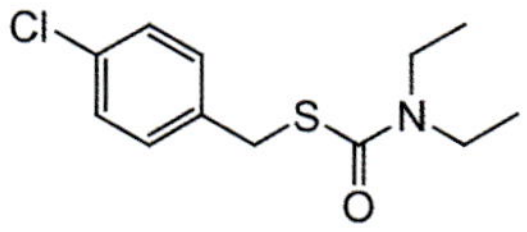	水稻	133 ~ 200	稗草等一年生杂草	毒土
	分子量	257.78					
	CAS 登录号	28249-77-6		移栽田水稻	135 ~ 131.3		
茵草敌 era dicane（专供出口）	分子式	$C_9H_{19}NOS$	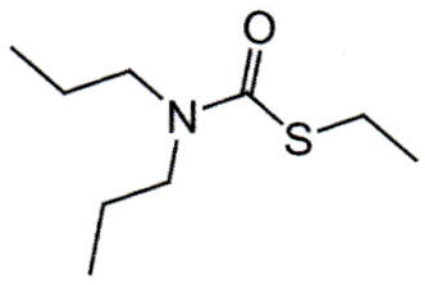	玉米	66.7 ~ 200	阔叶杂草	毒土或土壤喷雾
	分子量	189.32					
	CAS 登录号	759-94-4					
野麦畏 triallate	分子式	$C_{10}H_{16}Cl_3NOS$	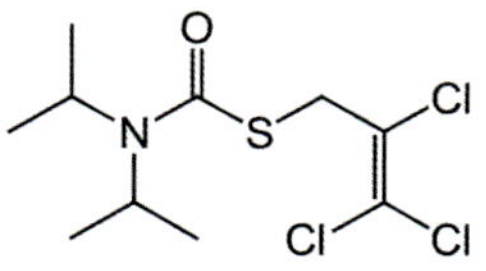	小麦	60 ~ 100	野燕麦等一年生禾本科杂草	毒土、土壤喷雾
	分子量	304.67					
	CAS 登录号	2303-17-5					

此类除草剂典型的药害症状：叶片从胚芽鞘中不能正常抽出或抽出后弯曲，不能生长，下胚轴肿胀，叶皱缩，茎严重矮化，叶缘生长受抑制，叶肉继续生长，产生帽状叶。

禾草敌

油　菜

90.9%禾草敌乳油盆栽土壤处理，亩用量146 ml，药后5 d，叶片现枯斑

90.9%禾草敌乳油盆栽土壤处理，亩用量146 ml，药后8 d，整体叶片畸形

萝　卜

90.9%禾草敌乳油土壤处理，亩用量146 ml，药后苗期有少数苗叶片黄，干枯死亡，部分苗小，随着植株生长无明显症状（图①为药后5 d症状，图②为药后7 d症状）

白　菜

90.9%禾草敌乳油土壤处理，亩用量146 ml，药后出苗少，苗期有少数苗叶片黄，干枯死亡，个别植株小，生长缓慢（图①为药后5 d症状，图②为药后7 d症状）

大 豆

90.9%禾草敌乳油盆栽土壤处理，亩用量146~880 ml，药后5~7 d，幼苗上胚轴缩短变粗变脆，部分幼苗腐烂死亡（图①为亩用量880 ml，药后7 d症状；图②为亩用量440 ml，药后5 d症状；图③为亩用量146 ml，药后7 d症状）

90.9%禾草敌乳油盆栽土壤处理，亩用量146~440 ml，药后10~15 d，顶芽畸形或干枯，真叶叶缘干枯皱缩呈勺状或边缘破损，植株矮小（图①为亩用量146 ml，药后10 d症状；图②、图④为亩用量146 ml，药后15 d症状；图③为亩用量440 ml，药后15 d症状）

90.9%禾草敌乳油盆栽土壤处理，亩用量440 ml，药后30 d，残存的植株黄化矮小

甘 薯

90.9% 禾草敌乳油盆栽土壤处理，亩用量 660~2 200 ml，药后 7~15 d，叶片黄化有枯斑。高剂量茎尖受损，部分叶片干枯脱落（图①为亩用量 660 ml，药后 7 d 症状；图②、图③为亩用量 2 200 ml，药后 7 d、15 d 症状）

90.9% 禾草敌乳油盆栽土壤处理，亩用量 2 200 ml，药后 25~30 d，部分叶片干枯，植株明显黄化矮化。高剂量部分植株死亡（图①为药后 25 d 症状，图②为药后 30 d 症状）

90.9% 禾草敌乳油田间茎叶处理，在玉米（亩用量 150 ml）、谷子（亩用量 150 ml）、花生（亩用量 150 ml）、绿豆（亩用量 150 ml）、棉花（亩用量 150 ml）、芝麻（亩用量 150 ml）、小麦（亩用量 146 ml）上喷施均无明显药害症状。

第二节　苯并呋喃类

苯并呋喃类除草剂的典型代表为乙氧呋草黄。乙氧呋草黄主要通过杂草叶片吸收传导到杂草各部位，抑制杂草光合作用达到除草效果。它对甜菜具有高选择性，使用量大也不会产生药害，可防除看麦娘、野燕麦、早熟禾、狗尾草等一年生禾本科杂草及许多阔叶杂草。

乙氧呋草黄为芽前芽后除草剂，防除甜菜、草皮、黑麦草和其他牧场中杂草。本品可有效地防除许多重要的禾本科和阔叶杂草，土壤中持效期较长。

主要品种介绍见下表 8-2。

表 8-2　苯并呋喃类除草剂常见品种

通用名称	其他信息		结构式	适用作物	使用量（有效成分，L/亩）	防除对象	施药方法
乙氧呋草黄 ethofumesate	分子式	$C_{13}H_{18}O_5S$	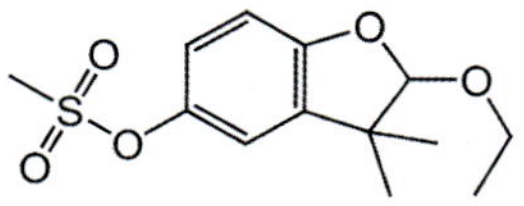	甜菜	15 ~ 30	一年生阔叶杂草、部分阔叶杂草	茎叶喷雾
	分子量	286.34					
	CAS 登录号	26225-79-6					

第九章　合成激素类抑制剂

合成激素类抑制剂是使用历史最久、应用最广泛的一类具植物激素作用的重要除草剂，根据羧酸和芳香基团的位置，此类除草剂又分为苯氧羧酸类（如 2,4– 滴、2 甲 4 氯酸 \2 甲 4 氯丙酸），苯甲酸类（如麦草畏），吡啶类（如二氯吡啶酸）和喹啉羧酸类（如二氯喹啉酸和喹草酸）。此类除草剂与吲哚乙酸的受体蛋白结合，快速诱导一系列植物遗传和生理反应，造成植物代谢紊乱，细胞激增、组织变形，最终导致敏感植株死亡。在一些敏感双子叶植物中，此类除草剂诱导氨基环丙烷羧酸合成酶活性，导致乙烯、脱落酸和过氧化氢的生物合成，与乙烯一起，脱落酸作为激素信号传导的第二个激素信息传递者，抑制敏感双子叶植物生长，甚至衰竭。

该类除草剂对作物选择性较强，对靶标作物相对安全；但生产中施用不当，或生育期与环境条件把握不好会发生药害。苯氧羧酸类除草剂系激素型除草剂，它们诱导作物致畸，不论是根、茎、叶、花及穗均产生明显的畸形现象，并长久不能恢复正常。药害症状持续时间较长，而且生育初期所受的影响，直到作物抽穗后仍能显现出来。受害植物不能正常生长，敏感组织出现萎黄、生长发育缓慢、萎缩死亡现象。在阔叶作物上典型药害症状为植株叶柄、茎部完全扭曲变形，向地面弯曲，叶片翻转。在禾本科作物上以玉米为例主要造成根部畸形，根结肿大，主根稀少，叶片内卷呈葱状叶。

第一节　苯氧羧酸类

1941 年合成了第一个苯氧羧酸类除草剂的品种 2,4– 滴，1942 年发现了该化合物具有植物激素的作用，1944 年发现 2,4– 滴和 2,4,5– 滴对田旋花具有除草活性，1945 年发现除草剂 2 甲 4 氯。此类除草剂显著的选择性、传导性及杀草活性成为之后除草剂发展的基础，促进了化学除草的发展。迄今为止，苯氧羧酸类除草剂仍然是重要的除草剂品种。

苯氧羧酸类除草剂接触植物后能够被茎、叶和根系吸收，通过韧皮部筛管和根部的木质部导管进行传导。

苯氧羧酸类除草剂对植物具有两种不同的效应，即低浓度促进生长，高浓度抑制生长，甚至引起死亡。如微量的 2,4– 滴能够促进植物生长，而高剂量则使植物的分生组织受抑制，长度生长停止，产生次生膨胀而导致根与茎肿胀，进而韧皮部堵塞，最后木质部遭破坏，植株死亡。苯氧羧酸类除草剂对植物的作用原理包括一系列复杂的反应，这些反应是从核酸酶的合成开始的，受2,4-滴影响的酶主要有α-淀粉酶、抗坏血酸酶、过氧化氢酶、氧化酶、细胞色素氧化酶等十几种。高浓度2,4-滴处理后，在茎与叶内，降低氧的利用，抑制解偶联磷酸化作用与希尔反应。

苯氧羧酸类除草剂在土壤中是通过微生物进行降解的。微生物降解苯氧羧酸类除草剂的途径是侧链断裂（脱羧基）、苯环羟基化、脱卤以及苯环裂解。苯氧羧酸类除草剂除了在土壤中降解消失外，药剂进入植物体内通过侧链的β-氧化作用、苯环羟基化、轭合作用等降解。每种降解途径进行的程度及其在除草剂的解毒过程中所起的作用，则决定于植物种类及其特性，特别是决定于植物对除草剂的抗性。

苯氧羧酸类除草剂主要应用在禾本科作物田，也应用于大豆、花生、豌豆、甘蔗、牧草、草坪和非耕田防除杂草及灌木，防除一年生和多年生阔叶杂草以及莎草科的一些杂草，是我国多年来普遍使用的一类主要除草剂。不同作物及品种对苯氧羧酸类除草剂的抗性有差异。其中以小麦抗性较强，燕麦对2,4-滴比小麦敏感，特别是对酯类药剂敏感，高粱的抗性也较差，而玉米的某些自交系较敏感，一般不能使用。旱地的水稻对2,4-滴的抗性也较低，特别是喷药后遇到低温时易发生药害。小麦不同生育期对2,4-滴的敏感性不同。小麦生育初期，即穗分化的第二、第三阶段很敏感，此期用药，生长停止，穗原始体受破坏；在穗分化第三期用药，则小麦原始基衰退；小麦最安全的用药时期是在穗分化的第四期、第五期，即分蘖盛期至孕穗初期，此时期小麦的抗药性最强。芽前土壤处理对一年生禾本科杂草及种子繁殖的多年生杂草也有强烈的抑制作用。苯氧羧酸类除草剂的不同品种与剂型的防除对象及杀草活性有差异，如几个常用品种的除草活性顺序是：2甲4氯≥2,4-滴＞2，4，5-滴。同品种不同剂型的除草效果是：酯＞酸＞铵盐＞钠盐（钾盐）。各种植物对2,4-滴等除草剂的敏感程度不同，禾谷类作物抗性很强。甜菜、向日葵、番茄、葡萄、柳树、榆树等很敏感，春季麦田除草喷药时，风吹到这些植物叶面上的一些细小的药雾就可使其严重受害，甚至相距喷药地点数百米也会受害。晴天、充足的光照，植株的新陈代谢加快、促进对苯氧羧酸类除草剂的吸收和在体内的传导。但在高温干燥的天气条件下，特别是中午上升气流大的时候，喷洒挥发性强的酯类最易造成雾滴的飘移。因此，长期干旱，相对湿度小于65%时不能喷药。

苯氧羧酸类除草剂可以通过茎叶，也可以通过根系吸收。茎叶吸收的药剂与光合作用产物结合沿韧皮部筛管在植物体内传导，而根吸收的药剂则随蒸腾流沿木质部导管移动，在分生组织积累。叶片吸收药剂的速度决定于三方面的因素：叶片结构，除草剂的特性，环境条件。其在双子叶植物中代谢比在禾本科植物中缓慢，因而耐药力弱，进入禾本科植物体内很快代谢使之失去活性而具耐药性。2,4-滴丁酯和2甲4氯丁酸本身无除草活性，须在植物体内经氧化后转变成相应的乙酸后才有除草活性。豆科植物缺乏这种氧化酶，因而对这两种除草剂具有耐药性。

苯氧羧酸类除草剂基本的化学结构式：

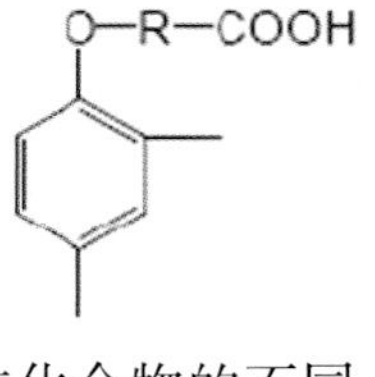

苯氧羧酸类除草剂依据其活性成分本体化合物的不同，可分为两个不同的基本系列。一种是以2,4-二氯酚为本体的，如2,4-二氯苯氧乙酸（2,4-滴酸）、2,4-二氯苯氧丙酸（2,4-滴P）、2,4-二氯苯氧丁酸（2,4-滴B）。另一种是以邻甲酚为本体的，如2甲4氯酸（MCPA）、2甲4氯丙酸（MCPP）、2甲4氯丁酸（MCPB）。

该类除草剂主要品种介绍见下表：

表 1　苯氧羧酸类除草剂常见品种

通用名称	其他信息		结构式	适用作物	使用量（有效成分，g / 亩）	防除对象	施药方法
2,4- 滴丁酯 butyl 2,4-dichloro-phenocyacetate	分子式	$C_{12}H_{14}Cl_2O_3$	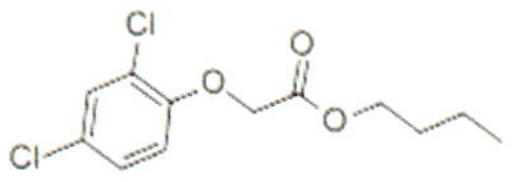	水稻	20 ~ 35	一年生和多年生双子叶杂草	土壤喷雾
	分子量	277.14		小麦	35		
	CAS 登录号	94-80-4		谷子	35		
				玉米	70（苗前），30 ~ 35（苗后）		
				春玉米	43.2 ~ 57.6		
				冬小麦	28.8 ~ 36		
				春小麦	54 ~ 72		
2 甲 4 氯钠 2-methyl-4-chloropheno-xyaceticacid	分子式	$C_9H_8ClNaO_3$	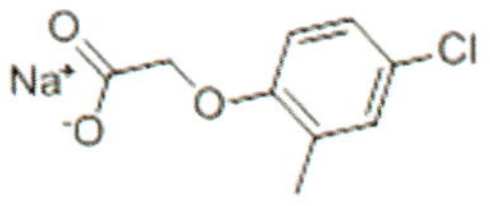	水稻	30 ~ 60	一年生阔叶杂草及部分莎草科杂草	茎叶喷雾
	分子量	222.6		小麦	40 ~ 80		
	CAS 登录号	3653-48-3		高粱	60 ~ 80		
				玉米	60 ~ 80		
				冬小麦	56 ~ 84		
				甘蔗	50 ~ 56		
2,4- 滴 2,4-Dichloro-phenoxyacetic acid	分子式	$C_8H_6Cl_2O_3$	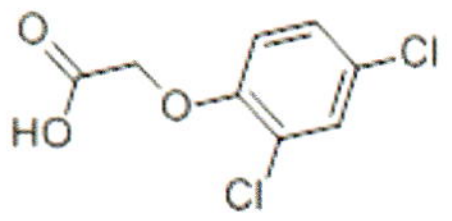	专供出口，不得在国内销售			
	分子量	221.04					
	CAS 登录号	94-75-7					
2,4- 滴二甲胺盐 2,4- dichloro-phenoxyacetate	分子式	$C_{10}H_{13}Cl_2NO_3$	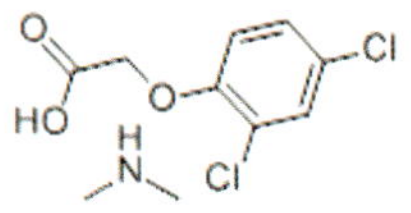	非耕地	107.5 ~ 182	阔叶杂草	喷雾
	分子量	266.12		春小麦	28.8 ~ 15.8	一年生阔叶杂草	茎叶喷雾
	CAS 登录号	2008-39-1		冬小麦	36 ~ 72.3		
				玉米	57.6 ~ 86.4		
				柑橘	150 ~ 180	阔叶杂草	定向茎叶喷雾
				移栽田水稻	17.2 ~ 51.6	阔叶杂草	喷雾

续表

通用名称	其他信息		结构式	适用作物	使用量（有效成分，g / 亩）	防除对象	施药方法
2,4- 滴异辛酯 2，4 — D isooctylester	分子式	$C_{16}H_{22}Cl_2O_3$	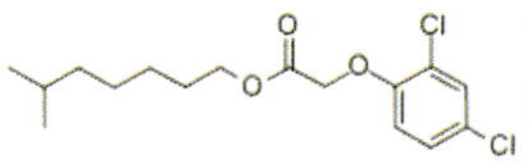	小麦	34 ~ 60	一年生阔叶杂草	茎叶喷雾
	分子量	333.25					
	CAS 登录号	25168-26-7		春玉米、春大豆	35 ~ 45	一年生阔叶杂草	土壤喷雾
2 甲 4 氯 2-Methyl-4-chloropheno-xyaceticacid	分子式	$C_9H_9ClO_3$	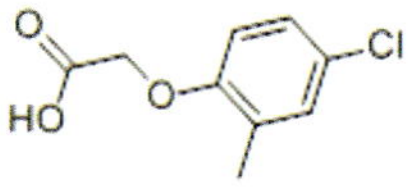	小麦	40 ~ 60	阔叶杂草及莎草科杂草	喷雾
	分子量	200.62		移栽田水稻	30 ~ 37.5（南方），52.5 ~ 67.5（北方）	莎草、阔叶杂草	喷雾
	CAS 登录号	94-74-6		玉米	1.7 ~ 22.5	阔叶杂草及莎草科杂草	茎叶喷雾
2 甲 4 氯异辛酯 MCPA-isooctyl	分子式	$C_{17}H_{25}ClO_3$	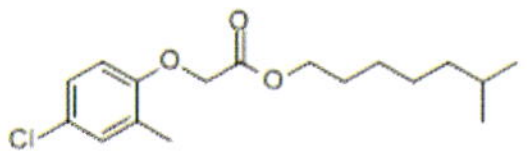	小麦	45 ~ 54	一年生阔叶杂草	茎叶喷雾
	分子量	312.83					
	CAS 登录号	26544-20-7					

此类除草剂典型的药害症状为茎短、弯曲、扭转，直径增大，地上及地下部分生出瘤和不定根，叶柄向下弯曲，叶肉减少、扩张、产生皱缩，叶缘向下折叠或向上卷成杯状，双子叶植物叶脉近于平行，复叶中的小叶愈合，萼片、花瓣、雄蕊、雌蕊数增多或减少，形状异常，禾本科植物形成葱状叶，花序弯曲，难抽出，出现双穗、小穗对生、重生和轮生等。

2甲4氯钠

玉　米

56% 2甲4氯钠可溶粉剂田间茎叶处理，亩用量210 g，药后8 d根部畸形，根结肿大，心叶内卷，下部叶片也扭曲变形

56% 2甲4氯钠可溶粉剂田间茎叶处理，亩用量210 g，药后12 d沿茎基部向上，心叶内卷加剧，根部严重畸形

56% 2甲4氯钠可溶粉剂田间茎叶处理，亩用量210 g，药后18 d心叶内卷严重

56% 2甲4氯钠可溶粉剂田间茎叶处理，亩用量210 g，药后20 d下部第三、第四片老叶生长正常，其余叶片紧包裹在一起卷成筒状

56% 2 甲 4 氯钠可溶粉剂田间茎叶处理，亩用量 210 g，药后 23 d 下部叶片也开始内卷，根部严重畸形，气生根呈根结状，肿大弯曲

谷　子

56% 2 甲 4 氯钠可溶粉剂田间茎叶处理，亩用量 75 g，药后 12 d 整体略发黄，植株弱小，根部发育不良

56% 2 甲 4 氯钠可溶粉剂田间茎叶处理，亩用量 75 g，药后 18 d 无明显症状

56% 2 甲 4 氯钠可溶粉剂田间茎叶处理，亩用量 75 g，药后 22 d 地上部分生长正常，根部已严重变形，气生根不发达，须根过多

花 生

56% 2甲4氯钠可溶粉剂田间茎叶处理，亩用量75 g，药后1 d植株整体茎部向地面弯曲

56% 2甲4氯钠可溶粉剂田间茎叶处理，亩用量75 g，药后3 d茎部、叶柄弯曲向下，叶背面反转向上，心叶皱缩

56% 2甲4氯钠可溶粉剂田间茎叶处理，亩用量75 g，药后6 d茎部肿胀，心叶皱缩，植株生长受到严重抑制

56% 2甲4氯钠可溶粉剂田间茎叶处理，亩用量75 g，药后13 d上部叶片稍发黄卷曲，心叶皱缩，下部老叶生长正常

56% 2甲4氯钠可溶粉剂田间茎叶处理，亩用量75 g，药后16 d植株整体生长已恢复正常

绿 豆

56% 2 甲 4 氯钠可溶粉剂田间茎叶处理，亩用量 75 g，药后 2 d 茎向下弯曲，植株倒于地面，叶柄扭曲变形

56% 2 甲 4 氯钠可溶粉剂田间茎叶处理，亩用量 75 g，药后 4 d 叶片黄化干枯，茎部肿大，叶片畸形反转、内卷

56% 2 甲 4 氯钠可溶粉剂田间茎叶处理，亩用量 75 g，药后 8 d 茎部褐化、肿大弯曲，部分叶片已完全干枯死亡

56% 2 甲 4 氯钠可溶粉剂田间茎叶处理，亩用量 75 g，药后 12 d 部分植株整体已弯曲枯死，存活的生长严重受抑制

56% 2 甲 4 氯钠可溶粉剂田间茎叶处理，亩用量 75 g，药后 18 d 生长恢复，新生叶片正常，但植株矮小

棉 花

56% 2 甲 4 氯钠可溶粉剂田间茎叶处理，亩用量 75 g，药后 1 d 整体茎部弯曲向下，植株倒于地面

56% 2 甲 4 氯钠可溶粉剂田间茎叶处理，亩用量 75 g，药后 3 d 茎部、叶柄弯曲向下，叶片卷曲

56% 2 甲 4 氯钠可溶粉剂田间茎叶处理，亩用量 75 g，药后 6 d 整体茎部和叶柄发红，叶片畸形尤以心叶皱缩严重

56% 2 甲 4 氯钠可溶粉剂田间茎叶处理，亩用量 75 g，药后 9 d 茎部、叶柄完全变红，叶柄扭曲变形，部分心叶已枯死，其余叶片有不同程度枯斑，沿叶缘皱缩

56% 2 甲 4 氯钠可溶粉剂田间茎叶处理，亩用量 75 g，药后 13 d 叶柄、茎逐步干枯，心叶干枯死亡，其周围叶片皱缩沿叶缘干枯，下部叶片也分布有不同程度枯斑

56% 2甲4氯钠可溶粉剂田间茎叶处理，亩用量75 g，药后22 d下部老叶正常，新生叶片严重皱缩变形

芝 麻

56% 2甲4氯钠可溶粉剂田间茎叶处理，亩用量75 g，药后1 d茎弯曲向下，植株弯曲倒于地面

56% 2甲4氯钠可溶粉剂田间茎叶处理，亩用量75 g，药后2 d叶片失水内卷

56% 2甲4氯钠可溶粉剂田间茎叶处理，亩用量75 g，药后7 d植株整体彻底枯死

油　菜

56% 2 甲 4 氯钠可溶粉剂田间茎叶处理，亩用量 110 g，药后 2 d 植株整体完全扭曲变形，倒于地面

萝　卜

56% 2 甲 4 氯钠可溶粉剂田间茎叶处理，亩用量 110 g，药后 1 d 茎叶卷曲萎蔫

56% 2 甲 4 氯钠可溶粉剂田间茎叶处理，亩用量 110 g，药后 2 d 部分茎渐渐变红

56% 2甲4氯钠可溶粉剂田间茎叶处理，亩用量110 g，药后12 d叶片渐渐变黄干枯至整株干枯，茎和根部有增生

白　菜

56% 2甲4氯钠可溶粉剂田间茎叶处理，亩用量110 g，药后2 d茎叶卷曲萎蔫

56% 2甲4氯钠可溶粉剂田间茎叶处理，亩用量110 g，药后6~9 d叶片渐渐变黄干枯，茎和根部出现增生现象（图①为药后6 d症状，图②为药后9 d症状）

56% 2甲4氯钠可溶粉剂田间茎叶处理，在小麦上喷施（亩用量300 g），生长正常，无明显药害症状。

2甲4氯

大　豆

13% 2 甲 4 氯水剂田间茎叶处理，亩用量 154~462 ml，药后 1~3 d，叶柄向下弯曲，叶片下垂，但不萎蔫（图①为亩用量 462 ml，药后 1 d 症状；图②为亩用量 154 ml，药后 3 d 症状）

13% 2 甲 4 氯水剂田间茎叶处理，亩用量 154~462 ml，药后 7 d，顶尖卷缩，叶柄下垂，叶片或整株失绿黄化，植株畸形矮化（图①亩用量 308 ml，图②亩用量 462 ml）

13% 2 甲 4 氯水剂田间茎叶处理，亩用量 154~462 ml，药后 15 d，受害较轻的植株长出新叶，受害重的植株无顶尖，不能长出新叶，中高剂量死苗严重（图①亩用量 308 ml，图②亩用量 154 ml，图③亩用量 462 ml）

13% 2 甲 4 氯水剂田间茎叶处理，亩用量 462 ml，药后 40 d，存活植株严重矮化

甘　薯

13% 2 甲 4 氯水剂盆栽茎叶处理，亩用量 462 ml，药后 2 d，叶柄向下弯曲，叶片下垂，但不萎蔫

13% 2 甲 4 氯水剂盆栽茎叶处理，亩用量 308 ml，药后 5 d，植株畸形，叶柄卷曲，叶片黄化下垂，茎尖畸形或脱落

13% 2 甲 4 氯水剂盆栽茎叶处理，亩用量 308~462 ml，药后 8~15 d，叶片黄化，叶柄变软下垂，严重者整株死亡；药后 30 d，全部植株枯死（图①、图③为亩用量 308 ml，药后 15 d 症状；图②为亩用量 462 ml，药后 8 d 症状）

菜　心

13% 2 甲 4 氯水剂盆栽茎叶处理，亩用量 400 ml，药后 1 d 茎叶扭曲

13% 2 甲 4 氯水剂盆栽茎叶处理，亩用量 400 ml，药后 4 d 逐渐枯死

辣　椒

13% 2 甲 4 氯水剂盆栽茎叶处理，亩用量 400 ml，药后 4 d 茎叶扭曲

13% 2 甲 4 氯水剂盆栽茎叶处理，亩用量 400 ml，药后 8 d 逐渐枯死

13% 2 甲 4 氯水剂盆栽茎叶处理，亩用量 400 ml，药后 14 d 呈现严重畸形

茄　子

13% 2 甲 4 氯水剂盆栽茎叶处理，亩用量 400 ml，药后 4 d 茎叶扭曲

13% 2 甲 4 氯水剂盆栽茎叶处理，亩用量 400 ml，药后 8 d 逐渐枯死

番　茄

13% 2 甲 4 氯水剂田间茎叶处理，亩用量 400 ml，药后 6 d 茎叶扭曲

13% 2 甲 4 氯水剂田间茎叶处理，亩用量 400 ml，药后 14 d 茎膨大，生长停滞

黄　瓜

13% 2 甲 4 氯水剂田间茎叶处理，亩用量 400 ml，药后 14 d 茎叶扭曲，叶卷缩，果实卷曲

豆　角

13% 2 甲 4 氯水剂盆栽及田间茎叶处理，亩用量 400 ml，药后 1 d 茎叶扭曲

13% 2 甲 4 氯水剂田间茎叶处理，亩用量 400 ml，药后 3 d 叶片黄化

13% 2 甲 4 氯水剂盆栽茎叶处理，亩用量 400 ml，药后 4 d 枯死

甜玉米

13% 2 甲 4 氯水剂田间及盆栽茎叶处理，亩用量 400 ml，药后 13 d 生长受抑制，根部畸形

2,4- 滴丁酯

油　菜

57% 2，4- 滴丁酯乳油田间茎叶处理，亩用量 40 ml，药后 3 d，整体叶片外卷下垂，叶柄弯向地面

57% 2，4- 滴丁酯乳油田间茎叶处理，亩用量 40 ml，药后 7 d，叶柄和茎部严重畸形，植株倒伏于地面

57% 2，4- 滴丁酯乳油田间茎叶处理，亩用量 40 ml，药后 11 d，症状同 7 d 类似，生长未受影响；药后 23 d，叶柄、茎部呈现紫红色，完全伏于地面（图为药后 23 d 症状）

57% 2,4- 滴丁酯乳油田间茎叶处理，在小麦上喷施（亩用量 100 ml），生长正常，无明显药害症状。

第二节　苯甲酸类

苯甲酸类除草剂是 1956 年美国 Amchem 公司开发的一类除草剂，草灭畏是第一个用于大田的此类除草剂，1960 年又开发了麦草畏和敌草索，此后在苯甲酸类衍生物中又相继开发出若干除草剂新品种。

苯甲酸类除草剂除豆科威以外，大多数品种既有土壤处理的活性，又有茎叶处理的活性，还兼有植物激素作用；苯甲酸类除草剂能迅速被植物的根、茎、叶吸收，通过韧皮部或木质部上下传导，并积累于分生组织中，草灭畏能被发芽种子、根、胚轴、子叶及幼芽吸收。麦草畏可通过植物的根与叶吸收，根吸收后主要通过木质部向茎叶传导，而叶吸收后则通过木质部或韧皮部上下传导，药剂多集中在分生组织，阻碍植物激素的正常活动，禾本科植物吸收药剂能很快进行代谢使之失效，故表现较强的抗性。大豆对麦草畏非常敏感。

草灭威主要用于大豆田播后苗前防治稗草、狗尾草、金狗尾草、马唐、牛筋草、看麦娘、秋稷、鸭跖草、繁缕、粟米草、蓼、藜、反枝苋、铁苋菜、猪毛菜、豚草、马齿苋、苘麻等一年生杂草幼芽，其次还可用于花生、玉米、向日葵、胡萝卜、南瓜、甜瓜、石刁柏等作物播后苗前土壤处理，番茄、辣椒、甘薯及各种观赏植物等移栽后施药。同时还可防治阔叶杂草如卷茎蓼、刺儿菜、叶刺蓼、节蓼、酸模叶蓼、黄花蒿、香薷、问荆、苍耳、田旋花等。麦草畏在麦田常与 2，4- 滴、2 甲 4 氯等混用；在稻田与 2 甲 4 氯、灭草松混用；在玉米田与莠去津、2，4- 滴、异丙甲草胺、乙草胺等混用；豆科威在大豆田与利谷隆、甲草胺、嗪草酮、异噁草酮等混用。

该类除草剂的作用机理主要是干扰植物内源激素的正常代谢，几乎影响植物的所有生理过程与生物活性。其对植物生理效应与生物化学影响因剂量与植物种类而异，即低浓度促进生长，高浓度抑制生长。

该类除草剂化学结构通式：

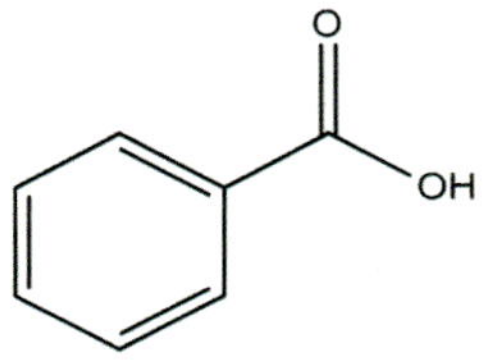

该类除草剂主要品种介绍见表 9-2。

表 9-2　苯甲酸类除草剂常见品种

通用名称	其他信息		结构式	适用作物	使用量（有效成分，g/ 亩）	防除对象	施药方法
麦草畏 dicamba	分子式	$C_8H_6Cl_2O_3$	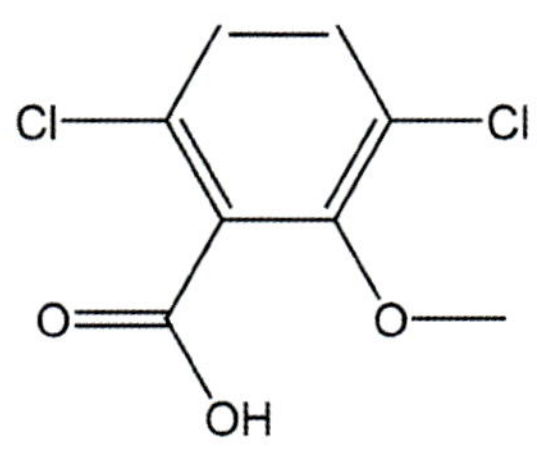	小麦	9.6 ~ 14.4	一年生阔叶杂草	茎叶喷雾
	分子量	221.04					
	CAS 登录号	1918-00-9		玉米	12.8 ~ 19.2		

此类除草剂典型的药害症状是形态畸形，受害植物叶片和茎部弯曲，叶缘向下折叠或向上卷曲，茎基部变粗或扭转，地上或地下部分生出瘤并产生不定根，根部发育受阻，粗而短，新根和根毛少，导致根系不能入土。双子叶植物叶脉近于平行，复叶中小叶愈合，花瓣、雄蕊或雌蕊增多或减少，形状异常。禾本科植物形成葱状叶，花序弯曲，难抽出，出现双穗、小穗对生、重生、轮生等。

麦草畏

花　生

48% 麦草畏水剂田间茎叶处理，亩用量 30 ml，药后 11 d，新叶发黄、皱缩，叶柄向下弯曲，植株相对矮小

绿　豆

48% 麦草畏水剂田间茎叶处理，亩用量 30 ml，药后 3 d，整体畸形，叶柄扭曲向下，心叶黄化

48% 麦草畏水剂田间茎叶处理，亩用量 30 ml，药后 11 d，下部老叶枯死，新叶皱缩

48% 麦草畏水剂田间茎叶处理，亩用量 30 ml，药后 19 d，新叶皱缩

棉　花

48% 麦草畏水剂田间茎叶处理，亩用量 30 ml，药后 3 d，叶柄完全发红

48% 麦草畏水剂田间茎叶处理，亩用量 30 ml，药后 11 d，新叶完全皱缩，老叶正常

芝　麻

48% 麦草畏水剂田间茎叶处理，亩用量 30 ml，药后 3 d，叶面上密布药斑

48% 麦草畏水剂田间茎叶处理，亩用量 30 ml，药后 10 d，植株完全扭曲变形，叶面密布药斑

小　麦

48% 麦草畏水剂田间茎叶处理，亩用量 80 ml，药后 7 d 植株整体畸形，呈向外发散状

油　菜

48% 麦草畏水剂田间茎叶处理，亩用量 30 ml，药后 3 d，叶片外卷，叶柄弯向地面

48% 麦草畏水剂田间茎叶处理，亩用量 30 ml，药后 7 d，症状加剧

48% 麦草畏水剂田间茎叶处理，亩用量 30 ml，药后 11 d，除叶片外卷畸形外，无其他症状

48% 麦草畏水剂田间茎叶处理，在玉米（亩用量 135.5 ml）、谷子（亩用量 30 ml）上喷施均无明显药害症状，生长正常。

第三节　吡啶羧酸类

吡啶羧酸类除草剂是 1963 年 DowArosciences 公司第一次报道的，氨氯吡啶酸（毒莠定）开发以后合成了一系列吡啶衍生物，如 4- 氨基吡啶、2- 氯 -6-（三氯甲基）吡啶、6- 氯吡啶羧酸、异吡啶酸等，其中 2- 氯 -6-（三氯甲基）吡啶是一种有效的硝化作用抑制剂，能够控制铵与尿素的硝化作用，降低反硝化作用及氮的淋溶而促进作物生长，提高产量。

吡啶羧酸类除草剂在植物体内易于传导，由于其高度移动性及在植物体内抗分解，因而除草效果好，叶面处理通过韧皮部迅速传导，而根吸收后则通过蒸腾液流迅速分布于幼苗各部位，最终积累于生长点。吡啶类除草剂有激素活性，其对植物的毒害症状包括偏上性生长、木质部导管堵塞、凋萎、组织坏死等；吡啶类抑制线粒体系统的呼吸作用及核酸代谢，它促进三磷酸腺苷酶的活性，结果改变线粒体的容积及线粒体膜的构型。

吡啶羧酸类除草剂大多数品种选择性差，农田应用比较受局限，往往用于林业及非耕地。氨氯吡啶酸是此类除草剂中较突出的品种，防治大多数一年生与多年生阔叶杂草及灌木与树木，阔叶作物敏感，大多数禾本科杂草抗氨氯吡啶酸，喷药时应注意防止雾滴飘移。

吡啶羧酸类除草剂的主要特性：①杀草谱广，不仅防治一年生阔叶杂草，个别品种还能有效地防除多年生杂草、灌木及木本植物。②具有植物激素的作用，对植物的杀伤力强，单位面积的用药量少。③在土壤中的稳定性强，故持效期长。④水溶度高，在土壤中易于淋溶至深层，而且纵向移动性也较强，故防治深根性多年生杂草有特效。⑤在植物体内易于传导，特别是从根向芽的传导迅速，在植物体内不易降解。

吡啶羧酸类除草剂的结构特征：

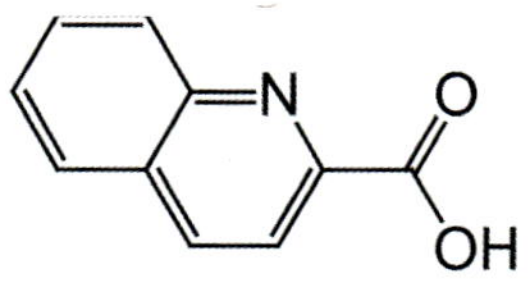

该类除草剂主要品种介绍见表 9-3。

表 9-3　吡啶羧酸类除草剂常见品种

通用名称	其他信息		结构式	适用作物	使用量（有效成分，g/亩）	防除对象	施药方法
氯氟吡氧乙酸 fluroxypyr	分子式	$C_7H_5Cl_2FN_2O_3$	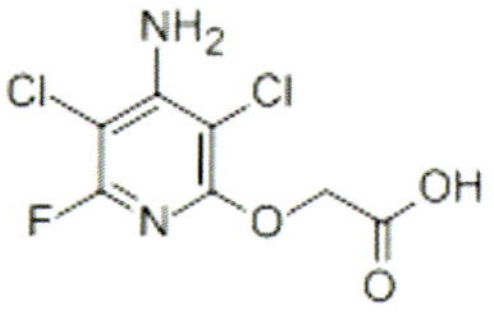	小麦	10 ~ 13.3	一年生阔叶杂草	茎叶喷雾
	分子量	255.03		玉米	10 ~ 14		
	CAS 登录号	69377-81-7		水田畦畔	10	空心莲子草	

续表

通用名称	其他信息		结构式	适用作物	使用量（有效成分，g / 亩）	防除对象	施药方法
二氯吡啶酸 clopyralid	分子式	$C_6H_3Cl_2NO_2$	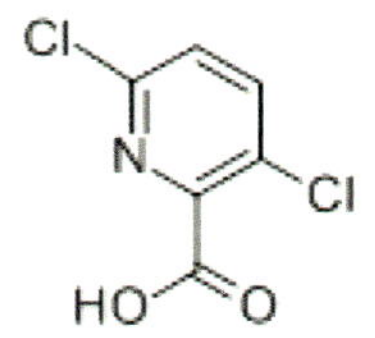	甜菜	12 ~ 18	阔叶杂草	茎叶喷雾
	分子量	192		非耕地	24 ~ 33		
	CAS 登录号	1702-17-6		油菜田	7.5 ~ 10.5		
				玉米田	9 ~ 12		
三氯吡氧乙酸 triclopyr	分子式	$C_7H_4Cl_3NO_3$	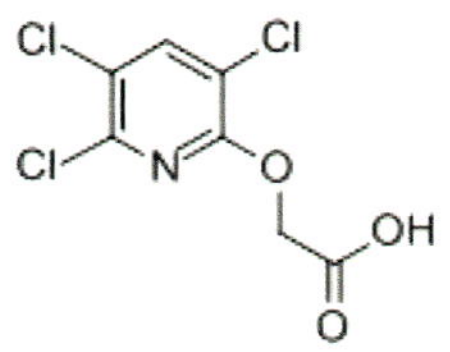	森林	133.44 ~ 200.16	灌木	茎叶喷雾
	分子量	256.47					
	CAS 登录号	55335-06-3					
氨氯吡啶酸 picloram	分子式	$C_6H_3Cl_3N_2O_2$	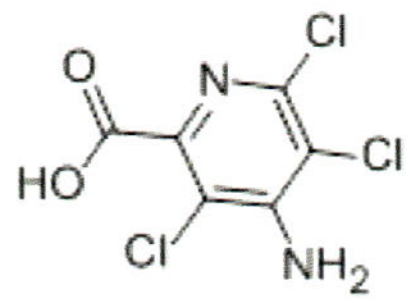	森林	80 ~ 240	灌木	茎叶喷雾
					80 ~ 120	阔叶杂草	
	分子量	241.46		非耕地	72 ~ 144	紫茎泽兰、阔叶杂草	
	CAS 登录号	1918-02-1			72 ~ 96	灌木	
氯氟吡氧乙酸异辛酯 starane	分子式	$C_{15}H_{21}Cl_2FN_2O_3$	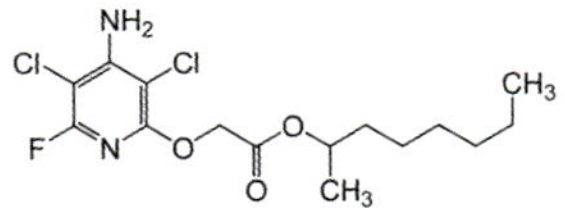	冬小麦	10 ~ 16	一年生阔叶杂草	茎叶喷雾
	分子量	367.24		春小麦	10 ~ 14		
	CAS 登录号	81406-37-3		水田畦畔	9 ~ 14	空心莲子草	
				高粱	12.5 ~ 15	阔叶杂草	
				非耕地	10 ~ 12.5		
				狗牙根草坪	8 ~ 16		
				玉米	12 ~ 14		
				移栽田水稻	10 ~ 14		

此类除草剂典型的药害症状：生长受到严重抑制，根部肿大，茎尖膨胀，生长点逐步坏死，不能恢复。

氯氟吡氧乙酸

玉 米

20% 氯氟吡氧乙酸乳油田间茎叶处理，亩用量 140 ml，药后 8 d 心叶及周围叶片扭曲变形

20% 氯氟吡氧乙酸乳油田间茎叶处理，亩用量 140 ml，药后 9 d 根部畸形，根结肿大

20% 氯氟吡氧乙酸乳油田间茎叶处理，亩用量 140 ml，药后 12 d 根部严重畸形，气生根发育不良

20% 氯氟吡氧乙酸乳油田间茎叶处理，亩用量 140 ml，药后 18 d 长势正常，但植株偏矮小

20% 氯氟吡氧乙酸乳油田间茎叶处理，亩用量 140 ml，药后 22 d 两层气生根均发育不良，肿大变形，须根发达

谷 子

20% 氯氟吡氧乙酸乳油田间茎叶处理，亩用量 50 ml，药后 12 d 无明显症状

20% 氯氟吡氧乙酸乳油田间茎叶处理，亩用量 50 ml，药后 18 d 植株生长正常

花 生

20% 氯氟吡氧乙酸乳油田间茎叶处理，亩用量 50 ml，药后 1 d 植株整体倒于地面，叶柄扭曲

20% 氯氟吡氧乙酸乳油田间茎叶处理，亩用量 50 ml，药后 3 d 叶柄、茎部弯向地面，叶柄扭曲，叶背面反转向上，心叶皱缩

20% 氯氟吡氧乙酸乳油田间茎叶处理，亩用量 50 ml，药后 6 d 茎部肿大，部分叶背面反转向上，心叶皱缩

20% 氯氟吡氧乙酸乳油田间茎叶处理，亩用量 50 ml，药后 13 d 茎基部褐化肿大，心叶发黄皱缩，叶缘、叶尖有干枯之势

20% 氯氟吡氧乙酸乳油田间茎叶处理，亩用量 50 ml，药后 16 d 心叶皱缩，其余叶片生长正常；药后 22 d 叶柄、茎基部肿大扭曲，叶片生长正常（图为药后 22 d 症状）

绿　豆

20% 氯氟吡氧乙酸乳油田间茎叶处理，亩用量 50 ml，药后 2 d 叶柄扭曲，茎弯曲向下，叶片反转内卷

20% 氯氟吡氧乙酸乳油田间茎叶处理，亩用量 50 ml，药后 4 d 茎部肿大，大部分叶片枯死

20% 氯氟吡氧乙酸乳油田间茎叶处理，亩用量 50 ml，药后 8 d 茎部褐化肿大弯曲，叶片多枯死

20% 氯氟吡氧乙酸乳油田间茎叶处理，亩用量 50 ml，药后 12 d 全部植株枯死

棉　花

20% 氯氟吡氧乙酸乳油田间茎叶处理，亩用量 50 ml，药后 1 d 叶柄扭曲，叶片反转内卷

20% 氯氟吡氧乙酸乳油田间茎叶处理，亩用量 50 ml，药后 3 d 叶柄扭曲，叶片背面反转向上，叶片严重内卷，心叶皱缩

20% 氯氟吡氧乙酸乳油田间茎叶处理，亩用量 50 ml，药后 6 d 叶柄、茎整体发红，叶柄严重扭曲变形，叶片内卷，心叶多枯死

20% 氯氟吡氧乙酸乳油田间茎叶处理，亩用量 50 ml，药后 9 d 叶柄、茎完全变红，心叶枯死，叶柄扭曲，叶片内卷，茎部弯向地面

20% 氯氟吡氧乙酸乳油田间茎叶处理，亩用量 50 ml，药后 13 d 心叶枯死，其余叶片分布不同程度枯斑

20% 氯氟吡氧乙酸乳油田间茎叶处理，亩用量 50 ml，药后 16 d 叶柄、茎部发红扭曲变形，叶片内卷

芝 麻

20%氯氟吡氧乙酸乳油田间茎叶处理，亩用量50 ml，药后1 d叶柄、茎部向地面弯曲，叶片内卷，部分叶片背面反转向上，心叶皱缩

20%氯氟吡氧乙酸乳油田间茎叶处理，亩用量50 ml，药后2 d叶柄完全扭曲变形，叶片严重内卷；8 d植株整体彻底死亡（图为药后2 d症状）

油 菜

20%氯氟吡氧乙酸乳油田间茎叶处理，亩用量50 ml，药后3 d，叶片完全卷曲变形，叶柄弯向地面

20%氯氟吡氧乙酸乳油田间茎叶处理，亩用量50 ml，药后7 d，症状加剧；药后11 d，下部叶片症状明显，但生长在逐步恢复正常（图为药后11 d症状）

萝 卜

20%氯氟吡氧乙酸乳油田间茎叶处理，亩用量50 ml，药后1 d茎叶萎蔫，有卷曲

20% 氯氟吡氧乙酸乳油田间茎叶处理，亩用量 50 ml，药后 7 d 药害症状渐渐消失

白　菜

20% 氯氟吡氧乙酸乳油田间茎叶处理，亩用量 50 ml，药后 1 d 茎叶萎蔫有卷曲

20% 氯氟吡氧乙酸乳油田间茎叶处理，亩用量 50 ml，药后 7 d 叶片仍有卷曲

20% 氯氟吡氧乙酸乳油田间茎叶处理，亩用量 50 ml，药后 10 d 部分叶片渐渐变黄干枯，少数植株枯死，植株小

大　豆

20% 氯氟吡氧乙酸乳油田间茎叶处理，亩用量 50~70 ml，药后 1~3 d，植株畸形，叶柄及茎上部向下弯曲，叶片下垂，但不萎蔫（图①为亩用量 50 ml，药后 1 d 症状；图②为亩用量 70 ml，药后 3 d 症状）

20% 氯氟吡氧乙酸乳油田间茎叶处理，亩用量 50~70 ml，药后 7 d，顶尖卷缩畸形，茎、叶柄及叶开始黄化（图①亩用量 50 ml，图②亩用量 70 ml）

20% 氯氟吡氧乙酸乳油田间茎叶处理，亩用量 50~70 ml，药后 15 d，叶片上有大型的褐色枯斑脱落，致使叶片破损严重，受害重的植株无顶尖不能生长，大部分植株死亡；药后 40 d，受害轻的植株长出新叶，但植株矮小、细弱（图①亩用量 50 ml，药后 15 d 症状；图②亩用量 70 ml，药后 15 d 症状）

甘　薯

20% 氯氟吡氧乙酸乳油盆栽茎叶处理，亩用量 50 ml，药后 5 d，植株畸形，叶柄及茎上部向下弯曲，叶片下垂，但不萎蔫

20% 氯氟吡氧乙酸乳油盆栽茎叶处理，亩用量 70 ml，药后 8 d，部分顶尖卷缩畸形，茎、叶柄及叶黄化

20% 氯氟吡氧乙酸乳油盆栽茎叶处理，亩用量 70 ml，药后 15 d，几乎所有植株死亡，残余植株顶尖及叶片严重黄化或干枯

菜　心

20% 氯氟吡氧乙酸乳油盆栽茎叶处理，亩用量 10 ml，药后 3 d 茎叶扭曲

辣　椒

20% 氯氟吡氧乙酸乳油田间茎叶处理，亩用量 30 ml，药后 1 d 茎叶扭曲

20% 氯氟吡氧乙酸乳油田间茎叶处理，亩用量 30 ml，药后 3 d 黄化、畸形

20% 氯氟吡氧乙酸乳油田间茎叶处理，亩用量 30 ml，药后 6 d 枯死

茄　子

20% 氯氟吡氧乙酸乳油田间茎叶处理，亩用量 30 ml，药后 1 d 茎叶扭曲

20% 氯氟吡氧乙酸乳油田间茎叶处理，亩用量 30 ml，药后 3 d 逐渐枯死

番　茄

20% 氯氟吡氧乙酸乳油田间茎叶处理，亩用量 30 ml，药后 1 d 茎叶扭曲，逐渐枯死

黄　瓜

20%氯氟吡氧乙酸乳油田间茎叶处理，亩用量30 ml，药后1 d茎叶扭曲，失去攀爬能力

20%氯氟吡氧乙酸乳油田间茎叶处理，亩用量30 ml，药后6 d叶片卷缩，生长受抑制

豆　角

20%氯氟吡氧乙酸乳油盆栽和田间茎叶处理，亩用量30 ml，药后1 d茎叶扭曲，叶片黄化，失水，脱落

20% 氯氟吡氧乙酸乳油盆栽及田间茎叶处理，亩用量 30 ml，药后 3 d 逐渐枯死

甜玉米

20% 氯氟吡氧乙酸乳油田间茎叶处理，亩用量 30 ml，药后 14 d 茎基部须根生长受抑制

20% 氯氟吡氧乙酸乳油田间茎叶处理，在小麦上喷施（亩用量 133 ml），生长正常，无明显药害症状。

二氯吡啶酸

菜　心

75% 二氯吡啶酸可溶粒剂盆栽茎叶处理，亩用量 10 g，药后 7 d 叶发黄，边缘焦枯，畸变

75% 二氯吡啶酸可溶粒剂盆栽茎叶处理，亩用量 10 g，药后 14 d 叶片畸形

辣　椒

75% 二氯吡啶酸可溶粒剂盆栽茎叶处理，亩用量 10 g，药后 8 d 茎叶扭曲

75% 二氯吡啶酸可溶粒剂盆栽茎叶处理，亩用量 10 g，药后 10 d 茎基部膨大

茄　子

75% 二氯吡啶酸可溶粒剂盆栽茎叶处理，亩用量 10 g，药后 8 d 茎叶扭曲

75% 二氯吡啶酸可溶粒剂盆栽茎叶处理，亩用量 10 g，药后 10 d 叶色偏黄，幼叶畸形

黄　瓜

75% 二氯吡啶酸可溶粒剂盆栽茎叶处理，亩用量 10 g，药后 7 d 茎叶扭曲，叶畸形，卷缩成勺状

75% 二氯吡啶酸可溶粒剂盆栽茎叶处理，亩用量 10 g，药后 30 d 重新播种黄瓜，出苗后茎徒长扭曲，叶畸形从叶缘周围向内卷缩

豆　角

75% 二氯吡啶酸可溶粒剂盆栽茎叶处理，亩用量 10 g，药后 3 d 茎叶扭曲

75% 二氯吡啶酸可溶粒剂盆栽茎叶处理，亩用量 10 g，药后 6 d 芽及幼叶发黄坏死，茎基部膨大

75% 二氯吡啶酸可溶粒剂田间茎叶处理，在油菜（亩用量 20 g）、小麦（亩用量 6 g）、甜玉米（亩用量 10 g）上喷施均无明显药害症状。

第四节　喹啉羧酸类

喹啉羧酸类除草剂同苯氧羧酸类、苯甲酸类除草剂同属于羧酸类除草剂，20 世纪由德国巴斯夫公司开发，主要有二氯喹啉酸、喹草酸、氯钾喹啉酸几个品种。目前应用于农业生产的只有二氯喹啉酸，自 1984 年投产以来，使用量逐年增加，主要用于水稻田防除稗草。

喹啉羧酸类除草剂化学结构通式：

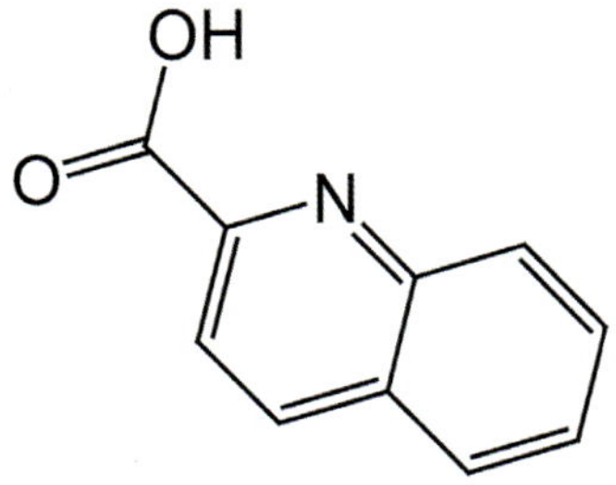

该类除草剂主要品种介绍见表 9-4。

表 9-4　喹啉羧酸类除草剂常见品种

通用名称	其他信息		结构式	适用作物	使用量（有效成分，g / 亩）	防除对象	施药方法
二氯喹啉酸 quinclorac	分子式	$C_{10}H_5Cl_2NO_2$	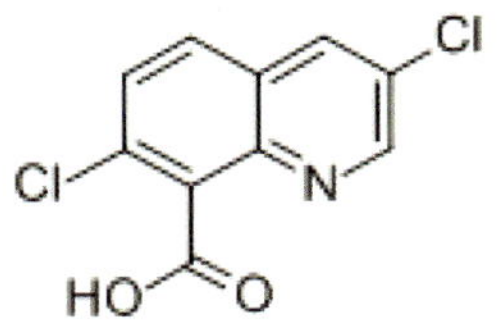	水稻直播田	13.3 ～ 25	稗草等杂草	喷雾或药土法
	分子量	242.06		水稻移栽田	15 ～ 25		
	CAS 登录号	84087-01-4		水稻抛秧田	20 ～ 25		

药害典型症状：禾苗出现葱心苗（心叶纵卷并愈合成葱管状，叶尖部多能展开），叶色较正常；新生叶片因上部组织愈合而无法抽出，剥开茎秆，可见新叶在其内卷曲。受害严重的秧苗心叶卷曲成葱管状直立，移栽到大田后一般均枯死；若成活，所形成的分蘖苗也是畸形的，有的甚至整丛稻株枯死。药害轻的秧苗，茎基部膨大，变硬、变脆，心叶变窄并扭曲成畸形，但移栽到大田后长出的分蘖苗仍正常生长。药害症状一般在施药后 10~15 d 出现。

二氯喹啉酸

谷 子

50% 二氯喹啉酸可湿性粉剂田间茎叶处理，亩用量 30 g，药后 3 d，心叶及周围叶片大面积失绿黄化

花 生

50% 二氯喹啉酸可湿性粉剂田间茎叶处理，亩用量 30 g，药后 3 d，下部叶片黄化，上部叶片卷曲到一起

50% 二氯喹啉酸可湿性粉剂田间茎叶处理，亩用量 30 g，药后 11 d，心叶黄化皱缩

50% 二氯喹啉酸可湿性粉剂田间茎叶处理，亩用量 30 g，药后 26 d，心叶黄化，叶缘卷曲

芝 麻

50%二氯喹啉酸可湿性粉剂田间茎叶处理，亩用量30 g，药后3 d，叶柄完全扭曲变形，垂向地面，叶片翻转

50%二氯喹啉酸可湿性粉剂田间茎叶处理，亩用量30 g，药后10 d，新叶皱缩，叶柄下垂

棉 花

50%二氯喹啉酸可湿性粉剂田间茎叶处理，亩用量30 g，药后11 d，新叶完全畸形、皱缩

辣 椒

50%二氯喹啉酸可湿性粉剂田间茎叶处理，亩用量30 g，药后3 d幼叶畸形不能伸展

50% 二氯喹啉酸可湿性粉剂田间茎叶处理，亩用量 30 g，药后 14 d 叶片畸形，植株矮小

50% 二氯喹啉酸可湿性粉剂盆栽茎叶处理，亩用量 30 g，3 个月后在喷施过二氯喹啉酸的土壤中再次播种辣椒，其苗营养生长期叶畸形，深绿，幼叶呈“鸡爪状”（残留药害）

茄 子

50% 二氯喹啉酸可湿性粉剂田间茎叶处理，亩用量 30 g，药后 14 d 幼叶畸形不能伸展，生长受抑制

番 茄

50% 二氯喹啉酸可湿性粉剂田间茎叶处理，亩用量 30 g，药后 3 d 茎叶扭曲，幼叶畸形卷缩

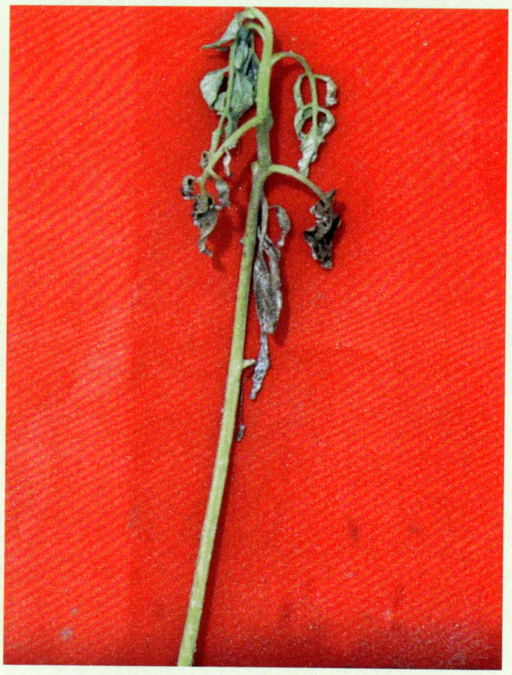

50% 二氯喹啉酸可湿性粉剂田间茎叶处理，亩用量 30 g，药后 14 d 逐渐失水枯死

黄　瓜

50% 二氯喹啉酸可湿性粉剂田间茎叶处理，亩用量 30 g，药后 6 d 幼叶畸形卷缩

50% 二氯喹啉酸可湿性粉剂田间茎叶处理，亩用量 30 g，药后 3 个月后重新播种黄瓜，在残留较轻的土中，黄瓜能生长，但嫩叶畸形卷缩（残留药害）

豆　角

50% 二氯喹啉酸可湿性粉剂田间茎叶处理，亩用量 30 g，药后 3 d 茎叶扭曲

50% 二氯喹啉酸可湿性粉剂田间茎叶处理，亩用量 30 g，药后 6 d 芽坏死，生长受抑制

50% 二氯喹啉酸可湿性粉剂田间茎叶处理，亩用量 30 g，药后 6 d 幼叶和芽畸形，茎基部膨大

50% 二氯喹啉酸可湿性粉剂田间茎叶处理，亩用量 30 g，药后 12 d 茎生长点膨大

50% 二氯喹啉酸可湿性粉剂田间茎叶处理，亩用量 30 g，药后 3 个月后重新播种豆角，植株营养生长期，幼叶畸形呈“鸡爪状”（残留药害）

甜玉米

50% 二氯喹啉酸可湿性粉剂田间茎叶处理，亩用量 30 g，药后 14 d 生长受抑制，心叶发黄

50% 二氯喹啉酸可湿性粉剂田间茎叶处理，在绿豆（亩用量 30 g）、小麦（亩用量 30 g）、油菜（亩用量 30 g）、萝卜（亩用量 30 g）、白菜（亩用量 30 g）上喷施均无明显药害症状。

第五节　嘧啶羧酸类

嘧啶羧酸类除草剂的典型代表为氯丙嘧啶酸。氯丙嘧啶酸（Aminocyclopyrachlor）是第一个嘧啶羧酸类除草剂，与吡啶类除草剂（如二氯吡啶酸、氯氨吡啶酸、氟草烟等）化学结构类似，对阔叶植物的敏感性与合成激素类除草剂一致。这类化合物引起的挥发性和蒸发移动与现有的合成激素类除草剂类似。

氯丙嘧啶酸是新开发的一种嘧啶羧酸类除草剂，能快速被杂草叶和根部吸收，转移进入分生组织，表现出激素类除草剂作用。对阔叶杂草、灌木等有非常好的防除效果，而且针对日益严重的抗草甘膦、乙酰乳酸合成酶和三嗪类农药的杂草有突出的防效。该品种系由杜邦公司开发，于 2006 年申请专利。

氯丙嘧啶酸的作用机理：氯丙嘧啶酸属生物合成的激素类除草剂，叶面喷施，具有内吸活性，通过叶、茎、根吸收传导至木质部和韧皮部，杂草死亡需要几周或几个月，效果显著。

该类除草剂主要品种介绍见表 9-5。

表 9-5　嘧啶羧酸类除草剂常见品种

<table>
<tr><th>通用名称</th><th colspan="2">其他信息</th><th>结构式</th><th>适用作物</th><th>使用量（有效成分，g / 亩）</th><th>防除对象</th><th>施药方法</th></tr>
<tr><td rowspan="3">氯丙嘧啶酸
aminocyclopyrachlor</td><td>分子式</td><td>$C_8H_8ClN_3O_2$</td><td rowspan="3">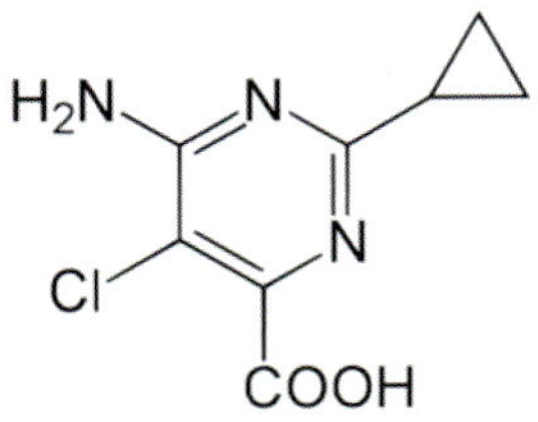</td><td rowspan="3">冬小麦</td><td rowspan="3">80 ~ 120</td><td rowspan="3">一年生杂草</td><td rowspan="3">土壤喷雾</td></tr>
<tr><td>分子量</td><td>213.6</td></tr>
<tr><td>CAS 登录号</td><td>858956-08-8</td></tr>
</table>

第六节　其他类

该类除草剂典型的代表为草除灵。草除灵为选择性内吸传导型芽后处理除草剂，施药后药剂通过叶片吸收传导到整个植株，药效发挥缓慢，敏感植物受药后生长停滞，叶片僵绿，增厚翻卷，新生叶扭曲，节间缩短，最后死亡，与激素类除草剂药害症状相似。其在耐药植物体内会降解成无活性的物质，对油菜、麦类、苜蓿等作物安全，气温高作用快，气温低作用慢，草除灵在土壤中转化为游离酸并很快降解为无活性的物质，对后茬作物无影响。

该类除草剂主要品种介绍见表 9-6。

表 9-6　其他类除草剂常见品种

通用名称	其他信息		结构式	适用作物	使用量（有效成分，g/亩）	防除对象	施药方法
草除灵 benazolin-ethyl	分子式	$C_{11}H_{10}ClNO_3S$	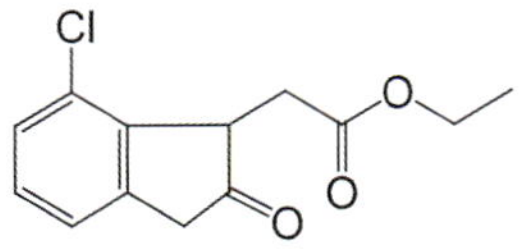	冬油菜	15 ~ 20	一年生阔叶杂草	茎叶喷雾
	分子量	271.72					
	CAS 登录号	25059-80-7					

草除灵

芝　麻

30% 草除灵悬浮剂田间茎叶处理，亩用量 50 ml，药后 3 d，心叶略发黄；药后 10 d，心叶叶缘内卷，下部老叶发黄，部分心叶干枯萎蔫（图为药后 10 d 症状）

棉　花

30% 草除灵悬浮剂田间茎叶处理，亩用量 50 ml，药后 3 d，叶柄完全发红，心叶黄化

30% 草除灵悬浮剂田间茎叶处理，亩用量 50 ml，药后 11 d，心叶黄化皱缩，植株矮小

萝　卜

30% 草除灵悬浮剂田间茎叶处理，亩用量 65 ml，药后 1 d 叶片出现卷曲现象

30% 草除灵悬浮剂田间茎叶处理，亩用量 65 ml，药后 4 d 叶片斑驳，逐渐变黄，有干枯

30% 草除灵悬浮剂田间茎叶处理，亩用量 65 ml，药后 28 d 随着植株生长，只有少数老叶片卷曲，萝卜有开裂

白　菜

30% 草除灵悬浮剂田间茎叶处理，亩用量 65 ml，药后 3 d 叶片出现卷曲现象

30% 草除灵悬浮剂田间茎叶处理，亩用量 65 ml，药后 21 d 随着植株生长卷曲现象消失，有个别植株萎蔫根部腐烂，包心不好

辣　椒

30% 草除灵悬浮剂盆栽茎叶处理，亩用量 50 ml，药后 2 d 茎叶扭曲

30% 草除灵悬浮剂盆栽茎叶处理，亩用量 50 ml，药后 18 d 枯死

茄 子

30% 草除灵悬浮剂盆栽茎叶处理，亩用量 50 ml，药后 2 d 茎叶扭曲

30% 草除灵悬浮剂盆栽茎叶处理，亩用量 50 ml，药后 6 d 生长停滞

豆 角

30% 草除灵悬浮剂盆栽茎叶处理，亩用量 50 ml，药后 2 d 茎叶扭曲，幼叶下垂、畸形、失水

30% 草除灵悬浮剂盆栽茎叶处理，亩用量 50 ml，药后 6 d 茎生长点坏死

甜玉米

30% 草除灵悬浮剂盆栽茎叶处理，亩用量 50 ml，药后 7 d 玉米中心叶近鞘端发白

花　生

30% 草除灵悬浮剂盆栽茎叶处理，亩用量 50 ml，药后 2 d 幼叶轴向卷曲

30% 草除灵悬浮剂盆栽茎叶处理，亩用量 50 ml，药后 10 d 幼叶色素减少，叶色淡绿，略微畸形

30% 草除灵悬浮剂田间茎叶处理，在玉米（亩用量 50 ml）、谷子（亩用量 50 ml）、绿豆（亩用量 50 ml）、黄瓜（亩用量 50 ml）上喷施均无明显药害症状。

第十章　其他作用机理类

第一节　光系统Ⅰ电子转移抑制剂——联吡啶类

联吡啶类除草剂是1958年发现的，其中最重要品种是百草枯与敌草快，它们都为季铵盐类，不挥发而且极易溶于水。

百草枯与敌草快是茎叶处理剂，其作用决定于光，植物对其吸收非常迅速，因而喷药后短期内降水不会影响药效的发挥；吸收的药剂通过木质部中的逆向流进行传导，在适宜的条件下，大量药剂能被叶片吸收并向其他部位传导，喷药后将植物保存于黑暗中一定时期后再置于光下，则植物迅速而彻底地死亡，但喷药后一直保持光照时，仅仅产生局部性的药害。

联吡啶类除草剂是典型的光合系统Ⅰ抑制剂。

百草枯与敌草快是灭生性除草剂，它们不具有选择性，故广泛用于果园、橡胶园、公路、铁路、林地及荒地等地除草，杀伤所有植物的绿色体，通常1年内喷药2 ~ 3次，根据果园发生情况，也可进行点状或块状喷药，或喷洒果树树干周围；用于作物田时，必须在作物播种前或播种后出苗前喷药，防治已出苗的杂草，是免耕与少耕体系中一项重要除草措施。在免耕条件下用于玉米田时，在玉米播种后出苗前，可将百草枯莠去津、西玛津、乙草胺、异丙甲草胺、甲草胺、嗪草酮等混用；用于大豆田时可与甲草胺、乙草胺、异丙甲草胺、嗪草酮等混用。

吡啶类除草剂是非选择性除草剂，具有杀草谱广、作用迅速的特点，通常在作物播种前或出苗前使用以及用作出苗后定向处理，该类除草剂接触土壤后，迅速而完全地被土壤胶体吸附，故在土壤中无残留活性。除具有高效除草作用外，吡啶类除草剂还可作为脱叶剂、干燥剂及杀藻剂使用。

联吡啶类除草剂的主要作用机理是抑制植物的光合作用，是典型的光合系统抑制剂。联吡啶类除草剂在植物体内通过电子e还原产生游离基，与空气中的氧进行氧化产生过氧化物，从而对植物产生毒害而发挥除草作用；在黑暗或缺氧条件下或与希尔反应抑制剂共存时，活性显著下降。

光合作用抑制剂主要竞争光合作用中主要电子受体中的电子，形成游离基，此游离基迅速被分子氧再氧化，增多超氧化基阴离子，形成超氧化物，通过形成羟基成为一种潜在的氧化剂或形成单态氧而成为一种还原剂。

联吡啶类除草剂是一类应用广泛的水生杂草除草剂，对阔叶杂草有很强的防除能力。用于大田时，常在作物播种前后、苗前杀灭已长出的大草，或在作物苗长大后，采用行间定向喷雾。同时，有些联吡啶类除草剂例如敌草快还是一种接触性干燥剂，可用于作物收割前后的催枯剂及种子作物干燥剂。联吡啶类除草剂具有用量少、活性高的特点，因而自从敌草快和百草枯问世以来，灭生性除草剂的使用愈来愈受到人们的青睐。

联吡啶类除草剂——4- 氯 -2,2'- 联吡啶的结构特征：

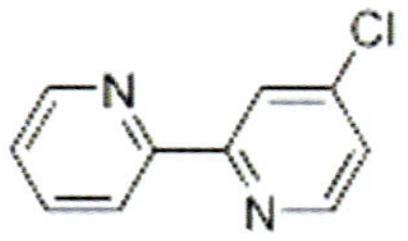

该类除草剂主要品种介绍见表 10-1。

表 10-1　联吡啶类除草剂常见品种

通用名称	其他信息		结构式	适用作物	使用量（有效成分，g / 亩）	防除对象	施药方法
敌草快 diquat	分子式	$C_{12}H_{12}Br_2N_2$	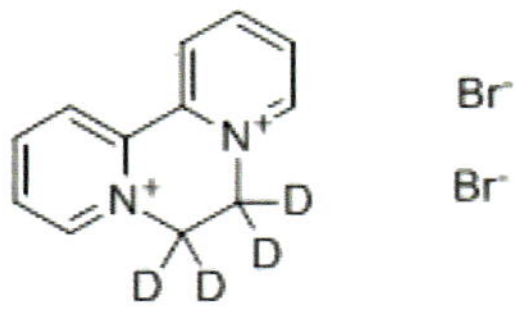	免耕小麦、油菜	16.7 ~ 30	一年生阔叶杂草	茎叶喷雾
	分子量	344.05		大豆	30 ~ 40		
	CAS 登录号	85-00-7		马铃薯	40 ~ 50		
百草枯 paraquat	分子式	$C_{12}H_{14}Cl_2N_2$	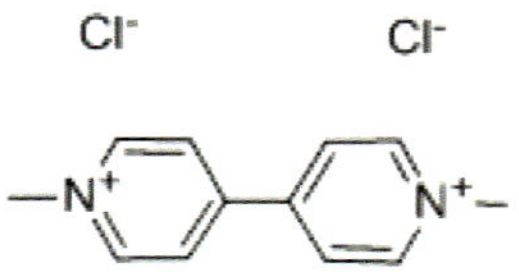	果园、苗圃	40 ~ 60	多年生杂草或一年生杂草	定向茎叶喷雾
				茶园、桑园	30 ~ 50		
	分子量	257.16		稻茬麦免耕田、稻茬油菜免耕田	30 ~ 40		
				夏玉米	30 ~ 40		
				玉米、甘蔗	20 ~ 30		
				蔬菜地	30 ~ 40		
				豆科牧草、非耕地	40 ~ 50		
	CAS 登录号	1910-42-5		棉花（新疆地区）	16 ~ 20		
				柑橘园	40 ~ 50		
				苹果园	40 ~ 60		
				香蕉园、葡萄园	30 ~ 40		

此类除草剂典型的药害症状为接触药液叶片产生药害斑，先水浸状后变白或黄褐，逐渐干枯，斑点不继续扩大。接触药量过多，药害斑密集，整个叶片枯死，甚至生长点死亡，导致全株枯死。

百草枯

玉　米

20% 百草枯水剂田间茎叶处理，亩用量60 ml，药后 1 d 着药叶片产生枯斑，大小不一，部分枯斑连成片整片叶枯死，未着药叶片正常

20% 百草枯水剂田间茎叶处理，亩用量60 ml，药后 2 d 全株多出现枯死现象

谷　子

20% 百草枯水剂田间茎叶处理，亩用量60 ml，药后 1 d 着药叶片迅速出现药害斑，先水浸状后变灰白或黄褐、干枯，重者药害斑连片，全叶枯死，未着药叶片正常，植株多整株枯死

20% 百草枯水剂田间茎叶处理，亩用量60 ml，药后 2 d 全部植株已枯死

花 生

20% 百草枯水剂田间茎叶处理，亩用量 60 ml，药后 1 d 着药叶片产生枯斑，大小不一，严重的叶片已内卷枯死

20% 百草枯水剂田间茎叶处理，亩用量 60 ml，药后 3 d 叶片分布不同程度枯斑，部分叶片已干枯内卷死亡

20% 百草枯水剂田间茎叶处理，亩用量 60 ml，药后 9 d 植株整体药害症状减轻，少量叶片仍可见枯斑，而大部分多已正常生长

20% 百草枯水剂田间茎叶处理，亩用量 60 ml，药后 13 d 下部老叶上仍可见枯斑或已枯死，上部叶片及新叶正常生长；药后 16 d 植株整体病害症状完全恢复，生长正常（图为药后 13 d 症状）

绿 豆

20% 百草枯水剂田间茎叶处理，亩用量 60 ml，药后 1 d 叶片上产生枯斑，枯斑连片叶子干枯内卷

20% 百草枯水剂田间茎叶处理，亩用量 60 ml，药后 2 d 未着药叶片正常，受害重者已全株枯死

20% 百草枯水剂田间茎叶处理，亩用量60 ml，药后 5 d 着药植株已全部枯死

20% 百草枯水剂田间茎叶处理，亩用量60 ml，药后 9 d 未死亡的植株逐渐恢复，下部老叶仍可见枯斑或已枯死，上部叶片及新叶生长正常

20% 百草枯水剂田间茎叶处理，亩用量 60 ml，药后 19 d 整体生长正常，但植株较对照矮小，生长受限

棉　花

20% 百草枯水剂田间茎叶处理，亩用量60 ml，药后 1 d 着药叶片已完全枯死，未着药叶片正常

20% 百草枯水剂田间茎叶处理，亩用量60 ml，药后 9 d 整体植株从叶片到叶柄、茎部全部发褐、枯死

芝　麻

20% 百草枯水剂田间茎叶处理，亩用量 60 ml，药后 1 d 着药叶片产生枯斑，斑点成片，整叶干枯

20% 百草枯水剂田间茎叶处理，亩用量 60 ml，药后 3 d 全部植株多已枯死

小　麦

20% 百草枯水剂田间茎叶处理，亩用量 60 ml，药后 3 d，着药叶片大部分失绿干枯

20% 百草枯水剂田间茎叶处理，亩用量 60 ml，药后 7 d，植株几乎枯死

油　菜

20% 百草枯水剂田间茎叶处理，亩用量 60 ml，药后 3 d，着药叶片失水萎蔫，叶面现大量枯斑

20% 百草枯水剂田间茎叶处理，亩用量 60 ml，药后 7 d，症状相似；药后 23 d，植株逐步恢复，叶片现不规则失绿白化斑，生长明显受限

萝　卜

20% 百草枯水剂田间茎叶处理，亩用量 75 ml，药后 3 h 后叶片上出现斑驳

20% 百草枯水剂田间茎叶处理，亩用量 75 ml，药后 2 d 叶片上有大片失绿现象，叶片渐渐失绿干枯

20% 百草枯水剂田间茎叶处理，亩用量 75 ml，药后 3 d 多数植株全部干枯

20% 百草枯水剂田间茎叶处理，亩用量 75 ml，药后 6 d 少数植株叶片大部分干枯，心部叶片渐渐正常生长，植株小

白　菜

20% 百草枯水剂田间茎叶处理，亩用量 75 ml，药后 3h 后叶片上出现斑驳

20% 百草枯水剂田间茎叶处理，亩用量 75 ml，药后 2 d 叶片上有大片失绿现象，叶片渐渐失绿干枯

20% 百草枯水剂田间茎叶处理，亩用量 75 ml，药后 3 d 多数植株整株干枯

20% 百草枯水剂田间茎叶处理，亩用量 75 ml，药后 6 d 少数植株叶片大部分干枯，心部叶片渐渐正常生长，植株小

大　豆

20% 百草枯水剂田间茎叶处理，亩用量 20~100 ml，药后 1~3 d，叶片上有大量褐色斑点或枯斑，高剂量个别植株死亡（图①为亩用量 20 ml，药后 1 d 症状；图②为亩用量 50 ml，药后 3 d 症状；图③为亩用量 100 ml，药后 1 d 症状）

20% 百草枯水剂田间茎叶处理，亩用量 20~100 ml，药后 7 d，药斑更加明显，叶片大量干枯，低剂量部分植株死亡，高剂量大量死亡（图①亩用量 20 ml，图②、图③亩用量 100 ml）

20% 百草枯水剂田间茎叶处理，亩用量 20~100 ml，药后 15 d，叶片上枯斑脱落、破损，或整个叶片脱落，部分植株上部长出新叶（图①亩用量 20 ml，图②亩用量 100 ml）

20% 百草枯水剂田间茎叶处理，亩用量 100 ml，药后 40 d，新出叶片基本正常，植株明显矮化、细弱

甘　薯

20% 百草枯水剂盆栽茎叶处理，亩用量 100 ml，药后 2 d，大部分叶片上有黑褐色枯斑，部分叶片变黄，幼嫩叶片干枯

20% 百草枯水剂盆栽茎叶处理，亩用量 100 ml，药后 5~8 d，顶尖及叶片干枯，个别植株死亡（图①为药后 5 d 症状，图②为药后 8 d 症状）

20% 百草枯水剂盆栽茎叶处理，亩用量 100 ml，药后 15 d，残存植株叶腋处长出新芽

20% 百草枯水剂盆栽茎叶处理，亩用量 100 ml，药后 30 d，植株新出叶片基本正常，但植株明显矮化

菜 心

20% 百草枯水剂盆栽茎叶处理，亩用量 100 ml，药后 6 h 叶焦枯，失水

20% 百草枯水剂盆栽茎叶处理，亩用量 100 ml，药后 3 d 整株萎蔫枯死

辣 椒

20% 百草枯水剂盆栽茎叶处理，亩用量 100 ml，药后 2 h 叶片迅速枯死

20% 百草枯水剂盆栽茎叶处理，亩用量 100 ml，药后 2 d 茎叶焦枯，最后整株死亡

茄　子

20% 百草枯水剂盆栽茎叶处理，亩用量 100 ml，药后 2 d 茎叶焦枯，死亡

番　茄

20% 百草枯水剂田间茎叶处理，亩用量 100 ml，药后 2 d 茎叶焦枯，死亡

黄　瓜

20% 百草枯水剂盆栽茎叶处理，亩用量 100 ml，药后 6 h 焦枯失水

20% 百草枯水剂田间茎叶处理，亩用量 100 ml，药后 2 d 整株萎蔫枯死

豆　角

20% 百草枯水剂盆栽茎叶处理，亩用量 100 ml，药后 6 h 叶和芽焦枯

20% 百草枯水剂田间茎叶处理，亩用量 100 ml，药后 2 d 最后整株萎蔫枯死

甜玉米

20% 百草枯水剂盆栽茎叶处理，亩用量 100 ml，药后 6 h 叶出现成片焦枯斑

20% 百草枯水剂盆栽及田间茎叶处理，亩用量 100 ml，药后 3 d 整株枯死

敌草快

小 麦

20% 敌草快水剂田间茎叶处理，亩用量 40 ml，药后 3 d，着药叶片大部分失绿干枯

20% 敌草快水剂田间茎叶处理，亩用量 40 ml，药后 7 d，植株几乎枯死

油 菜

20% 敌草快水剂田间茎叶处理，亩用量 40 ml，药后 3 d，着药叶片枯死

20% 敌草快水剂田间茎叶处理，亩用量 40 ml，药后 7 d，植株完全枯死

第二节 5-烯醇丙酮酸莽草酸-3-磷酸合成酶抑制剂

5-烯醇丙酮酸莽草酸-3-磷酸(EPSP)合成酶是真菌、细菌、藻类、高等植物及寄生于脊椎动物上的芳香族氨基酸——色氨酸、酪氨酸、苯丙氨酸生物合成过程中的合成酶，它催化莽草酸-3-磷酸(S3P)和5-磷酸烯醇式丙酮酸(PEP)生成EPSP-3-磷酸。芳香族氨基酸参与植物体内一些生物碱、香豆素、类黄酮、木质素、吲哚衍生物、酚类物质等的次生代谢。

该类除草剂是通过干扰与抑制植物的生理代谢而造成杂草死亡，其中包括光合作用、细胞分裂，但草甘膦可以抑制EPSP合成酶，从而阻止芳香族氨基酸的生物合成，是该类除草剂典型的，也是唯一的除草剂。

EPSP合成酶分为Ⅰ型和Ⅱ型两种类型：

Ⅰ型对除草剂草甘膦敏感，大部分不适用于抗除草剂作物；

Ⅱ型通常来源于草甘膦耐受的微生物，有较高的底物PEP亲和性和催化效率，为耐受草甘膦转基因作物提供了新的作用模式。

EPSP合成酶催化底物反应机理为:PEP首先与酶形成过渡态，而后和S3P形成缩酮四面体，最后生成EPSP。

草甘膦主要抑制植物分生组织的代谢和蛋白质生物合成过程，植物生长受抑制，最终死亡。受害后

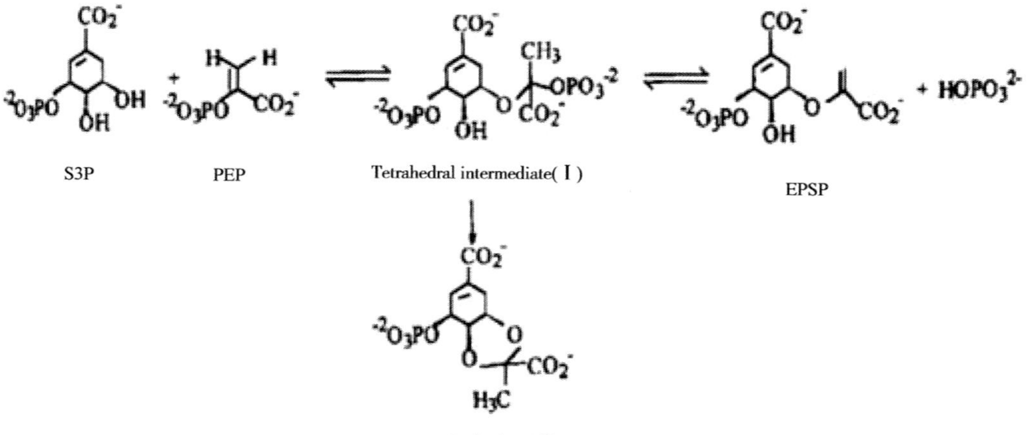

EPSP合成酶催化机理

生长点部分首先失绿、黄化，随着黄化而逐渐生长停滞、全株枯萎死亡。从施药到完全死亡所需时间较长，一般情况下死亡需要7~10 d。

大多数有机磷除草剂品种的选择性都比较差，往往作为灭生性除草剂用于林业、果园、非农田及免耕田；但杀草谱比较广，一些品种如草甘膦、双丙氨膦、草丁膦等不仅能防治一年生杂草，而且还能防治多年生杂草。由于品种不同，杂草对其吸收与传导差异较大，如砜草膦通过杂草根系吸收；哌草磷经根、胚芽鞘及幼龄叶片吸收；双硫磷主要是根系吸收，而草甘膦与双丙氨膦则是茎叶吸收，并成为此类除草剂中吸收与传导最迅速的品种。

草甘膦是孟山都公司开发的目前唯一商品化的EPSP合成酶抑制剂，也是世界上生产量与销售量最大、使用范围最广的除草剂品种。除草剂草甘膦理化性质稳定，具有高效、广谱、低毒、低残留、不破坏土壤环境、

对大多数植物具有灭生性等其他除草剂所不可比拟的优点。草甘膦只具有茎叶处理活性，在土壤中通过微生物降解而迅速失活，它的作用是抑制芳香族氨基酸的合成，最终导致植物死亡。草丁膦则抑制植物体内氨基酸生物合成途径中的谷氨酰胺合成酶，此种酶诱导氨的同化并调控氮代谢作用，双丙氨膦与草丁膦通过对谷氨酰胺合成酶抑制，造成氨迅速积累，并抑制光合作用，使植物细胞死亡。有机磷除草剂在土壤中通常是通过化学和生物降解而消失。

有机磷除草剂品种虽然较多，但在农业生产中大面积应用得不多，主要原因是此类除草剂的选择性很差，而作为灭生性除草剂，草甘膦以其杀草谱广、成本低、高度稳定性、在植物体内快速吸收与传导、对环境安全等特点而在世界各地广泛应用。

有机磷类除草剂的主要特性：①有机磷类除草剂部分品种的选择性比较差，往往作为灭生性除草剂用于林业、果园、非农田及免耕田；部分品种具有较高的选择性。②杀草谱较广，草甘膦不仅能防除一年生杂草，而且还可以防除多年生杂草；一些土壤处理剂可以防除多种一年生杂草。③哌草磷、莎稗磷通过根、胚芽鞘及幼叶吸收，哌草磷的传导作用较差，其他品种均具有较好的内传导作用，草甘膦能被植物茎叶吸收，在植物体内传导迅速，既能沿木质部向上传导，也能沿韧皮部向下传导。④草甘膦迅速向植物分生组织传导，迅速积累至致死浓度，影响整个植株分生组织的代谢作用过程，叶绿素合成则是其主要作用特点之一。⑤有机磷类除草剂的稳定性较差，在酸和碱性条件下会迅速分解。有机磷类除草剂在土壤中的移动性也较差，其在土壤中的活动和持效期与土壤的理化性能密切相关。

有机磷类除草剂的作用机理：草甘膦主要抑制 EPSP 合成酶，同时对植物叶绿素合成也有抑制作用，也影响植物的蒸腾作用。哌草磷、草铵膦、莎稗磷等主要作用于微管系统，抑制细胞分裂。

有机磷类除草剂的代谢与降解：有机磷除草剂不稳定，在酸性或碱性的条件下迅速分解，在土壤中进行化学或微生物分解，从而丧失活性。土壤处理剂在土壤中的移动性很差。草铵膦停留于土表，处理后 20~40 d 除草效果达 90%。茎叶处理剂接触土壤后易于失效。土壤中的一些离子和有机质能吸附草甘膦，从而失去活性。

该类除草剂主要品种介绍见表 10-2。

表 10-2　EPSP 合成酶抑制剂类除草剂常见品种

通用名称	其他信息		结构式	适用作物	使用量（有效成分，g / 亩）	防除对象	施药方法
草甘膦 glyphosate	分子式	$C_3H_8NO_5P$	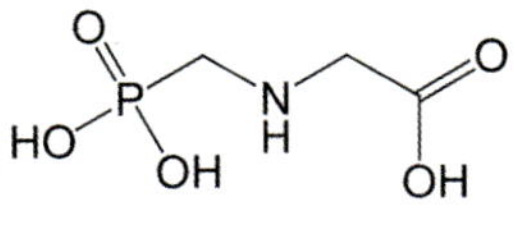	柑橘	74.7 ~ 149.4	一年生及多年生杂草	茎叶喷雾
	分子量	169.07		免耕棉花、玉米	61.5 ~ 102.5		
				棉花	61.5 ~ 82		
				橡胶	123 ~ 205		
				水稻田埂	82 ~ 164		

续表

通用名称	其他信息		结构式	适用作物	使用量（有效成分，g/亩）	防治对象	施药方法
草甘膦 glyphosate	CAS登录号	1071-83-6		桑、茶	61.5 ~ 164	一年生及多年生杂草	茎叶喷雾
				苹果	100 ~ 150		
				非耕地	45 ~ 150		
				免耕油菜	72 ~ 96		
				甘蔗、剑麻	75 ~ 150		
				防火隔离带	120 ~ 150		
草甘膦铵盐 Ammonium-glyphosate	分子式	$C_3H_{17}N_4O_5P$	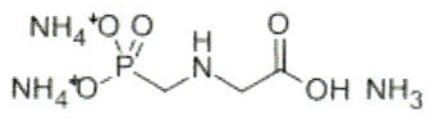	非耕地	75 ~ 180	杂草	茎叶喷雾
				柑橘	75 ~ 152		
	分子量	220.16		苹果树、梨树、香蕉、桑树	75 ~ 150	一年生和多年生杂草	定向茎叶喷雾
	CAS登录号	114370-14-8		棉花	50 ~ 110		
				茶树、林木、剑麻、橡胶树	75 ~ 150		
				免耕春油菜	100 ~ 150		
				免耕冬油菜	50 ~ 80		
				免耕抛秧晚油菜	140 ~ 170		
草甘膦异丙胺盐 N-(phosphono-methyl) glycine	分子式	$C_6H_{17}N_2O_5P$	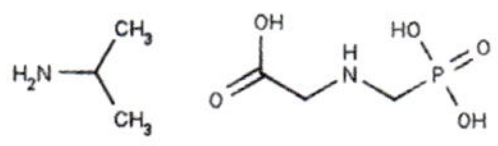	柑橘	60 ~ 164	一年生及多年生杂草	茎叶喷雾、定向茎叶喷雾
				茶园	45 ~ 120		
				甘蔗	75 ~ 166.7		
				林场			
	分子量	228.18		果园			
	CAS登录号	38641-94-0		免耕春油菜田	100 ~ 150		
				免耕抛秧晚稻田	140 ~ 170		
				水稻田埂	82 ~ 164		
				冬油菜（免耕）	50 ~ 80		
				非耕地	60 ~ 164	行间杂草	
				玉米、棉花	50 ~ 110		
				剑麻、桑园、橡胶园	75 ~ 166.7		
				铁路、公路、森林防火带	75 ~ 200		

此类除草剂典型的药害症状表现为叶片缓慢凋萎、失绿和坏死。

草甘膦

玉 米

30% 草甘膦水剂田间茎叶处理，亩用量 200 ml，药后 1 d 着药叶片内卷，叶尖、叶缘发黄或干枯

30% 草甘膦水剂田间茎叶处理，亩用量 200 ml，药后 4 d 植株全株缓慢枯死

30% 草甘膦水剂田间茎叶处理，亩用量 200 ml，药后 9 d 所有植株枯死

谷 子

30% 草甘膦水剂田间茎叶处理，亩用量 200 ml，药后 1 d 着药叶片出现不规则失绿斑

30% 草甘膦水剂田间茎叶处理，亩用量 200 ml，药后 2 d 叶片先水浸状后变黄变褐，逐渐干枯；药后 4 d 地上部分全部发褐，植株多枯死（图为药后 2 d 症状）

花　生

30% 草甘膦水剂田间茎叶处理，亩用量 200 ml，药后 3 d 着药叶片失绿黄化

30% 草甘膦水剂田间茎叶处理，亩用量 200 ml，药后 6 d 药害重者植株几乎完全干枯濒临死亡

30% 草甘膦水剂田间茎叶处理，亩用量 200 ml，药后 9 d 部分叶片完全黄化，叶面上现枯斑

30% 草甘膦水剂田间茎叶处理，亩用量 200 ml，药后 13 d 新叶黄化干枯且皱缩，叶柄褐化干枯弯向地面

绿　豆

30% 草甘膦水剂田间茎叶处理，亩用量 200 ml，药后 1 d 叶片发黄，生长受限

30% 草甘膦水剂田间茎叶处理，亩用量 200 ml，药后 2 d 叶片失水，叶缘干枯内卷，叶柄弯曲向下

30% 草甘膦水剂田间茎叶处理，亩用量 200 ml，药后 4 d 着药植株整株枯死，未着药的叶片生长正常

30% 草甘膦水剂田间茎叶处理，亩用量 200 ml，药后 12 d 植株特别矮小，新生叶片生长正常，药害症状已恢复

棉　花

30% 草甘膦水剂田间茎叶处理，亩用量 200 ml，药后 2 d 心叶内卷皱缩，叶柄向地面弯曲

30% 草甘膦水剂田间茎叶处理，亩用量 200 ml，药后 9 d 叶柄、茎部变红，叶片畸形皱缩，叶缘干枯

30% 草甘膦水剂田间茎叶处理，亩用量 200 ml，药后 13 d 生长严重受抑制，植株矮小，心叶黄化皱缩，叶缘干枯

30% 草甘膦水剂田间茎叶处理，亩用量 200 ml，药后 22 d 药害症状基本恢复，但生长受抑制，植株矮小

芝　麻

30% 草甘膦水剂田间茎叶处理，亩用量 200 ml，药后 1 d 叶片发黄，生长受抑制

30% 草甘膦水剂田间茎叶处理，亩用量 200 ml，药后 2 d 叶缘失水内卷，整体叶片发黄；5 d 所有植株枯死（图为药后 2 d 症状）

大　豆

95% 草甘膦原药田间茎叶处理，亩用量 66~330 g，药后 1~7 d，新叶或上部叶片失绿，有的叶片半个叶片失绿（图①、图②为亩用量 66 g，药后 7 d 症状；图③为亩用量 330 g，药后 7 d 症状）

95% 草甘膦原药田间茎叶处理，亩用量 66~330 g，药后 15 d，部分植株上部叶片小或干枯脱落，植株严重矮化细弱，高剂量大部分植株死亡（图①亩用量 66 g，图②亩用量 165 g，图③、图④亩用量 330 g）

95% 草甘膦原药田间茎叶处理，亩用量 330 g，药后 40 d，残存植株新出叶正常，但植株明显矮化细弱

甘　薯

95% 草甘膦原药盆栽茎叶处理，亩用量 330 g，药后 5 d，上部叶片均匀或不均匀失绿，有的叶片半个叶片失绿

95% 草甘膦原药盆栽茎叶处理，亩用量 330 g，药后 15 d，部分植株叶片失绿仍很明显，但植株新出叶片正常

95% 草甘膦原药盆栽茎叶处理，亩用量 330 g，药后 30 d，植株基本恢复生长，但略矮小细弱

草甘膦铵盐

小　麦

80%草甘膦铵盐可溶粒剂田间茎叶处理，亩用量100 g，药后10 d，整体完全黄化逐步干枯

80%草甘膦铵盐可溶粒剂田间茎叶处理，亩用量100 g，药后15 d，完全枯死

油　菜

80%草甘膦铵盐可溶粒剂田间茎叶处理，亩用量100 g，药后11 d，植株矮小，生长受限，心叶黄化

80%草甘膦铵盐可溶粒剂田间茎叶处理，亩用量100 g，药后23 d，心叶黄化干枯，其余叶片发红发紫，生长停滞

萝　卜

80% 草甘膦铵盐可溶粒剂田间茎叶处理，亩用量 100 g，药后 3 d 叶片出现萎蔫现象，叶片萎蔫后逐渐变黄，药后 9 d 植株几乎全部枯死（图为药后 3 d 症状）

白　菜

80% 草甘膦铵盐可溶粒剂田间茎叶处理，亩用量 100 g，药后 3 d 叶片出现萎蔫现象，叶片萎蔫后逐渐变黄干枯

80% 草甘膦铵盐可溶性粒剂田间茎叶处理，亩用量 100 g，药后 9 d 植株几乎全部枯死

草甘膦异丙胺盐

菜　心

41% 草甘膦异丙胺盐水剂盆栽茎叶处理，亩用量 80 ml，药后 14 d 逐渐枯死

辣　椒

41% 草甘膦异丙胺盐水剂盆栽及田间茎叶处理，亩用量 80 ml，药后 11 d 幼叶泛黄，生长受抑制

茄　子

41% 草甘膦异丙胺盐水剂田间茎叶处理，亩用量 100 ml，药后 3 d 幼叶和芽失绿逐渐死亡

41% 草甘膦异丙胺盐水剂田间茎叶处理，亩用量 100 ml，药后 7 d 植株生长受抑制

番　茄

41% 草甘膦异丙胺盐水剂田间茎叶处理，亩用量 150 ml，药后 6 d 心叶失绿发白

黄　瓜

41% 草甘膦异丙胺盐水剂田间茎叶处理，亩用量 150 ml，药后 1 d 幼叶枯死，芽坏死

豆　角

41% 草甘膦异丙胺盐水剂田间茎叶处理，亩用量 150 ml，药后 1 d 叶片黄化枯死

41% 草甘膦异丙胺盐水剂盆栽茎叶处理，亩用量 80 ml，药后 3 d 幼叶失水枯死

41% 草甘膦异丙胺盐水剂盆栽茎叶处理，亩用量 80 ml，药后 12 d 茎干萌生新芽

甜玉米

41% 草甘膦异丙胺盐水剂盆栽茎叶处理，亩用量 80 ml，药后 4 d 生长受抑制

41% 草甘膦异丙胺盐水剂田间茎叶处理，亩用量 100 ml，药后 14 d 逐渐枯死

小 麦

41%草甘膦异丙胺盐水剂田间茎叶处理，亩用量200 ml，药后10 d，整株黄化逐步干枯；药后15 d，完全枯死（图为药后10 d症状）

油 菜

41%草甘膦异丙胺盐水剂田间茎叶处理，亩用量200 ml，药后11 d，植株矮小，生长受限，心叶黄化

41%草甘膦异丙胺盐水剂田间茎叶处理，亩用量200 ml，药后23 d，心叶黄化干枯，其余叶片发红发紫，生长停滞

萝 卜

41%草甘膦异丙胺盐水剂田间茎叶处理，亩用量200 ml，药后1 d心部叶片先发黄

41%草甘膦异丙胺盐水剂田间茎叶处理，亩用量200 ml，药后2 d后叶片渐渐变黄萎蔫

41% 草甘膦异丙胺盐水剂田间茎叶处理，亩用量 200 ml，药后 4 d 叶尖渐渐卷曲干枯至整叶干枯

41% 草甘膦异丙胺盐水剂田间茎叶处理，亩用量 200 ml，药后 7 d 多数植株全部干枯

41% 草甘膦异丙胺盐水剂田间茎叶处理，亩用量 200 ml，药后 11 残余心部叶片发黄稍萎蔫，叶片边缘干枯，几乎不生长

白　菜

41% 草甘膦异丙胺盐水剂田间茎叶处理，亩用量 200 ml，药后 1 d 心部叶片先发黄，施药 2 d 后叶片渐渐变黄萎蔫（图①、②均为药后 1 d 症状，图③为药后 2 d 症状）

41% 草甘膦异丙胺盐水剂田间茎叶处理，亩用量 200 ml，药后 4 d 叶尖渐渐卷曲干枯至死

41% 草甘膦异丙胺盐水剂田间茎叶处理，亩用量 200 ml，药后 7 d 少数植株全部干枯，多数剩余心部叶片发黄稍萎蔫，叶片边缘干枯，几乎不生长

第三节　谷氨酰胺合成酶抑制剂

草铵膦是一种具有部分内吸作用的谷氨酰胺合成酶抑制剂，是非选择性除草剂，使用时主要当作触杀剂。施药后，其有效成分是通过叶片起作用的，尚未出土的幼苗不会受到伤害，对已出土的植物，药剂也不会通过根起作用。

施药后短时间内，植物体内的铵代谢便陷于紊乱，强烈细胞毒剂铵离子在植物体内积累。与此同时，光合作用被严重抑制。

草铵膦是一个优秀的灭生性除草剂，非常适合做抗性基因。以草铵膦为目标，进行抗性基因转移、选育抗性作物品种，赫斯特公司 (几经合并后现归属拜耳公司) 已经成功将草铵膦的抗性基因导入了水稻、小麦、玉米、甜菜、烟草、大豆、棉花、马铃薯、番茄、油菜、甘蔗等 20 多种作物中，已经成功商业化种植的耐草铵膦作物系列 Librty Link System 几乎包括了所有主要作物，有大豆、玉米、油菜、甜菜、马铃薯、棉花与水稻，这些转基因作物不仅在以美国为主的广大北美地区普遍种植，而且随着基因技术的推广和广泛认同，近年来正在亚洲、大洋洲、欧洲部分国家及地区推广种植起来。高剂量使用草铵膦对转基因作物有一定的伤害，但药害轻，对产量影响不大。抗草铵膦作物安全剂量可高达每公顷 2.0 kg 以上，而每公顷 0.5~1.0 kg 的草铵膦就可防除大部分杂草。

谷氨酰胺合成酶抑制剂作用机理：氮是植物生长繁殖所需的重要元素之一，是核酸和蛋白质的基本组成部分。但在自然环境中，氮却是一种有限的营养元素。植物在进化中形成了将无机氮同化为有机氮，从而摄取氮元素的策略。谷氨酰胺合成酶是将无机氮转化为有机氮的第一个酶，亦是关键酶，催化不同来源的氨与谷氨酸结合形成谷氨酰胺；而后谷氨酰胺又在谷氨酸合成酶的催化下，将谷氨酰胺转移到 α－酮戊二酸上生成谷氨酸，此连续反应过程被称为“GS-GOGAT 循环”。就植物的生长和发育而言，氮素的同化是个十分重要的生理过程。其中，无机氮必须同化为谷氨酰胺和谷氨酸等有机氮才能被植物体所吸收和利用。谷氨酰胺合成酶是高等植物氮代谢中十分重要的酶，它和谷氨酸合成酶联合作用，催化氨的同化，使其转变成谷氨酰胺和谷氨酰，在高等植物体内含氮有机物的生物合成中作为氮的供体，参与高等植物中的谷氨酰胺合成酶循环。

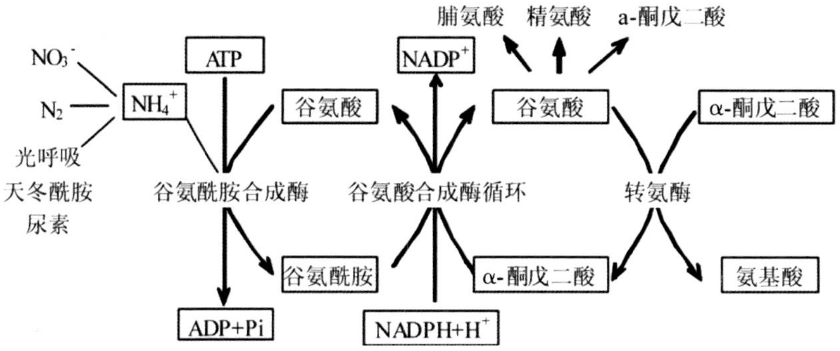

植物谷氨酰胺合成酶同化途径

草铵膦是目前最主要的谷氨酰胺合成酶抑制剂，它是一种有机磷类除草剂，是非选择性、广谱除草剂 Basta 的活性成分。它的作用机理是强烈抑制谷氨酰胺合成酶的活性，干扰植物的氮代谢，最终使植物死亡。

谷氨酰胺合成酶是植物体内无机氮转化为有机氮过程中的关键酶系。谷氨酰胺合成酶是核编码的酶，存在于细胞质和质体中。谷氨酰胺合成酶活性被抑制后，常导致植物组织中 NH_3 的积累，而这种高浓度的 NH_3 则会造成光合作用的中断、叶绿体结构的破坏以及基质的囊泡化；同时氨基酸合成受阻，导致细胞膜受损和细胞死亡。

草铵膦是目前仅有的商品化谷氨酰胺合成酶抑制剂，使用后 3~5 d 内植物变黄、枯萎，1~2 周内坏死。

该类除草剂主要品种介绍见表 10-3。

表 10-3 谷氨酰胺合成酶抑制剂类除草剂常见品种

通用名称	其他信息		结构式	适用作物	使用量（有效成分，g / 亩）	防除对象	施药方法
草铵膦 glufosinate-ammonium	分子式	$C_5H_{18}N_3O_4P$	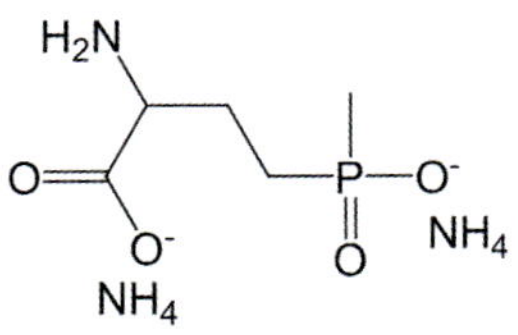	果园、葡萄园、非耕地、马铃薯田	30 ~ 50	一年生和多年生双子叶及禾本科杂草	茎叶喷雾
	分子量	215.19					
	CAS 登录号	77182-82-2					
双丙氨膦 bialaphos-sodium	分子式	$C_{11}H_{21}N_3NaO_6P$	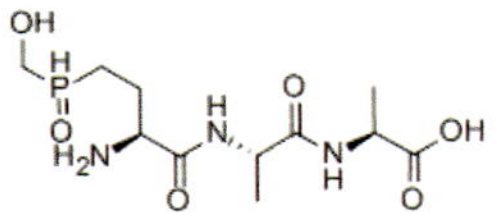	柑橘	66.7 ~ 133.3	杂草	定向茎叶喷雾
	分子量	345.3		橡胶园			
	CAS 登录号	71048-99-2					

草铵膦

玉 米

20% 草铵膦水剂田间茎叶处理，亩用量 200 ml，药后 3 d，叶片黄化干枯

20% 草铵膦水剂田间茎叶处理，亩用量 200 ml，药后 11 d，几乎完全枯死

谷　子

20% 草铵膦水剂田间茎叶处理，亩用量 200 ml，药后 3 d，叶片失绿黄化，由叶尖开始失水干枯

花　生

20% 草铵膦水剂田间茎叶处理，亩用量 200 ml，药后 3 d，几乎完全枯死

绿　豆

20% 草铵膦水剂田间茎叶处理，亩用量 200 ml，药后 3 d，完全枯死

棉 花

20% 草铵膦水剂田间茎叶处理，亩用量 200 ml，药后 3 d，几乎完全枯死

芝 麻

20% 草铵膦水剂田间茎叶处理，亩用量 200 ml，药后 3 d，几乎完全枯死

小 麦

20% 草铵膦水剂田间茎叶处理，亩用量 200 ml，药后 3 d，叶片完全失绿萎蔫，叶尖卷曲

20% 草铵膦水剂田间茎叶处理，亩用量 200 ml，药后 7 d，叶片完全干枯；药后 15 d，植株彻底枯死（图为药后 7 d 症状）

油 菜

20% 草铵膦水剂田间茎叶处理，亩用量 200 ml，药后 7 d，心叶黄化，下部叶片干枯内卷

20% 草铵膦水剂田间茎叶处理，亩用量 200 ml，药后 11 d，几乎完全枯死

20% 草铵膦水剂田间茎叶处理，亩用量 200 ml，药后 23 d，整株枯死

萝 卜

20% 草铵膦水剂田间茎叶处理，亩用量 200 ml，施药后 3h 叶片大部分失绿渐渐干枯

20% 草铵膦水剂田间茎叶处理，亩用量 200 ml，药后 2 d 其他叶片发黄，从叶片边缘干枯卷曲

20% 草铵膦水剂田间茎叶处理，亩用量 200 ml，药后 5~7 d 有少数植株完全干枯，其他植株渐渐恢复生长，植株偏小（图①为药后 5 d 症状，图②为药后 7 d 症状）

白　菜

20% 草铵膦水剂田间茎叶处理，亩用量 200 ml，施药后 3h 叶片大部分失绿渐渐干枯

20% 草铵膦水剂田间茎叶处理，亩用量 200 ml，药后 2 d 其他叶片发黄，从叶片边缘干枯卷曲

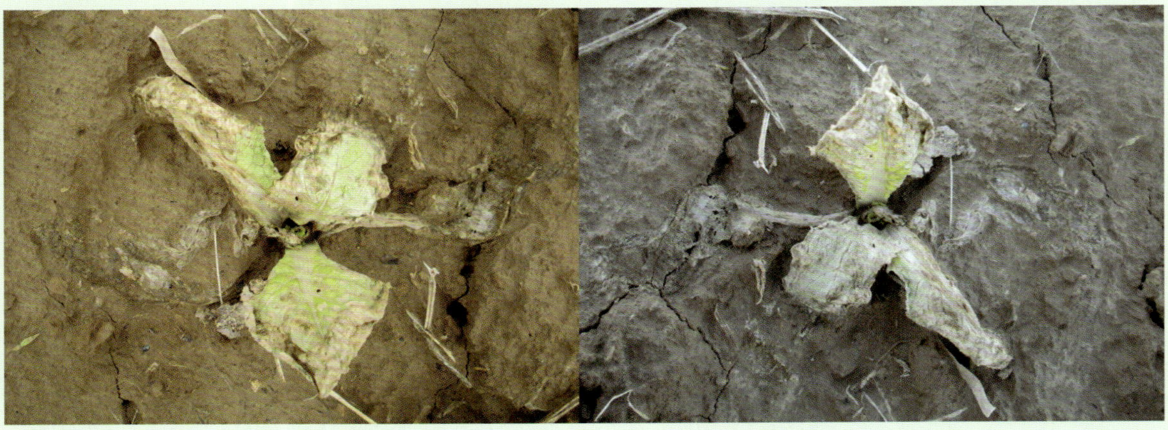

20% 草铵膦水剂田间茎叶处理，亩用量 200 ml，药后 7 d 多数植株完全干枯

大　豆

20% 草铵膦水剂盆栽茎叶处理，亩用量 35 ml，药后 3 d，着药叶片有大量青斑，叶缘或整叶干枯

20% 草铵膦水剂盆栽茎叶处理，亩用量 35~70 ml，药后 7 d，叶片干枯、脱落，茎尖或整株死亡，植株严重矮化；药后 15 d，所有植株死亡（图①为亩用量 35 ml，药后 7 d 症状；图②、图③为亩用量 70 ml，药后 7 d 症状）

甘　薯

20% 草铵膦水剂盆栽茎叶处理，亩用量 35 ml，药后 3 d，着药叶面有大量黑褐色斑点，大部分叶片严重黄化

20% 草铵膦水剂盆栽茎叶处理，亩用量 35 ml，药后 7 d，植株严重黄化，叶缘甚至整叶焦煳状干枯

20% 草铵膦水剂盆栽茎叶处理，亩用量 35 ml，药后 10~15 d，植株叶片及茎中上部枯死（图①为药后 10 d 症状，图②为药后 15 d 症状）

20% 草铵膦水剂盆栽茎叶处理，亩用量 35 ml，药后 30 d，部分植株整株死亡，残存植株从茎基部长出矮小细弱新枝

菜　心

10% 草铵膦水剂盆栽茎叶处理，亩用量 100 ml，药后 3 d 黄化，叶缘焦枯，逐渐枯死

辣　椒

10% 草铵膦水剂田间茎叶处理，亩用量 300 ml，药后 1 d 叶片发黄

10% 草铵膦水剂田间茎叶处理，亩用量 300 ml，药后 3 d 幼嫩部位坏死

10% 草铵膦水剂田间茎叶处理，亩用量 300 ml，药后 6 d 叶片枯死脱落

10% 草铵膦水剂盆栽茎叶处理，亩用量 100 ml，药后 2 d 叶发黄，具枯斑

10% 草铵膦水剂盆栽茎叶处理，亩用量 100 ml，药后 4 d 芽坏死

茄　子

10% 草铵膦水剂盆栽茎叶处理，亩用量 100 ml，药后 2 d 叶片发黄，从边缘开始逐渐坏死

10% 草铵膦水剂盆栽茎叶处理，亩用量 100 ml，药后 4 d 枯死

10% 草铵膦水剂田间茎叶处理，亩用量 300 ml，药后 3 d 叶发黄，有焦枯斑并不断扩大

10% 草铵膦水剂田间茎叶处理，亩用量 300 ml，药后 6 d 幼叶干枯

10% 草铵膦水剂田间茎叶处理，亩用量 300 ml，药后 14 d 茎干再萌生

番 茄

10% 草铵膦水剂田间茎叶处理，亩用量 300 ml，药后 3 d 叶发黄，有焦枯斑并不断扩大

10% 草铵膦水剂田间茎叶处理，亩用量 300 ml，药后 14 d 芽坏死，茎干和老叶残存

黄 瓜

10% 草铵膦水剂盆栽茎叶处理，亩用量 100 ml，药后 3 d 整株黄化，从叶缘开始枯死

10% 草铵膦水剂田间茎叶处理，亩用量 300 ml，药后 1 d 叶发黄，焦枯斑并不断扩大

10% 草铵膦水剂田间茎叶处理，亩用量 300 ml，药后 3 d 芽坏死

10% 草铵膦水剂田间茎叶处理，亩用量 300 ml，药后 14 d 茎干和老叶残存

豆　角

10% 草铵膦水剂盆栽茎叶处理，亩用量 100 ml，药后 3 d 叶发黄，逐渐焦枯死亡

甜玉米

10% 草铵膦水剂田间茎叶处理，亩用量 300 ml，药后 3 d 叶发黄，逐渐焦枯死亡

10% 草铵膦水剂田间茎叶处理，亩用量 300 ml，药后 6 d 彻底枯死

第四节 二氢蝶酸（DHP）合成酶抑制剂

氨基甲酸酯与硫代氨基甲酸酯类除草剂是1945年开始发展起来的一类重要除草剂。氨基甲酸酯与硫代氨基甲酸酯类除草剂中土壤处理的品种主要通过植物的幼根和幼芽吸收，茎叶处理的品种则通过茎叶吸收，不论通过植物何种部位吸收，在植物体内药剂通常向分生组织传导。

该类除草剂大部分品种主要抑制细胞分裂，其次是抑制氧化磷酸化作用、核糖核酸合成、蛋白质合成以及光合作用中的希尔反应。通过对使信核糖核酸的合成的影响而抑制蛋白质的合成是它们的主要机理。氨基甲酸酯类除草剂在土壤中主要通过微生物降解而失效，在土壤中不积累，所以对后茬作物安全。

属于DHP合成酶抑制剂的氨基甲酸酯类除草剂以磺草灵为代表。磺草灵属于选择性内吸传导型除草剂，是细胞生长抑制剂。药剂易被植物茎、叶、根吸收，然后能迅速传导至地下根茎生长点，并使地下根茎呼吸受抑制，丧失繁殖能力，阻碍细胞分裂而使植株枯死。因阻碍叶酸合成，而使核酸合成减少，这是本药剂的作用机理。低温和空气干燥时，不利于药剂的渗透和传导。温度25~30℃和相对湿度较高时，有利于药剂向植物体内渗透和传导。磺草灵一般用于甘蔗、牧草、亚麻、马铃薯、棉花及茶园、落叶果园，防除一年生和多年生杂草，如看麦娘、野燕麦、早熟禾、酸模、马唐、石茅、牛筋草、千金子、双穗雀稗、萹蓄、苦苣菜、鸭跖草、鸡眼草等，对剪股颖、狗芽根、田蓟、蒲公英、问荆等也有一定防除效果，对独行菜、反枝苋、香附子、马齿苋等无效。如甘蔗田除草，应在植株高20~40 cm，杂草正处生长旺盛期施药。防除一年生杂草用20%水剂，亩用量600 ~ 1 200 ml，防除多年生杂草用20%水剂，亩用量1 200~1 800 ml，均加水40 kg稀释喷雾于杂草茎叶及土表。据报道，在进行茎叶处理时，加入中性洗衣粉等湿润剂3~4.5 g可提高防除效果。在阔叶杂草发生密度较大的甘蔗田，可与莠去津混用。

该类除草剂主要品种介绍见下表：

表4 DHP合成酶抑制剂类除草剂常见品种

通用名称	其他信息		结构式	适用作物	使用量（有效成分，g/亩）	防治对象	施药方法
磺草灵 asulam	分子式	$C_8H_{10}N_2O_4S$	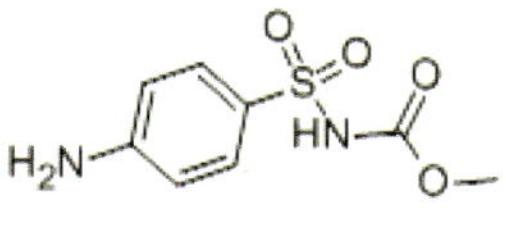	甘蔗、马铃薯、大豆、棉花及茶	30 ~ 70	一年生和多年生杂草	茎叶喷雾
	分子量	230.24					
	CAS登录号	3337-71-1					

磺草灵

辣　椒

95%磺草灵原药盆栽茎叶处理，亩用量 150 g，药后 8 d 幼叶黄化，畸形

茄　子

95%磺草灵原药盆栽茎叶处理，亩用量 150 g，药后 8 d 幼叶畸形

黄　瓜

95%磺草灵原药盆栽茎叶处理，亩用量 150 g，药后 8 d 幼嫩部分茎叶黄化

豆　角

95% 磺草灵原药盆栽茎叶处理，亩用量 150 g，药后 4 d 幼叶发黄，生长受抑制

第五节　新型丙酮酸脱氢酶系抑制剂

该类除草剂以氯酰草膦为代表。氯酰草膦是由中国独创的具有自主知识产权的新农药品种，是一种激素类除草剂，具有内吸传导性，作用机理为丙酮酸脱氢酶抑制剂。属取代苯氧基乙酰氧基烃基膦酸酯类化合物，具有结构新颖、毒性低的特点，并已被生化研究证明为丙酮酸脱氢酶系的强抑制剂，能有效防除玉米田的阔叶杂草及部分单子叶杂草。在土壤中消解速度快，易降解，在土壤中和鲜植株中的半衰期均小于 6 h，对后茬作物无影响。氯酰草膦具有速效性，对杂草作用较快，施药 7 d 杂草表现出萎蔫倒伏症状，至施药后 15 d 杂草大部分已死亡。对铁苋菜、反枝苋、醴肠、苘麻、通泉草、鸡眼草、粟米草、头花蓼、萹蓄等阔叶杂草以及狗尾、千金子、碎米莎草、异型莎草、水蜈蚣等莎草科杂草有优异的防除效果，总防效可达 90% 以上。

该类除草剂主要品种介绍见表 10–5。

表 10–5　新型丙酮酸脱氢酶抑制剂类除草剂常见品种

<table>
<tr><th>通用名称</th><th colspan="2">其他信息</th><th>结构式</th><th>适用作物</th><th>使用量（有效成分，g/亩）</th><th>防除对象</th><th>施药方法</th></tr>
<tr><td rowspan="3">氯酰草膦
clacyfos</td><td>分子式</td><td>$C_{12}H_{15}Cl_2O_6P$</td><td rowspan="3">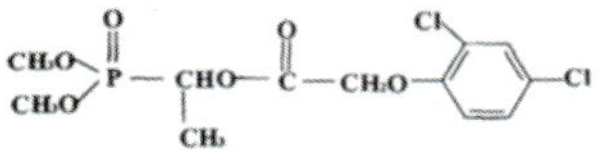</td><td rowspan="3">小麦、玉米、水稻、果树、茶、草坪</td><td rowspan="3">20~40</td><td rowspan="3">一年生阔叶杂草</td><td rowspan="3">茎叶喷雾</td></tr>
<tr><td>分子量</td><td>357.124</td></tr>
<tr><td>CAS 登录号</td><td>215655-76-8</td></tr>
</table>

氯酰草膦

大　豆

92% 氯酰草膦原药（无水乙醇 15 ml）盆栽茎叶处理，亩用量 14.67 g，药后 1 d，叶柄向下弯曲，叶片下垂，但不萎蔫

92% 氯酰草膦原药（无水乙醇 15 ml）盆栽茎叶处理，亩用量 14.67~78.26 g，药后 3 d，植株矮化，顶尖卷缩畸形，叶柄弯曲下垂，部分叶片失绿黄化或干枯，高剂量植株茎尖死亡（图①亩用量 14.67 g，图②亩用量 78.26 g）

92% 氯酰草膦原药（无水乙醇 15 ml）盆栽茎叶处理，亩用量 14.67 g，药后 7 d，叶片黄化干枯，茎尖死亡或整株死亡

甘　薯

92% 氯酰草膦原药（无水乙醇 15 ml）盆栽茎叶处理，亩用量 14.67 g，药后 1 d，叶柄向下弯曲，叶片下垂但不萎蔫

92% 氯酰草膦原药（无水乙醇 15 ml）盆栽茎叶处理，亩用量 14.67~78.26 g，药后 7 d，植株叶柄及茎呈粉色，部分叶片黄化干枯（图①为亩用量 14.67 g，图②为亩用量 78.26 g）

92% 氯酰草膦原药（无水乙醇 15 ml）盆栽茎叶处理，亩用量 14.67~78.26 g，药后 15 d，叶片黄化干枯，顶尖畸形或干枯（图①为亩用量 14.67 g，图②为亩用量 78.26 g）

92% 氯酰草膦原药（无水乙醇 15 ml）盆栽茎叶处理，亩用量 78.26 g，药后 30 d，所有植株枯死

第六节　其他类

以野燕枯为例，野燕枯是一种高效、高选择性、低毒的防除麦田野燕麦的药剂。主要用于防除小麦、大麦田中的恶性杂草野燕麦，防除效果达 90% 左右，所以增产效果显著。经大田试验使用证明，使用野燕枯一般每亩可增产 15%~25%。目前该产品已批量生产，除满足国内市场外，还出口美国、荷兰、加拿大等地，已取得了很好的经济效益和社会效益。经鉴定，野燕枯的防除效果已达到国内领先、国际先进水平。

主要品种介绍见表 10–6。

表 10–6　其他类除草剂常见品种

通用名称	其他信息		结构式	适用作物	使用量（有效成分，g/亩）	防除对象	施药方法
五氯酚钠 so dium–pentachlorophenol	分子式	C_6Cl_5ONa	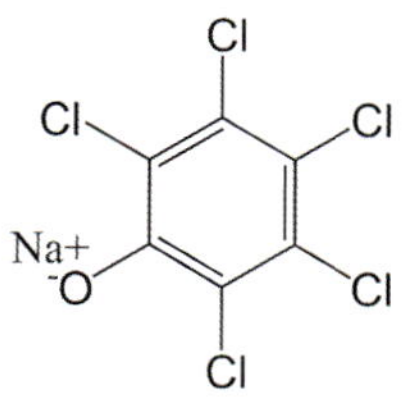	水稻	500 ~ 1 000	稗草和其他由种子萌发的幼草	毒土法
	分子量	288.32					
	CAS 登录号	131–52–2					
野燕枯 difenzoquat	分子式	$C_{17}H_{17}N_2$	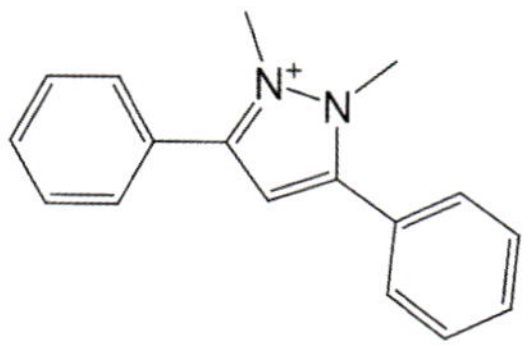	大麦、小麦和黑麦	48.2 ~ 96	野燕麦	茎叶喷雾
	分子量	249.33					
	CAS 登录号	49866–87–7					